动物之眼

【英】迈克尔·兰德
【瑞典】丹·埃里克·尼尔森 著

曹汛 译

南京大学出版社

图书在版编目（CIP）数据

动物之眼 /（英）迈克尔·兰德，（瑞典）丹·埃里克·尼尔森著；曹汛译．-- 南京：南京大学出版社，2019.12

书名原文：Animal Eyes

ISBN 978-7-305-21969-6

Ⅰ．①动… Ⅱ．①迈… ②丹… ③曹… Ⅲ．①动物－眼－研究 Ⅳ．① Q954.53

中国版本图书馆 CIP 数据核字（2019）第 075881 号

出版发行　南京大学出版社
社　　址　南京市汉口路 22 号　　　　邮　编　210093
出 版 人　金鑫荣

书　　名　动物之眼
著　　者　［英］迈克尔·兰德，［瑞典］丹·埃里克·尼尔森
译　　者　曹　汛
责任编辑　甄海龙　　　　编辑热线　025-83592146

照　　排　南京新华丰制版有限公司
印　　刷　南京爱德印刷有限公司
开　　本　787×960　1/16　印张　17.75　　字数　330　千
版　　次　2019 年 12 月第 1 版　2019 年 12 月第 1 次印刷
ISBN 978-7-305-21969-6
定　　价　88.00 元

网址：http://www.njupco.com
官方微博：http://weibo.com/njupco
微信服务号：NJUyuexue
销售咨询热线：（025）83594756

前　言

《动物之眼》属于牛津动物生物学系列丛书之一，该系列采用生动、综合的方法，在比较动物学科目上，为学生和生物科学专业研究人员提供了颇具吸引力的补充教材。本系列图书有两个显著的特点：第一，每本书涉及的话题通过动物王国中的实际示例进行阐述，超过一般动物学分类的范畴；第二，包含了深度阅读部分，主要包括评论文章和书籍，能够引导读者阅读更详细的研究文献。该系列图书面向全球的读者，因此无论是作为示例的物种还是参考的科学文献，在国际范围内都是通用的。

《动物之眼》提供了各种各样已知类型的动物眼睛的全面描述。本书以光学机制的多样性为框架，并探讨了眼睛结构和功能的其他方面。视觉生态学是另一个主题，即眼睛是如何适应动物的生活方式的。对于人类来说，视觉是一种通用的、功能相同的工具，为人类提供需要的信息。但对其他动物来说并非如此，例如，动物界中的捕食者和被捕食者通常拥有不同的视觉需求，进而它们的视觉系统各不相同。在眼睛类型多样性的背后是神圣的进化过程，这也是本书开始的地方。从达尔文开始，眼睛的起源以及它们达到现在高度发展状态的方式，构成了一系列有趣的问题。对眼睛起源的争论从未停止，“寒武纪大爆发”产生了现在动物拥有的大部分类型的眼睛，在这之前更早期的眼睛从何起源更是争论的焦点。第一章讨论这些问题，并提供了相应的环境背景，在此背景下，眼睛可以被看作是对一些相似问题的不同解决方案。除了多样性，我们还关注眼睛的“设计准则”。眼睛执行其功能的物理约束是什么？不同类型的眼睛如何应对这些约束？要回答这些问题，首先有必要了解光的一些特性，这些特性对视觉十分重要，第二章对此进行了介绍。接着，我们就能探索眼睛如何实现某些重要性能，比如良好的空间分辨率以及（尤其是对生活在昏暗环境中的动物）足够的灵敏度，这就是第三章的目的；这一章专门讨论“怎样才能拥有一双好眼睛？”这为评估不同类型眼睛的能力提供了基础，而所有不同类型的眼睛将在接下来的五章中具体介绍。第九章也是最后一章考察了眼睛使用的另一个方面：它们的运动。眼睛不仅在空间而且在时间上对世界进行采样，它们所做的运动与提供空间分辨率的光学系统一致，都是提取信息过程中的重要组成部分。

本书适用于各种读者群体。无论是生物学和神经科学专业的本科生，还是从事视觉方面研究的研究生，都能从中获取价值。眼科学和验光学的学生或从业者可以将本书当作是研究人眼的趣味背景知识；而光学物理学家或工程师将会从中发现大自然早已提出了他们从未想到过的解决方案。由于大部分生物学家不需要太多的数学细节，本书中使用知识窗阐述一些相对复杂的数学、物理部分。当然，严谨的读者想要了解重要的“如何实现”方面的信息，也可以参阅这个部分。

我们希望读者能喜欢本书，并且同样热爱、折服于动物之眼的美丽、复杂又充满逻辑。

目 录

第一章

视觉起源

The origin of vision

Like no other sensory organs, eyes can provide instantaneous and detailed information about the environment both close up and far away. It is not hard to appreciate the enormous competitive value of a good pair of eyes. In this respect, it may seem a little surprising that within the animal kingdom, only a handful of the more than 30 different phyla have evolved sophisticat eyes. But it does not imply that most animals are blind.

与其他感觉器官不同，眼睛能够瞬时地提取由近及远的环境细节信息。我们不难体会到，一双敏锐的眼睛能够带来无可比拟的巨大价值。从某种意义上说，人们会惊讶地发现，在全部30多个门（类）的物种中，只有少部分动物进化了出成熟的眼睛。然而，这并不意味着大部分动物没有视觉。几乎在所有的动物门类中都存在具有代表性的单眼物种，而那些少数进化出复杂眼睛的族群，比如脊椎动物门、节肢动物门和软体动物门，则已经发展成为多种多样的物种，在地球上占主导地位。生物进化的过程已经利用了近乎所有物理学已知的光学原理，产生了各种各样的眼睛，包括像相机一样的眼睛、复眼，以及镜面反射式的眼睛。在头部长一双眼睛是一种常见的结构，但并不是唯一的可能（图1.1）。例如蠕虫，在头部就长了两双眼睛，而蜘蛛则拥有四双眼睛。作为对眼睛的补充，一部分种类的蜥蜴和大部分节肢动物具有中眼（又称顶眼、颅眼），还有一些生物在身体的其他部位长有眼睛。蛤蚌（*Clams*）和贻贝（*Mussels*）在外壳边缘长了眼睛，石鳖（*Chitons*）的眼睛则遍布它的背部，海星（*Star fish*）的眼睛长在臂的前端。一些海蜇（*Jelly fish*）既没有头也没有大脑，却拥有大而精巧的眼睛，大自然鬼斧神工，这些眼睛令人迷乱的差异到底是如何产生的呢？

最初的眼睛

尽管生命已经存在了几十亿年，动物只用了略多于五亿年的时间就进化出使用高级视觉的能力。

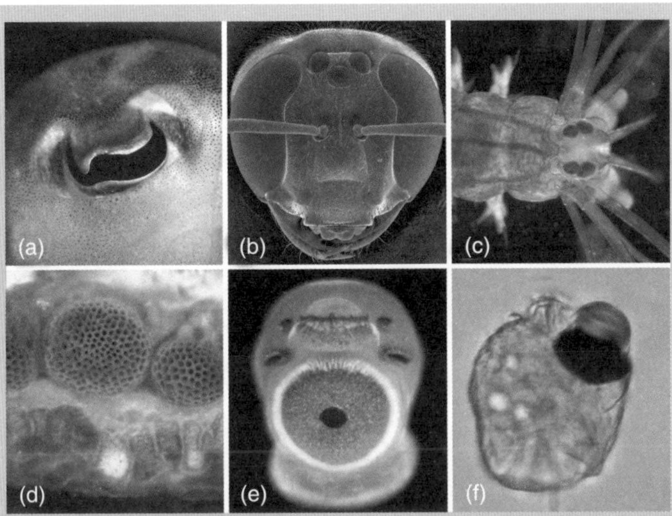

图 1.1 眼睛的类型有很多，远远不止几种常见的脊椎动物的眼

图中列举了不同物种的眼睛。（a）一种乌贼（巨人乌贼，*Sepia apama*）的瞳孔；（b）一种夜蜂（*Megaloptagenalis*），具有复眼和中眼（单眼）；（c）一种岩虫（环节蠕虫，*Platynereisdumerilii*），具有两双色素杯状眼；（d）一种核螺属、胡魁蛤属（*Barbatiacancellaria*）的弧形蛤蜊（*arc clam*）的无晶状体复眼；（e）位于箱式水母的感觉棒上的两个透镜式眼和两双色素凹状（*pigment pit*）眼；（f）腰鞭毛虫（一种海生单细胞生物，译者注，属于单细胞绿藻，物种赤藓红物种，*Erythropsidinium*）具有精巧的眼点，由一个晶状体和筛选色素构成。其中（a, d, e）由 Dan-E. Nilsson 拍摄，（b）由 Eric Warrant 拍摄，（c）由 Detlev Arendt 拍摄，（f）由 Mona Hoppenrath 拍摄。

如果我们通过化石档案追溯眼睛的发展历程，眼睛最早出现在距今大约 5.3 亿年前的寒武纪早期。寒武纪早期的动物分类与现在的动物分类有很大差异，但大多数早期物种可以归入现代的动物门（类）。由化石提供的信息可以发现，寒武纪早期的很多物种已经具备了眼睛。仅仅再往前追溯两千万年，前寒武纪快要结束时，生物的形态似乎变得更加简单，并没有可以得益于良好视觉系统的大型移动生物。我们几乎难以从前寒武纪有机体的残留化石中识别出任何生物。但是，在前寒武纪和寒武纪相衔接的时间段，发生了一些重大的事件：在 500 万年之内，肉眼可见的丰富物种快速进化，而它们之中大部分具有较大的眼睛。这个重大的进化事件被称为寒武纪爆发（*Cambrian explosion*，亦称为寒武纪生命大爆发）。

1909 年，古生物学家 Charles Walcott 开始分析并研究从加拿大发现的一块距今 5.15 亿年的波基斯页岩（*Burgess shale*），此后大寒武纪化石逐渐被解析。Walcott 发现的是一批保存完好的、被断定是来自浅海区域

图 1.2　最早的真眼来自寒武纪化石的证据

最早的具有大型运动体型的动物类群的源头是寒武纪早期，大约在 5.4 亿年前，在一段名为寒武纪爆发的快速进化时期。在几百万年期间，两侧对称的、大型的运动型动物出现，它们的祖先由于体型过小或是身体柔软而无法形成化石。寒武纪爆发的产物不只是小部分物种，而是涵盖现代几乎所有物种的大规模生物群。视觉引导捕食方法的出现，可能是这场前所未有的进化事件的导火索。在最早的寒武纪动物中，大量物种拥有突出的眼睛。一个早期的例子是一种节肢动物（镜眼海怪虫，*Xandarella*），来自中国的澄江。不幸的是，化石仅能揭露少量信息，我们仍然无法判断古老眼睛的种类或是结构。（a）是由 Bruggs（1991）绘制，根据 Conway-Morris 和 Whitington 的阐述修正（1985）。（b）镜眼海怪虫（*Xanderella*）由 Xianguang 和 Bergstrom 提供（1997），使用经过了作者许可。

的古海洋动物群遗迹。这些生物群主要由节肢动物门中的不同物种组成，也包括大量其他门类的代表性生物。对波基斯页岩化石的解析表明，一些神秘物种在外形上不属于现代生物分类中的任何一种。随后更加深入的分析表明，寒武纪动物的确是现在生物类群的早期代表（Conway-Morris 1998）。

在波基斯页岩动物群发现之后，保存更好、时间更早的寒武纪生物群也被发现。这些动物群尤其有趣，因为它们展示了“寒武纪生命大爆发”后不久是怎么样的景象（图 1.2）。令人惊讶的是，这些更早的动物群与波基斯页岩中保存的动物群相比并没有很大的差异。因此，现代具有大眼睛的生物，经历了几百万年的时间进化而来，而它们的祖先由于体型不够大或是身体不够坚硬而没有留下化石。

在早期的寒武纪动物中，三叶虫（*Trilobites*）和其他节肢动物数量非常丰富，它们通过复眼来观察环境，这种复眼至少表面上和现代节肢动物的复眼是相似的。三叶虫的化石中有很多可以观察到复眼的截面，但是在其他的寒武纪化石中，眼睛的部位一般只能看出一个暗的痕迹，并没有其他细微结构保存下来。图 1.2 展示了一块寒武纪化石和由化石重构出来的生物，它具有突起的眼睛。从大量的具有眼睛的物种以及它们眼睛的尺寸可以发现，如同现代一样，视觉器官在寒武纪时期也发挥着重要作用。化石清楚地告诉我们，大型的运动型动物在出现之时已经进化出了眼睛。

甚至脊椎动物的眼也可以追溯到前寒武纪。最早的脊椎动物是一种类似于现代叫无颌鱼（*Jawless fishes*）的生物，它们已经具备了突出的眼睛（图 1.3）。稍晚的奥陶纪的牙形虫生物是另一组早期的无脊椎动物（图 1.3），它们拥有非常大的眼睛，这说明它们肯定比同时期的大部分其他物种具有更好的视力。因此，眼睛的进化大部分是发生在前寒武纪，而自此以后，只有大量陆地动物的繁殖才进一步引发了视觉进化史上具有重大革新意义的事件。

如人们所见，化石证据表明，在寒武纪早期很短的一段时间内，一大批依赖于视觉的生物完成了进化。它们的眼睛究竟是在那段时间随机进化而来，还是来自一个具有原生眼睛的共同祖先呢？化石并不能对这个问题给出明确答案，但它为我们提供了一些有趣的线索。在前寒武纪晚期形成的一些化石可以显示出海床上的痕迹，而这些痕迹随着寒武纪爆发的到来而增加。从这些痕迹的尺寸和外观来看，它们像是由一种小型（长约几毫米）蠕虫状动物在海底表面缓慢移动留下的。而实际上这种动物本身（除了痕迹）并没有成为化石表明了它们是一种软体生物。如果它们属于寒武纪早期动物群的祖先，在寒武纪爆发的初始阶段它们的体型应该会显著增大。

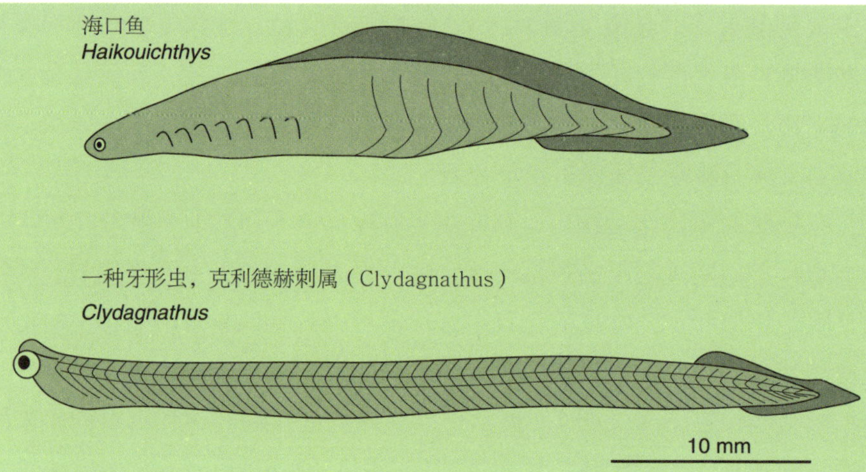

图 1.3　脊椎动物的眼可以追溯到寒武纪早期

海口鱼（*Haikouichthys*），最早的脊椎动物之一，与现代无颌鱼（*Jawless fishes*）的幼虫类似，它们所拥有的一双眼可能是脊椎动物眼睛的早期版本。三千万年之后，另一个依靠视觉指导的脊椎动物种族，牙形虫动物大量出现。大部分的牙形虫，如克利德赫刺属（*Clydagnathus*），具有少见的大型眼，这意味着它们很大程度上依赖于视觉。海口鱼（*Haikouichthys*）是由 Shu 等人（2003）重构，克利德赫刺属（*Clydagnathus*）是由 Purnell（1995）重画。

另一种可能情况是，现代生物的祖先是小型的浮游生物，类似于很多海洋无脊椎生物的纤毛幼虫。骨骼和坚硬的防护形体可能是与大型体格同时进化而来的。这些结构的最早证据来源于前寒武纪的最晚期。一些小型贝壳或是贝壳碎片的化石的典型尺寸为 2~10mm，被称作“小壳动物群”（*Small shelly fauna*），它们出现后不久就发生了寒武纪爆发。

人们很容易推测：前寒武纪的很多物种进化出了足够获得良好空间视觉和更强移动能力的大体型动物，并成为最早的由视觉引导的猎食者。这一演变将会给一大批其他物种带来巨大的选择压力，迫使其他物种进化出防御手段：生成护甲和外壳，通过深层挖掘避免暴露在外，开发视觉和移动性。这些防御方式的设想的确印证了寒武纪早期物种的主要特点，为“视觉引导猎食的出现改变了大部分生态系统并刺激了寒武纪生命大爆发”这一观点提供了支撑。由于视觉和运动速度都可以通过增加体型而提升，由视觉引导的猎食为大型动物的突然出现提供了一个很好的解释。

在这一假设下，小壳类生物很可能是在捕食者和被捕食者之间的竞争中进化出现的。在这种环境中，坚固的防护结构和运动能力与早期真正的眼睛同时产生。

化石虽然能告诉我们大量具有眼睛的生物的进化过程，但也只能提供有限的关于眼睛实际结构的信息。早期动物眼睛的细微结构只能通过一些具有坚硬眼部结构的节肢动物化石获得。对另一类动物而言，眼睛以在头部的有色斑的形式被保存下来。遗憾的是，对理解眼睛进化过程至关重要的眼睛内部结构却普遍无法通过化石保存下来。为了找出寒武纪之前视觉器官是如何形成的，我们必须依靠化石以外的证据。

视觉系统器官的进化

植物和细菌利用了很多不同的捕光、感光分子，但是对动物而言，只有很少的几种感光系统，而其中只有一种用于产生视觉。视觉蛋白（*Opsin proteins*），附带一种感光的维生素 A 衍生物，是负责生成视觉的，无论是水母还是人类，这种分子系统是动物独有的。视觉蛋白属于庞大的 G 蛋白偶联受体家族，而这个家族中的大部分成员仅仅对化学物有反应，并不具有感光性。植物、绿藻、真菌同样拥有 G 蛋白偶联受体，但这些受体无一能感光。更为复杂的是，细菌和绿藻有另外一种和动物视觉蛋白结构相似的视觉蛋白，但是它们并不是 G 蛋白偶联的，它们的氨基酸顺序显然是与 G 蛋白偶联受体蛋白无关的。

因此，非常有可能所有动物（海绵动物除外）最近的共同祖先拥有感光的视觉蛋白，通过 G 蛋白的级联机制产生信号。换句话说，G 蛋白偶联受体蛋白出现于动物进化之前，而动物进化的早期，这一族中的一个蛋白变异成了感光受体。G 蛋白偶联受体的有效信号级联使得视觉蛋白成为一种理想的眼睛的感光器。虽然在动物界存在其他的感光系统，比如隐花色素（*Cryptochromes*），但它们仅实现一些与视觉无关的功能。可以推断出，动物视觉蛋白起源于一种化学受体蛋白的变体，在分子级别上，两种感知方式确实几乎完全相同。

包含特殊的 Pax6 控制基因在内，眼睛发育的遗传控制在整个动物界表现出明显的相似性，这表明动物界所有动物的最近一个共同祖先已经拥有了眼（Gehring 和 Ikeo，1999）。但是在这里仍需保持谨慎，因为视蛋白的相似性可以追溯到动物视觉蛋白的第一次表达，在这之后它才成为眼睛的一部分。发育遗传网络（*Developmental genetic networks*）通常被认为是循规蹈矩的，然而它所控制的结构和功能却可能戏剧性的改变和创新。也许有可能，当出现感光需求时，一个最初只用于视觉蛋白表达的遗传控制网络被反复地分配到神经系统或是表皮。眼睛的起源常被视为一个简单的二中选一的问题：要么所有眼睛拥有一个共同的起源，要么是多个互相独立的进化。但是我们将看到，眼睛的早期进化涉及的一系列事件远比这个辩题复杂得多。

不同感光细胞间的区别是了解眼睛进化过程的重要线索。Salvini Plawen 和 Mayr（1977）记录了动物界中感光细胞形态上的显著区别，并指出感光器进行了多次独立进化。显然，这与动物界中普遍存在的同源视觉蛋白的现象所矛盾，但是后来的研究结果表明，感光体形态的部分差异是与早期的感光体生理机能多样性相关的。在脊椎动物的视杆细胞和视锥细胞中，视色素存在于多层重叠的变形纤毛大量折叠的膜中，但是大部分无脊椎动物的视觉感光细胞的视色素是存在于感杆束（*Rhabdom*）中的，由直接从细胞体伸出的微绒毛组成，如昆虫和软体动物。延展膜面积的不同方式与不同的视觉蛋白种类、不同的转导级联方式和不同的视觉蛋白再生途径有关。两种不同类型的感光体的结构差异并不是在所有动物种族中都是一致的，但是在分子水平上来看，纤毛感光体和视杆感光体是完全不同的。

最初，脊椎动物被认为拥有纤毛型（*Ciliary*）感光细胞，而无脊椎动物被认为拥有视杆型（*Rhabdomeric*）感光细胞。现在我们知道两种类型的分子机制是可以同时在脊椎动物和无脊椎动物身上表现出来的。在脊椎动物的视网膜上，不仅有纤毛视杆细胞和视锥细胞，也存在表达视杆细胞视觉蛋白、自身能够感光的神经节细胞（Peirson 等，2009）。类似地，含有纤毛型视觉蛋白的感光细胞对一些无脊椎动物大脑中的生物钟起作用，这些无脊椎动物在侧眼中含有视杆型的感光体（Arendt 等，2004）。这些研究结果表明对称动物的共同祖先同时拥有纤毛型和视杆型感光细胞，或者说至少同时有两种类型的视觉蛋白，以及它们不同的转导级联和再生机制。之后，总会有一种感光机制融入各种动物的眼睛的设计中，出现了多种不同结构的眼睛。

关于视觉蛋白种类和转导级联方式，甚至存在着第三种眼睛的感光体形式，主要是从特殊的双壳类（*Bivalves*）动物的外眼（*Mantle eyes*）中观察到的（Gomez 和 Nasi，2000）。这类动物的视觉蛋白，G_0-视蛋白，与光异构酶（*Photoisomerase enzymes*）密切相关，而后者是在一些系统中参与视色素再生的。水母有一组略微特殊的视觉蛋白，而原始动物如丝盘虫（*Placozoans*）和海绵（*Sponges*）完全没有视觉蛋白，这说明上述种族都是动物进化树上的早期分支。由于刺胞动物（*Cnidarians*）和对称动物（*Bilaterians*）在 6 亿多年前分化，比寒武纪更早，因此一定存在一种具有感光器的前寒武纪动物。分子学证据显示，视觉蛋白和转导级联的一次重要分化发生在寒武纪爆发之前至少 1 亿年。

虽然脊椎动物、节肢动物、枪乌贼和水母的眼睛是以不同的方式从不同的组织中发育而来的，在很大程度上是趋同进化的产物，但是它们在分子构成上有很深的同源性。这意味着远古的分子模块不仅用作基因表达和生理机能，还在通过反复的吸收、结合实现相似的目的，这些过程发生在生物进化树的不同分支的眼睛的平行进化进程中。遗传控制网络的选择性使得重现进化过程变得极为困难，但我们仍然可以确信一些事件。所有脊椎动物的眼睛可以追溯到一个共同的脊椎动物或是脊索动物祖先，这个共同的祖先拥有一个与现代脊椎动物基本同型的眼睛。不太确定但仍有很大可能的是，大部分无脊椎动物的头部双眼起源于一个共同的远古祖先的杆状单眼（*Rhabdomeric ocelli*）。而蛤蚌和贻贝之类的位于头外的眼，缨鳃蚕（*Fanworms*）的触手上的眼（*Tentacular eyes*），则一定是经历了独立的进化过程，它们向已存在的分子模块补充感光器和神经信号从而形成眼。

晶状体蛋白是一种形成动物眼内晶状体的蛋白质，我们也可以从晶状体蛋白中获得眼睛演化过程的信息。为形成有效、清晰的晶状体，这些蛋白质必须具有能大规模表达、密集压缩的特性，但不易聚合结块，这样会导致白内障。

不同的动物种类，如脊椎动物、头足类动物、水母类动物为此使用了不同的蛋白质。有趣的是，晶状体蛋白一般似乎是征用具有其他功能的蛋白质，例如参与蛋白质组装的酶或者分子伴侣（Piatigorsky，2007）。在脊椎动物的晶状体蛋白中，存在一种热休克蛋白（*Heatshock protein*），这种蛋白很明显非常适合于组成稳定、透明的晶状体。

由上所述，视觉折光系统显然已经历多次独立演变。同样可以确信的是，基于视觉蛋白的感光器在动物进化的初级阶段就形成了。但是在眼睛进化的晚期、早期之间的阶段又发生了什么呢？将视觉蛋白引入最原始眼球的这一事件仍不能被准确解读。即使是非常简单的、诸如扁形虫的无晶状体眼睛，也包含色素细胞和光感细胞，它们通过二阶神经与大脑相连。眼睛作为一个集合了多种不同类型细胞的器官，除了向邻近的组织征用细胞外，必定要进行细胞类型的复制和分化。据推测，这些过程开始于在对称动物和刺细胞动物的前寒武纪祖先，多次进化后，生成了头部眼和头外眼两条不同的进化支线。

箱型水母的浮浪幼虫（*Planula larvae*）所具有的小型色素单眼（图 1.4a）提供了一种罕见的“视觉系统”实例，它非常原始，仅有一种细胞类型。除了构成色素腔外，这些细胞还同时拥有传感微绒毛和运动纤毛，但没有神经连接。可以认定它们是完整独立的感官运动单元，可以控制幼体游动。

在鞭毛藻类生物之中，存在另一种引人注意的原始视觉系统实例，虽然其可能对动物眼睛的进化几乎没有影响。鞭毛藻是一种单细胞绿藻类生物，一般通过光合作用获得能量。但是在个别种类中，叶绿体（光合作用的细胞器官）失去了它的光合能力，并变成了一种类似于眼睛的结构。在单细胞中，存在一个甚至几个透镜和一个类似视网膜的结构（Greuet，1982；图 1.1f）。众所周知，拥有这种构造的物种都是以捕食其他保留光合作用的鞭毛藻类生物为生的，我们认为它们正是依靠“视觉系统”来侦测猎物。然而，除去这些功能上的相似性，这种眼和多细胞生物的眼就没有什么关联了。绿藻有着感光视觉蛋白，但正如前文中所述，这些视觉蛋白和动物的视觉蛋白在本质上是不同的，二者拥有不同的起源（Larusso 等，2008）。眼睛出现在鞭毛藻类生物中的实例，表明了功能上的约束可以在不同的生物体中独立进化出类似的结构和相应的功能。

视觉功能的演变

人眼，以及其他无数动物的眼睛都是复杂且经过精密调节的光学结构。具有这么多相互协调、近乎完美部件的构架，是怎样逐渐由简单的光感细胞产生的呢？为了回答这个问题，我们需要回溯进化的过程，回到更加简单但仍然“有用”的情况。这里有一个难以理解的地方：我们所谓的“有用”是什么意思呢？忽略“扁形虫能够拥有一双人类的眼睛”这种不切实际的事，蠕虫既没有大脑也没有运动能力，因此不可能受益于敏锐的视力。相比于其他复杂的眼睛，扁形虫所具有的无晶状体凹陷眼睛可能是更适合蠕虫的。一般来说，感觉器官是和行为能力密切相关、密切协调的，对每一种生物，眼睛的性能是要与它的视觉引导需求相匹配的。

眼睛的演变和通常进化过程一样，是遵循适者生存原则的。眼睛或者说视觉能力仅仅通过视觉引导行为对生物的适应性产生影响。因此眼睛的演变过程是视觉引导行为演变的结果。据我们所知，所有的眼睛，无论简单复杂，都非常匹配它所要进行的任务。但是这些任务显然各有不同。尽管“眼睛是从低劣到完美不断进化的”听起来并无争议，事实上这是错误的。大部分眼睛，从最简单的到最先进的，可能是非常接近物种最佳生物学形态的。一种更准确的说法是，“眼睛已经从以最佳方式支持简单的任务，进化为以最佳方式支持更为复杂的任务”。由于旧的任务在添加新的任务后通常仍然有用，因此先进的视觉系统经历了一个漫长的增加新功能并逐渐提高要求的积累过程。这些论证说明，只有首先重现视觉任务的演变，才能理解眼睛的进化。

一部分视觉引导行为需要精细的视觉，而另一部分行为则只需要低分辨率的视觉。像趋光性这样的简单行为，在理论上可以用一种单一定向感光器实现（见第九章），但据我们所知，无向感光器也可以被用于控制这种行为。

随着行为变得愈加复杂，用于控制行为的信息也越加复杂。反过来讲，空间信息需求量是评价视觉引导行为演化的很好的依据。在这个进化过程中有很多重要的步骤，进而产生了光感行为的四种基本类型分类（Nilsson，2009）。

1. 由非定向环境光检测引导的行为。实例包括：24 小时的生理周期，抵御有害的短波光照的避光反应，避免被捕食者发觉的变色反应，挖掘动物的表面探测能力。

2. 基于定向光感的行为。实例包括：趋光性，身体姿态控制［光学平衡囊（*Optical statocysts*）］，捕食者接近的警告反应。

3. 基于低空间分辨率的视觉行为。实例包括：自身动作检测能力，本体躲避反应（反碰撞），栖息地选择能力，通过简单的地标或者天体（如太阳、月亮）定向的能力。

4. 基于高空间分辨率的视觉行为。实例包括：猎物检测和追赶能力，捕食者检测和逃避能力，同类检测和评估能力，复杂地标的定位能力，视觉交流能力，个体识别能力。

严格来说，只有第 3 类和第 4 类属于视觉任务。第 2 类一般认为不是真正的视觉，而第 1 类通常被称为非视觉光感受器。视觉系统的演变可以假定是由第 1 类的产生而开始的，而后逐渐经历了较高类别的行为任务演化。四种行为任务分别与其普遍的传感信息需求相关，这些需求对应着眼睛进化的不同阶段（图 1.4 和图 1.5）。

第一类任务是由非定向光感受器驱动的，由一个或者多个光感细胞组成，但是不存在其他结构。基本需求是光感微粒和信号机制。对于检测日

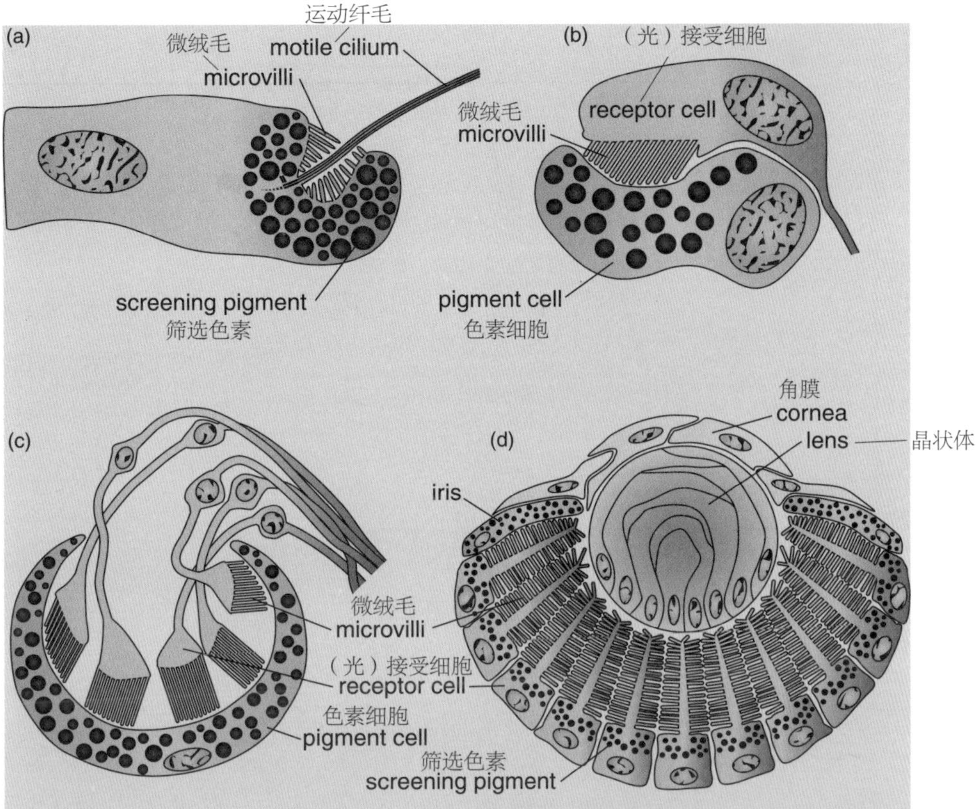

图 1.4　单眼和简单眼睛的切面图

（a）和（b）是涉及光感反应的有向光感器实例，（c）和（d）是简单的眼睛，能够产生粗略的图像。（a）箱型水母幼体的单细胞单眼，既是一个光接受器也是一个感受器。运动纤毛用于控制幼体行动，其上有20个单眼，但没有神经系统。（b）多毛类幼体的单眼由两个细胞构成：一个色素细胞和一个光感细胞。（c）真涡扁形虫（*Planarian flatworm*）的色素杯状眼睛（*Pigment cup eye*）是由很多个光感细胞呈杯状排列在一个色素细胞周围。这种眼是逆向设计的，用光感器轴突朝向光源。（d）箱型水母的眼睛有一个低等的晶状体环绕在光感器周围，同样构成了一个色素杯（*Pigment cup*）。这种眼内还包含角膜和色素虹膜。在（a）到（d）所有四种情况里，光色素都位于堆叠膜（*Stacks of membrane*）之中，由细胞绒毛构成。绒毛和膜盘的作用是聚集大量的光色素，使得眼对光更加敏感。筛选的色素位于光感细胞中，如（a）和（d），或是只存在于特殊的色素细胞中，如（b）和（c）。Nilsson 于 2009 年修改。

光周期和测量水深的任务，反应可能会比较迟缓，只对较大的光强差产生反应。非定向光感器存在于多种已知生物的体内，但是因为它们不需要任何特殊结构，我们很难观察到这些感光器的外形。

第 2 类行为需要筛选色素（*Screening pigment*）的帮助，或者用其他结构能够部分地遮挡住光感细胞，形成有向传感的光感细胞。对于趋光性，

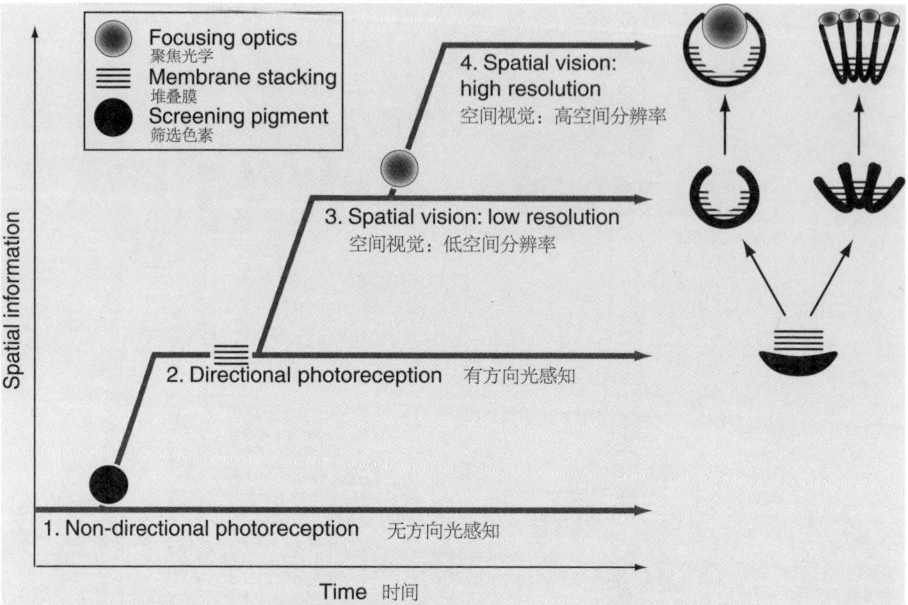

图 1.5　四种光感知任务的依次演变，及其对应的眼睛结构的重要进化

对于每个更高级别的光感任务，空间分辨率逐渐增加。无向感光器到有向感光器的转变引入了空间信息这一概念。有向感光器到低分辨率视觉的进步产生了大量的空间信息，而进一步实现高分辨率视觉产生了更多的空间信息。由于无向感光任务和有向感光任务的最佳的响应速度、动态范围，以及其他感光器特性要求有很大差异，第 1 类和第 2 类任务不可能通过同一种类型的细胞完成。因此，第 2 类任务的进化很可能是伴随着感光器增生和随后的异化，有些情况还涉及相关的筛选色素（*Screening pigment*）。通过重新将感光器堆叠成膜状，第 2 类任务的工作范围可以扩展到暗光环境（Nilsson 2009）。在随后第 3 类任务中，即使在光强充足的情况下，感光器的膜堆叠（*Membrane stacking*）也是必不可少的。低空间分辨率的视觉在功能上可以代替有向感光器，而且将不需要做更多的像第 1 类到第 2 类那样的感光器结构复制。在已经拥有高分辨率空间视觉的动物中（第 4 类），很多低分辨率任务（第 3 类）仍然保留着重要的作用，如自身动作侦查和障碍回避，而这些任务也能通过高分辨率的眼睛轻易完成。为了使高分辨率的空间视觉接受更多的光子，晶状体或者其他聚焦光学结构是必须的。晶状体、堆叠成膜和与筛选色素（*Screening pigment*）相关联的感光器是三个重要的进化，这三个处进化在各自对应的视觉任务进化上发挥了重要作用。Nilsson 于 2009 年修改。

一个 180 度的灵敏度就足够了，身体运动将产生方向信息，显示朝向方向是明亮还是阴暗。空间信息就是这样通过不断的连续扫描产生的，这需要光感细胞反应迅速。与每天的昼夜交替的光强变化相比，同一时间不同方向的光强变化是很小的，因此这需要生物提升辨别光强变化的能力。一些扁形虫、线虫和大量浮游无脊椎动物幼体有眼点（单眼），用于完成第二类任务（图 1.4）。

第 3 类任务要求生成真正的空间视觉，这意味着要使不同的感光器同时在不同的方向进行侦查。检测自身动作、追踪简单的地标、避免碰撞等等这类任务对视觉空间分辨率并不高。5~30° 的分辨率就足以完成这类任务。为了使感光器在较小的视场角中仍能接收到足够多的光子，感光器堆叠成膜就成了实现第 3 类任务的必然方式（Nilsson，2009）。内部含有大量光感细胞的色素凹（*Pigment pit*）或色素杯（*Pigment cup*）是可以实现第 3 类任务的典型眼睛，但它们不能实现第 4 类任务。很多扁形虫、沙虫、软体动物、节肢动物的幼虫拥有可以完成第 1~3 类任务的眼（图 1.4）。

第 4 类任务的要求是更为苛刻的，与第 3 类任务的主要区别是更高的空间分辨率需求。为了侦查猎物或是捕食者，分辨率角度只能限制在个位数以内，很多动物的眼具有远小于 1° 的分辨率（比如人类眼睛的分辨率约为 1/60°）。晶状体以及其他光学聚焦配置的出现成了辨别小视角的必需品。脊椎动物、头足类动物（*Cephalopod*）的相机型眼睛，昆虫、甲壳类的复眼都是多用型眼睛，这类眼睛可以完成大部分第 4 类以及第 3 类任务（Land 和 Nilsson，2006）。

视觉导向行为的进化顺序和它们的前身对应着眼睛进化史的不同阶段（图 1.5）。眼睛进化中的四个对应阶段为：（1）无遮挡的光感细胞；（2）大范围有向感光器组成的色素单眼；（3）具有简单空间视觉的色素凹（*Pigment pit*）型眼睛、色素杯（*Pigment cup*）型眼睛；（4）具有聚焦晶状体的高分辨率眼睛。由于每种更高级种类的任务要反应更快、分辨率更高、对比敏感度更高的感光器，这些感光器需要在单位时间中收集更多的光子。这就是感光器堆叠成膜在大部分用于完成第 2 类任务的单眼中出现的原因，对于完成第 3 类、第 4 类任务的眼睛而言也是如此。为完成第 4 类任务的眼睛也需要收集更多的光子用以成像。提升灵敏度可能是眼睛中晶状体进化的主要原因。眼睛进化的主要阶段，包括感光器数量增加、筛选色素（*Screening pigment*）的出现、堆叠成膜（*Membrane stacking*）、利用光学聚焦，基本上是与各类行为任务演变过程对应的（图 1.5）。

整个进化过程的共同目标都是满足逐渐增长的空间信息需要。对于大部分行为任务，有一个可以完成任务的临界分辨率，超过这一分辨率，即使分辨率再高也不会提高适应性。在大多数情况下，每个任务的完成度都可以通过获取更多信息进行提高。

空间信息的总量可能最终超越了另一任务的最低需求，这种超越可以被接受并保持了对更高分辨率的优先选择。因此，眼睛的进化将会以增加或提升视觉导向行为的方式一直持续下去。

也许看起来眼睛的进化仍然是非常困难的，因为全新的结构和原理必须在这一过程中不断被“发明”，我们经常认为好的运气是眼睛进化所必需的。但是事实上眼睛可以缓慢地没有突变地完成进化，从最简单的感光形式发展为具有完美聚焦能力的复杂精密的眼睛。唯一必需的外部因素是趋于更高空间分辨率的连续选择。Nilsson 和 Pelger（1994）通过一个理论模型，论述了一个表皮上的光感层通过无数次微小修正进化为一个典型的脊椎动物或章鱼类动物（*Octopus*）的眼睛，其中每一个细微变化都产生了性能的微小提升（图 1.6）。如果使用一种群体变化速度的典型值，我们甚至可以计算出从光感细胞片（上述阶段 2）到敏锐的聚焦相机型眼睛的进化可以在大约 50 万代之内完成，也就是说，对小型无脊椎动物而言，50 万年就可以完成这一进化。有个著名的传言，达尔文每当想到人类眼睛的完美构造和功能时，都会“不寒而栗”，这一计算结果可以让达尔文不再惊讶了。更重要的是，这个计算结果解释了眼睛在寒武纪爆发（*Cambrian explosion*）期间快速进化的可能性。

眼睛进化中的中间产物可以证实我们重建的眼睛进化的过程，我们仍然可以在现存的物种中发现这些中间产物。但这又引出了一个问题：既然眼睛可以以如此快的速度演化，为什么还有这么多中间产物存在至今呢？这个悖论的关键在于，表面上是中间产物的眼睛可能是某个进化过程的最终产物，进化到这一点之后将不再有更高空间分辨率的选择。我们必须记住，只有动物能够从更高级的视觉基础之上提升行动力的时候，它才需要更多的视觉信息。不同生活方式的物种会不同程度地利用视觉信息。当然，生成和维持眼睛是需要一定代价的，正是代价和获利的平衡，最终决定了每个物种最终需要多少视觉能力。

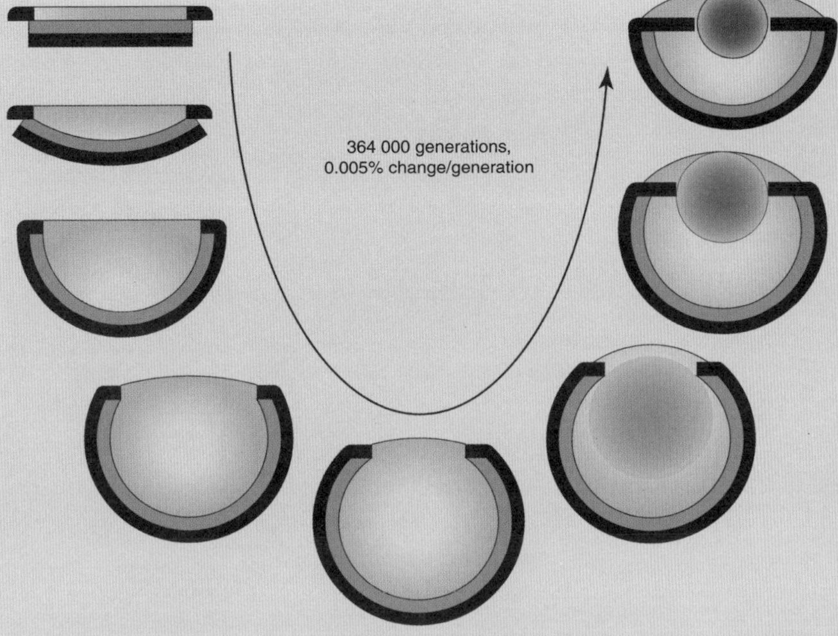

图 1.6 一片光感表皮可以逐渐进化为一个具有完美聚焦能力的相机型眼睛，这其中经历了不断地对更高分辨率的选择

一个基于保守假设的有关选择压力和自然群体变化量的理论模型指出，整个过程可以在不多于 40 万代的时间内完成，这其实是非常快的速度。图中显示出了每对连续的中间产物之间所经历的时间。进化的起点是一片上皮组织和一块外部保护层，一个由接收器细胞组成的中间层，一个由色素细胞组成的底层。当这种方式无法进一步进化时，晶状体组织逐渐出现了。Nilsson 和 Pelger 于 1994 年修改。

图 1.7 主要物种的进化关系图

为清晰起见，图中加入了若干次级门类。灰色区域表示该类分支至少拥有有向感光器的单眼。因此，扁盘动物门、栉水母动物门（栉水母）、海绵动物门（海绵）等生物没有包含筛选色素的感光器。拥有多功能眼睛的复杂视觉系统（实心圆）只出现在四个物种中：蜘蛛、昆虫 / 甲壳类动物、头足类动物和脊椎动物（Land 和 Nilsson 2006）。有趣的是，三个对称动物的主分支上都至少有一个物种进化出复杂的视觉系统。可成像眼以及对应的主要光学类型通过字母（a~h）表示，对应下方的（a~h）原理图，来自 Land（1981a）。（a）和（c）之间的中间环节用进化树中的 a+ 表示。不同类型的眼睛的原理图按照成像原理被分为三列，遮挡成像（a，b），折射成像（c~f），反射成像（g，h）。上半部分的四个眼是单眼（*Single-chambered eye*），下半部分的四个则是复眼。感光细胞用带条纹的椭圆表示。眼睛的种类为：（a）色素杯型（*Pigment cup*）眼，（b）复色素凹型（*Pigment pit*）眼，（c）水生的相机型眼，（d）陆生的凹透镜眼，（e）并置复眼，（f）折射叠加复眼，（g）凹透镜眼，（h）反射叠加型复眼。每种眼睛的差别和机理将在第 4~8 章详细说明。由于单眼和复眼是本质不同的两种空间视觉方式，眼睛的分布暗示着它们的共同祖先拥有含色素的光感细胞，而不是可成像的眼。我们可以从刺胞动物和两侧对称动物的眼之间的分子相似性看出，无向感光器的出现早于对称动物的共同祖先。需要注意的是，进化树上表示出的很多眼是位于头部以外的位置，很明显不是在头部的成对出现的眼。分子和胚胎学的线索也暗示着，脊椎动物的眼睛经历了一个复杂的进化历程，比其他的对称动物的头部眼睛更为复杂。

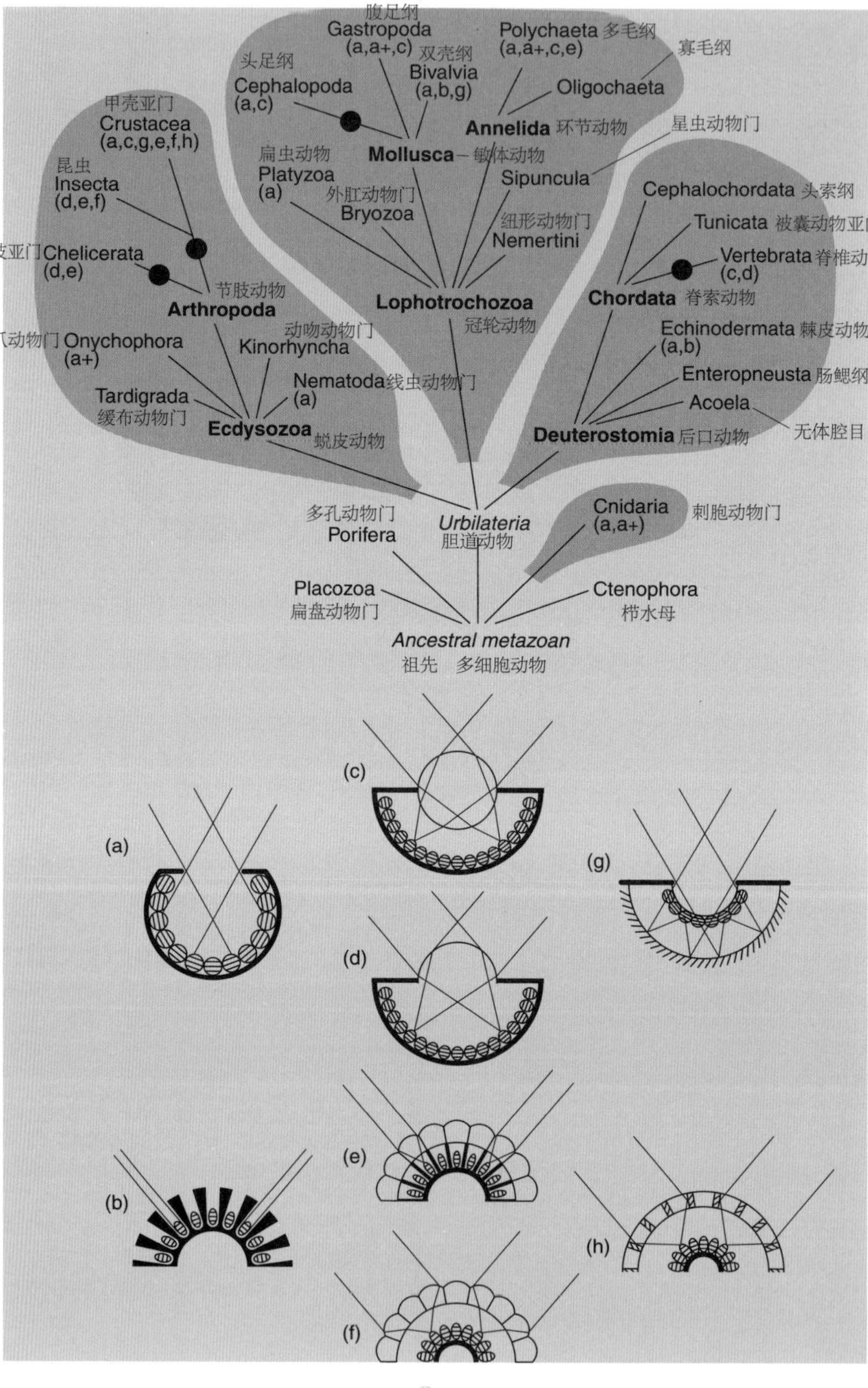
腹足纲
Gastropoda
(a,a+,c)
Polychaeta 多毛纲
(a,a+,c,e)
寡毛纲
头足纲
Cephalopoda
(a,c)
双壳纲
Bivalvia
(a,b,g)
Oligochaeta
甲壳亚门
Crustacea
(a,c,g,e,f,h)
Annelida 环节动物
星虫动物门
扁虫动物
Platyzoa
(a)
Mollusca 软体动物
Sipuncula
昆虫
Insecta
(d,e,f)
外肛动物门
Bryozoa
Cephalochordata 头索纲
纽形动物门
Nemertini
Tunicata 被囊动物亚门
螯肢亚门 Chelicerata
(d,e)
Vertebrata 脊椎动物
(c,d)
节肢动物
Arthropoda
Lophotrochozoa
冠轮动物
Chordata 脊索动物
动吻动物门
Kinorhyncha
Echinodermata 棘皮动物
(a,b)
有爪动物门 Onychophora
(a+)
Enteropneusta 肠鳃纲
Tardigrada
缓布动物门
Nematoda 线虫动物门
(a)
Acoela
无体腔目
Ecdysozoa 蜕皮动物
Deuterostomia 后口动物
多孔动物门
Porifera
Urbilateria
胆道动物
Cnidaria
(a,a+)
刺胞动物门
Placozoa
扁盘动物门
Ctenophora
栉水母
Ancestral metazoan
祖先 多细胞动物
(a)
(b)
(c)
(d)
(e)
(f)
(g)
(h)

眼睛的结构多样性

寒武纪爆发以来，眼睛促成了动物和它们所处生态角色的进化。进化促成了无数种不同形式的眼睛，如针孔式、晶状体式、镜面式等，以及各种组合的扫描装置等，来捕捉周围世界的信息（图 1.7）。造成这种多样性的原因尚不明确，特别是针对同一问题却出现了不同的解决方法更难以解释。有向感光器（*Directional photoreceptor*）进化为空间视觉有两种最基本的方式：增加更多感光器以利用相同的色素层，或是使视觉器官整体数量增加。这两种选择分别产生了单眼和复眼。图 1.8 中说明了随着视觉进一步发展，蛤原始的眼睛可能会转化为复眼的情况。在眼睛进化的早期，单眼和复眼的效率差别甚微。后来，当视觉的表现能力受到眼睛尺寸的限制时，单眼将被证明是更好的解决方法。（不同类型眼睛的对比优点将在第三章中阐述。）

通过比较动物眼睛在胚胎中的起源，可以发现它们是从不同物种的不同组织转化而来的（图 1.9）。脊椎动物的视网膜是从一种由大脑前端组成的杯状眼生成的，但晶状体是由表皮形成的。章鱼和鱿鱼的眼和脊椎动物几乎相同，但其晶状体和视网膜都是由表皮生成的。脊椎动物的眼睛如此起源，导致其有个倒置的视网膜，即轴突面向眼睛的前侧而不是后侧（后侧看起来是一种更自然的方案）——这也就是为什么人类以及其他脊椎动物的眼存在盲点，即视神经不存在的区域。

脊椎动物眼睛的这种奇特而唯一的特点，说明它们有一段独特的进化历史（Lamb 等，2007）。海鞘属于脊椎动物的旁系，它们没有与人类相似的眼睛，但是它们的幼虫有一种小型的中央单眼，这种单眼内的光感细胞具有和脊椎动物相同类型的纤毛。脊椎动物复杂的眼睛起源的环境和仍留在海鞘幼虫中的情况类似，也并非不可能。

软体动物的眼睛出现了多种不同的形式，头足类和腹足类也表现出从无晶状体眼到有晶状体眼睛的多种形态。在这两种情况下，视网膜都具有正置的性质，即轴突朝向视网膜的后侧，但是头足动物的晶状体是由上皮组织将晶状体分为两半形成的，而腹足动物生成晶状体的上皮细胞位于晶

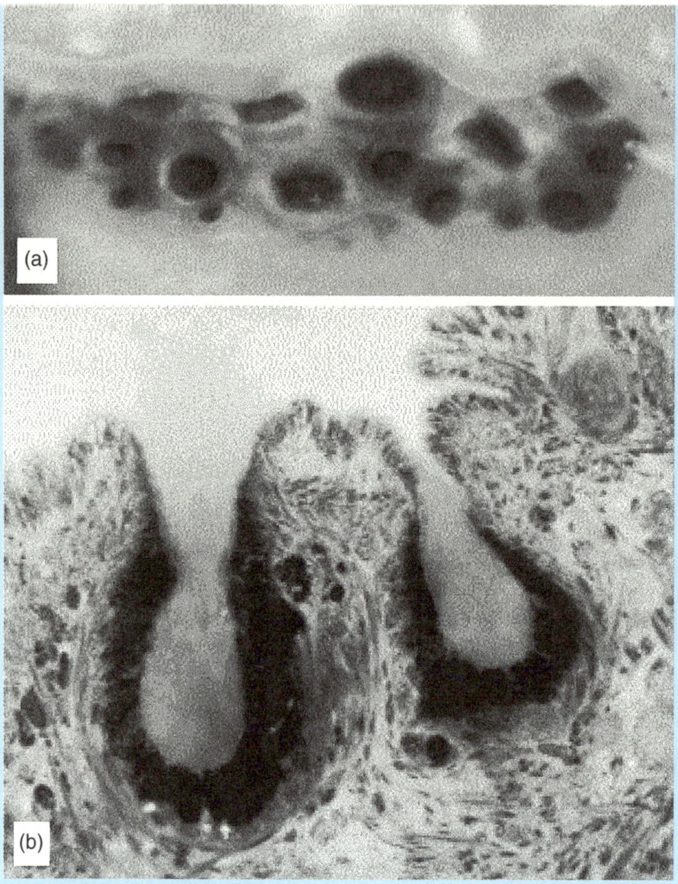

图 1.8　来自 *Anadaranotabilis*（蛤类）的一组针孔状色素眼，是复眼和单眼的进化分歧点

两个眼孔的切面（b）揭示了这种眼睛的简单构造。凹陷的上皮细胞被筛选色素局部覆盖，没有覆盖的部分是投影到洞内的微绒毛神经末梢。众多深而窄的凹陷聚集成群，这些事实都预示着该组织将会进化为复眼，以提升生物的空间视觉能力。它的近亲柜蛤（*Ark clams*）的确进化出了完整的复眼。来自 Nilsson（1994）。

状体边缘。

节肢动物的视网膜则有两种情况，其一是有正置的视网膜，如昆虫的复眼，其二是倒置的视网膜，如甲壳动物的无节幼体（甲壳类动物的一种幼体形式，译者注）眼。所有这些区别都说明了空间视觉在不同的物种之中经历了无数次独立的进化过程。

眼睛的尺寸可以小到不足 0.1mm，例如一些水蚤；也可以大到

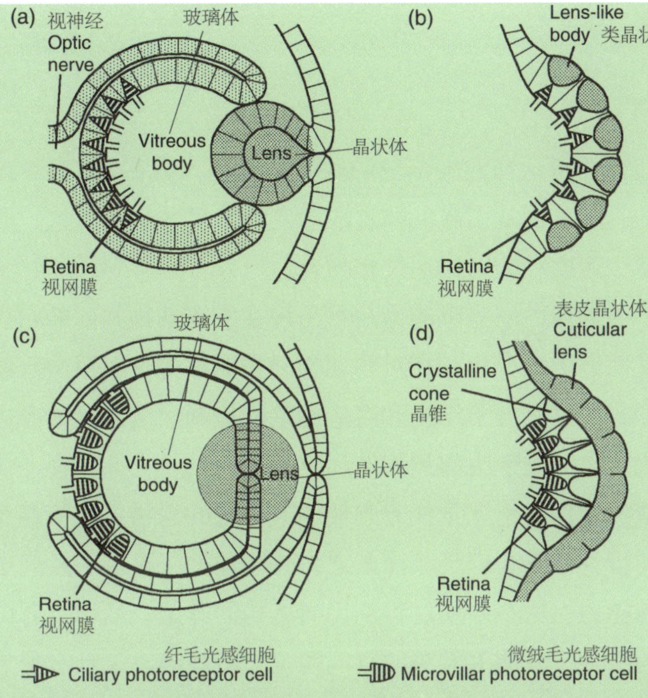

图 1.9　眼睛的构成：（a）脊椎动物，（b）多毛纲的毛掸虫（*Fan worms*），（c）章鱼和鱿鱼，（d）昆虫和甲壳动物

虽然形成眼睛功能的方式不多，但不同的物种所使用的组织和形态千差万别。脊椎动物的视网膜（a）由大脑的神经上皮（浅色阴影区）生成，晶状体由表皮上皮的内陷形成。鱿鱼和章鱼整个眼睛都形成双杯状表皮，其内侧底部形成视网膜，空腔部位形成晶状体。感光器细胞也是存在本质区别的，在感光器细胞中，无论是改进的纤毛（纤毛状感受器）还是微绒毛（杆状感受器），以及它们的生化传导组织中，都包含视觉色素。脊椎动物眼睛个体的演化的结果是，轴突朝向玻璃体，其尾部必须从视网膜上打开一个小孔伸向玻璃体外侧。毛掸虫（b）和节肢动物（d）的复眼同样采用了不同形式的视觉感光器细胞，但更重要的是，它们是由体内的不同部位形成的：对节肢动物而言是在头部的第一段成双形成，对毛掸虫而言是在取食触须上批量形成。这些现象共同说明了至少有四种空间视觉进化方式在互相独立地进行，而最终演化为两种方案——单眼和复眼。引自 Nilsson（1996）。

300mm，例如巨型鱿鱼和鱼龙（已灭绝的海洋爬行动物）。如此大范围的尺寸、结构和位置反映出视觉的功能多样性，这清楚地表明眼睛可以自由地演化、采用现有的任何组织、成为生命升级优化的载体。在本书后续的章节中，我们将解析眼睛的构造基础，阐明所有不同种类眼睛的功能和原理。

小结

1. 我们现在所认知的大部分的眼睛都是在大约在 5.3 亿年前的寒武纪时期出现的。随着视觉引导的捕食成为一种常见的生活方式，眼睛的进化与生物体型、速度和护甲的增长相吻合。

2. 基于视觉蛋白的光感能力最早出现在所有动物共同的祖先身上。传导机制在早期就已经分化，在对称动物的共同祖先身上至少已经演化出两种不同的形式。这些分子结构和对应的基因控制网络已经被改进、聚合，形成了现代生物的位于头部和其他部位的眼。

3. 眼睛的进化是由视觉任务驱使的。早期的动物只能依靠光感性完成一些简单的行为任务，但是久而久之，一些物种获得了一系列更为复杂的视觉任务的能力。这个发展过程从无向感光器开始，经历了有向感光器和肢体运动的结合，发展为低级的空间视觉，最终形成了具有聚焦晶状体的高级空间视觉。

4. 高级的眼睛的进化不需要经历很长的地质时间。据估计，由一片光感组织进化为像鱼眼那样的眼睛，可能只需要约 50 万年。

5. 在脊椎动物、头足类动物、节肢动物中，负责空间视觉的眼睛结构已经独立进化，这不仅表现在不同物种胚胎中的眼睛具有不同的发展过程，而且单眼和复眼的形成过程也是有本质区别的。

第二章
光和视觉
Light and vision

Eyes are devices for extracting useful information from the light reflected or emitted from objects in the world around us. Most of this book is devoted to a detailed account of how this is done, but before embarking on that saga we need briefly to explore some of the properties of light that are important for vision.

在客观世界中，眼睛是我们获取物体所发射或者反射的光线信息的器官。本书的大部分内容都致力于详细说明这个过程是怎样发生的，但在此之前，我们先简单介绍一些与视觉紧密相关的光的性质。

光在空气或者干净的水中通常以直线传播，并且损耗很小。对于拥有高分辨率的健康眼睛来说，物体的几何特征可以由视网膜上的图案清晰地展现出来，不同物体在客观世界中的相对位置也可以由此表示。因此，光提供了表征物体特征和位置的大部分信息。除了几何信息之外，光还提供了表征物体特性的一些其他线索。光和物体通过很多种不同的方式产生相互作用，其中包括反射、透射、吸收、散射等，并且这些作用方式都与光的波长紧密相关。也就是说，在大部分情况下，可以通过颜色的不同来区分光线。一些动物（不包括人类），可以利用光的另一种性质——偏振（极化），来判断太阳的方向并获得反射表面的性质。

在本章节，我们首先讨论光是什么，以及光能够给视觉带来哪些信息；然后，讨论环境中的光强及其测量方法；最后，讨论眼睛中的感光器（*Photoreceptor*）怎样来捕捉光更精细的性质，比如光的波长分布和偏振结构。

光的特性

想要弄清楚光的作用方式，从来都不是一件容易的事。艾萨克·牛顿（1642~1727 年）认为光是粒子流，它的轨迹就是所谓的射线（光线）。在光路元件尺寸远远大于光波长（约为 0.5 μm）的情况下，射线（真空中直线传播，但可以被镜面反射、棱镜和透镜折射）提供了一种非常简便的描述图像构成的方式。然而，仍然存在一些现象很难用几何光学来解释，比如说干涉现象、彩色的肥皂泡和油膜、牛顿环（将凸面镜放在平整的玻璃平面上出现的环状条纹），这些只能从波的相互作用的角度来解释。与牛顿同时代的科学家克里斯丁·惠更斯（Christian Huygens）首先明确地表达光的波动理论，该理论也可以解释光的射线传播现象（图 2.1a）。然而，在 18 世纪，由于牛顿当时的权威性，光的波动学说发展微乎其微。到了 19 世纪早期，托马斯·杨（Thomas Young）证实：当光通过两条细缝时，会产生干涉条纹。这一现象有力地佐证了光的波动学说，托马斯·杨也提供了相应的实验依据（图 2.1c）。通过缝隙的水波纹之间的相互干涉，很好地模拟了光的干涉现象。

在 19 世纪，光的波动学说取得了很大的进步。奥古斯丁·菲涅耳（Augustin Fresnel）进一步发展了克里斯丁·惠更斯的理论，它借助于波的干涉定律，提出波阵面上的每个点都是新的波源的理论（图 2.1b）。这一理论很好地解释了光的衍射现象（靠近物体边缘和光圈的光行为），这对于正确理解透镜极限至关重要。詹姆斯·克拉克·麦克斯韦（James Clerk Maxwell）提出，光的实质是以恒定速度传播的横向震荡的电磁场（图 2.1d）。1888 年，海因里希·赫兹（Heinrich Hertz）通过产生和测量电磁辐射证实了麦克斯韦关于电磁辐射的观点。如今，我们普遍认同的观点是，在从 γ 射线（10^{-13}m）到数千米长的广播波之间，光占用了很小的一部分波段（400 nm 到 800 nm 之间）。

尽管如此，仍然存在一些光的波动理论无法解释的现象。其中光电效应（光能够激发金属表面释放电子的现象），似乎表明光是以离散能量包的形式与物体进行作用。在 1905 年，阿尔伯特·爱因斯坦提出了光的量子理论，统一了光的波动和粒子理论。光的量子理论认为光是由无数的粒子组成，这些粒子的能量与其振动频率相关，表示为公式 $E=h\nu$，h 为普朗克常数（6.63×10^{-34} J/s；量子学说由马克思·普朗克（Max Planck）于 1900 年提出，用来解释黑体辐射的问题），ν 是辐射频率（比如，绿光大约是 6×10^{14}Hz）。微小的能量可以通过基本单位来表示，约为 4×10^{-19}J；约等于重量为 40pg（4×10^{-11}g）的物体，从 1 μm 的高度落下时产生的能量。即使对于物理学家来说，光子更精确的行为仍然是非常神秘的。举例来说，当它们被视紫红质分子（*Rhodopsin molecules*）吸收发生作用时，表现得更像是不可再分的离散能量包，但当它们在太空中传播时，它们更像是可再分的。在一个著名的重现杨氏干涉现象的实验中，实验者使得光的能量非常低，以至于两个粒子几乎不可能同时穿过狭缝，结果显示，狭缝后出现的衍射图案和能量很高时是一致的。这表明，穿过狭缝的单独光子发生了自我干涉。直观上，这与光子能量的不可再分性相违背。近代的观点认为，在特定的位置捕捉到光子并非是其真实的能量分布，而是一个概率事件。在这个方面有很多的格言，其中最著名的是 W. L. Bragg（发现了 X 射线的衍射现象）的名言："未来的一切都是波，过去的一切都是粒子。"想要进一步学习的读者可以借助于近代的光学书本，比如 Hecht（2001）。在这本书中，更多的是讲解光子与物体发生相互作用时表现出的能量不可再分的行为，而不过多地关注光传播过程中更精确的细节。

射线、波或者光子，这三种光的描述方式并非互为替代的关系，最终光子描述必然能够包含其他两种描述方式，正如惠更斯 - 菲涅尔的光波动理论包含了早期的光的粒子 - 射线理论。然而，正如牛顿力学能够比相对论量子力学更简便地描述宏观现象，我们通常采用其中某一种描述来更方便地解决光学问题。对于镜头或者平面镜形成的目标图像，使用几何（射线）光学来分析就已经足够了；波动光学一般被用来解释镜头的衍射极限，感光器等窄波导行为，多层反射镜和衍射光栅行为，光的波长和偏振性质等；光子描述，一般是在光线强度很低以至于光子数不足以提供一个稳定的图像统计样本的情况下，用来解释感光器的表现。

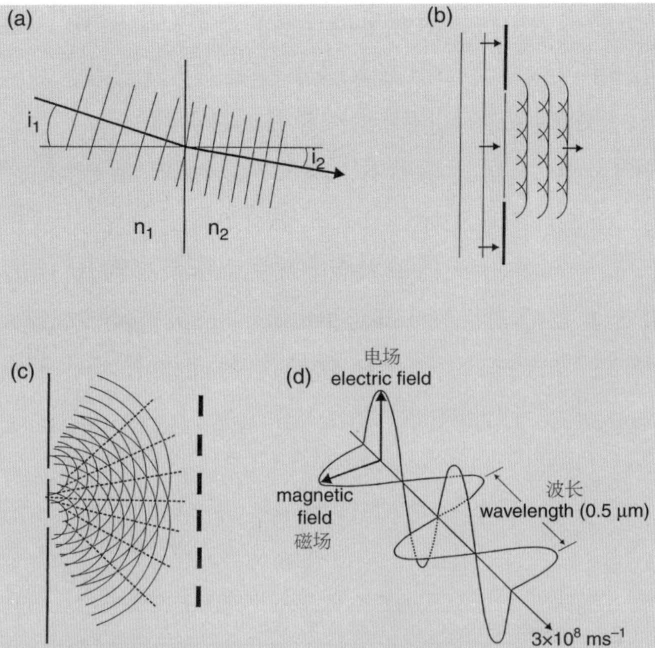

图 2.1 光的一些物体特性

（a）折射可以被看作是射线（粗线）的弯曲，或者是当它们进入更高折射率介质时的波阵面（细线）减缓。这种减缓现象遵循斯涅尔定律（$n_1\sin i_1=n_2\sin i_2$），改变了波阵面的方向。光线与波阵面相垂直。（b）波阵面通过光圈。根据惠更斯—菲涅尔的方案，波阵面上的每个点都是二次波的波源。这增强了光传播方向的波强，减弱了其他方向的波强，但光圈边缘处光的横向传播，形成了衍射现象。（c）杨氏双缝产生的干涉现象。从单光源发出的光通过两条狭缝相互干涉形成明暗条纹（虚线）。（d）麦克斯韦光传播图。光由相互垂直的振荡的电场和磁场构成。每个元素（光子）都有固定的电场矢量（E 向量）、固定的波长，并且以固定的速度在空间传播。

光强

对于我们看到的物体外观，可见光的总量扮演着非常重要的作用——视力随着光的减少而变弱，这部分的详述请见第三章。不同的光照环境对眼睛的进化过程也有影响：为了从环境中获得尽可能多的光子，夜间活动和深海中的生物通常有着较大的眼睛。在阳光明媚的白天，到达地球表面的可见光子数大约是 10^{20} 个 /（$m^2\cdot s$）。鉴于感光器的感光精度可达到单个光子，这似乎是很大的数字，但是感光器的尺寸是以微米为单位，其剖面积是以平方微米为单位，因此单位计量的光子数小了 10^{12} 个量级，计量的难度随之减小了很多（知识窗 2.1）。明亮月光的亮度大约是太阳光的百万分之一，昏暗星光的亮度又大约是月光的万分之一（表 2.1），整个动态范围大约是 10^{10}，远远超出了人眼的视觉范围。在极暗的条件下，眼睛完全适应黑暗刚能辨别物体的移动时眼睛中每个感光器大约每小时接收到一个光子。另一方面，感光器最大能够提供强度范围约 10^5 内的理想信号，所以眼睛补充增益控制机制（*Supplementary gain control mechanisms*），包括虹膜机制（*Iris mechanisms*）和感光器间的连接、聚焦（*Pooling between receptors*），以此双向扩展其工作范围。

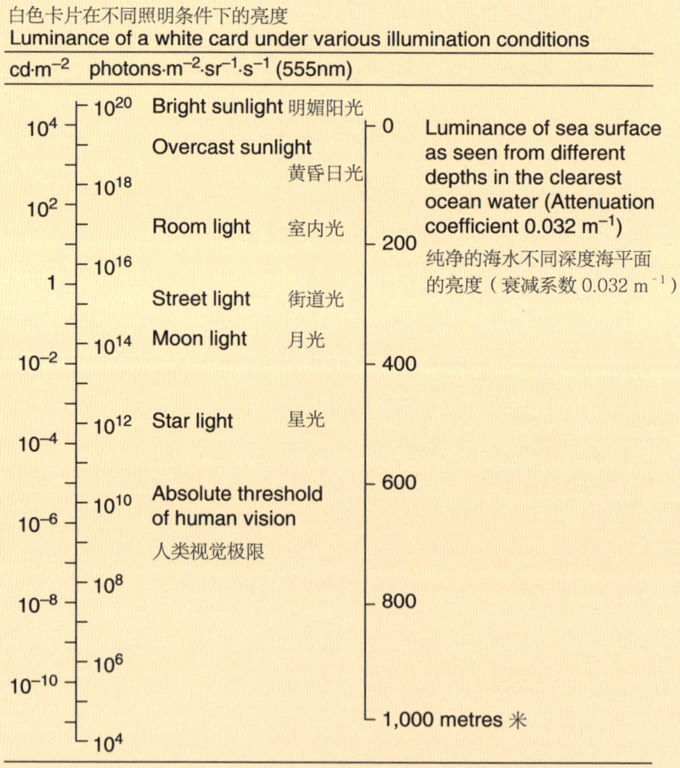

表 2.1

当然，实际场景中的光强变化范围不可能如此巨大。即使是纯黑色绒毛，也能反射入射光强的 2%，所以眼睛能够遇到的最大亮度变化范围也只有 50 倍（100% / 2%）。视网膜的明暗适应机制（*The dark and light adaptation mechanisms*）的最主要功能是保证在任何极端光照条件下，视网膜的光强感受范围都能够保持 50 倍的关系，以充分利用视网膜的全部处理能力。当光照条件改变时（比如说在黎明或者黄昏），视网膜的光强感受范围的中心值将随之偏移。正是这种机制保证了我们既能够看到正午阳光下的场景细节，又能看到只有前者千分之一亮度的室内场景细节，并且我们感知到的信息质量差别很小。

即使是最干净的海水，蓝光的光强（被海水吸收最少的谱段）也会以每 70 米 10% 的速度衰减，也就意味着人眼可见的最大深度是 700m。拥有更大瞳孔的鱼类和某些利用光叠加原理构造眼睛（第八章）的甲壳类动物，可以看到大约 800 至 900 米深度的物体，这也是太阳光可以到达的最大深度。很多在更深的海底生活的动物也有眼睛，但是它们自体发光或者利用其他生物发出的光来照明。在 1000m 以下的深海存在着数量惊人的生物发光体（*Bioluminescene*），这些动物通过发出稳定或者闪烁的光来交流、觅食，或者作为自我防卫的手段。在浑浊的近海，光线以更快的速度衰减，以至于海平面以下几十米就几乎看不到任何物体。近海的地方鲜有生物发光体，并且浑浊海水更会减弱光线的传播。

知识窗 2.1　强度测量

强度本身就是一个模糊的概念，弄清楚测量对象是发射源（亮度和辐射度）还是接收表面（照度和辐照度）非常重要。因为有两种完全不同的测量光的方式，因而存在这两套不同的概念。第一套测量体系（光度，*Photometric*）产生于19世纪，是以人眼为评判标准，通过比较不同光源和标准烛光之间的"亮度"差异制定。这种方法似乎过时了，但至今仍在使用，只是不再以蜡烛为标准，而是以瓦特来定义。大多数校准来自"次级"标准，通常指经过精细标定的钨丝灯泡。第二套测量体系（辐射度，*Radiometric*）是基于对物理能量的测量（瓦特，每秒的光子数）。辐射度测量体系的一个突出优点是能够体现出光线波长的差异性，因为光度测量系统是将所有光源与主观的"白色"标准相比较，这对于人类的视觉研究来说可能足够了，但在研究其他与人类视觉存在差异的生物（具有不同的视觉光谱波段）时，则显得很不恰当。

图2.2阐释了发光表面（左）和接收表面。恰当的光度和辐射度定义在图的下半部分。我们首先考虑基于光子数目的辐射度测量体系。为了表示表面的辐射度，我们需要知道单位面积每秒发出的光子数。由于这些光子是以半球形向四周发散，我们需要知道测量光子的区域的圆锥角的大小。使用球面度或者单位立体角比较合适，其被定义为表面积为半径的平方的球体表面对应的圆锥扇形。由于在标准单位制中球体的表面积是$4\pi r^2$，所以4π球面度就是一个完整的球体，或者更确切地说，围绕一个点有4π球面度。一个球面度的角宽度是65.5°（不同于弧度，等同于二维平面的57.3°）。因此，辐射度的完整单位是单位面积单位时间内在单位球面度上辐射的光子数，单位为光子数/（$s \cdot m^2 \cdot sr$）。如果考虑光谱的影响，还得加上波长单位，通常以纳米为单位。而总的光子辐射度通过对所有波长段的积分得到。对于光接收面，辐照度指的是单位面积的辐射通量（每秒的光子数），所以单位为光子数/（$s \cdot m^2$）。

基于能量单位（瓦特=焦耳/秒）的辐射度测量体系与基于光子数的大体相同，除了单位是瓦特（或者微瓦）而非每秒的光子数。相互转换关系是基于先前提到的爱因斯坦方程式：$E = h\nu = hc/\lambda$，其中 h 是普朗克常数，ν 是频率，c 是光速，λ 是波长（米）。光谱的黄绿区域（555nm）的光子能量是 3.6×10^{-19}J。另一方面，1W 黄绿区域光等于 2.8×10^{18} 光子/秒。

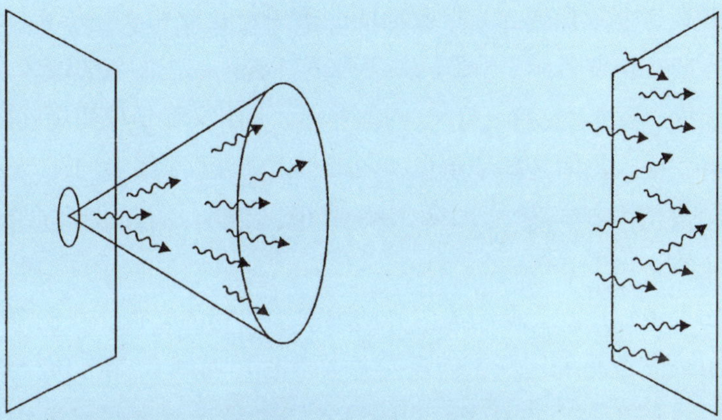

辐射度 *Radiance*	辐照度 *Irradiance*
photons.s^{-1}.m^{-2}.sr^{-1}	photons.s^{-1}.m^{-2}
or photons.s^{-1}.m^{-2}.sr^{-1}.nm^{-1}	photons.s^{-1}.m^{-2}.nm^{-1}
or W.m^{-2}.sr^{-1}	W.m^{-2}
or W.m^{-2}.sr^{-1}.nm^{-1}	W.m^{-2}.nm^{-1}
亮度 *Luminance*	照度 *Illuminance*
cd.m^{-2} = lm.m^{-2}.sr^{-1}	lm.m^{-2}

图 2.2　光的辐射度和光度单位，详见上下文

光亮度测量体系与前者稍有不同，以坎德拉（cd）作为强度单位（1坎德拉等于旧时标准蜡烛的“亮度”）。1坎德拉的点光源发出4π流明（lm）的光通量，也就是说，点光源周围的每度立体角可以接收到1流明的光通量。每平方米亮度为L坎德拉的平面光源（比如说电视屏幕），每平方米范围能够在单位立体角中产生L流明的光通量。在正午阳光下，一张白色卡片的亮度是$3\times10^4 cd\cdot m^{-2}$（表2.1）。太阳自身的亮度约为$1.6\times10^9 cd\cdot m^{-2}$，比前者高5个数量级。光接收面的照度单位是流明/平方米，也通常用符号勒克斯（lux）表示。（单位关于强度，还有一些古老的说法，包括熙提、阿普熙提、辐透、尼特、英尺-朗伯等等，但本文尽量使用国际标准单位）。同瓦特一样，流明是功率单位，两者可以相互转换。对于日光下最易见的光线（波长为555nm），1瓦特等于682流明。同样波长的光线，1流明等于4.09×10^{15}个光子。

如果想知道与光源距离为d的表面接收到的光强，我们需要在照度单位中引入立体角的定义。假设光源发出的光强是L $lm\cdot m^{-2}\cdot sr^{-1}$，接受面所占的立体角等于它的表面积除以$d^2$。如果光源表面积为$A_e$，接收面的面积是$A_r$，那么接受平面的光通量（$F$）如下：

$$F=LA_eA_r/d^2 \text{（lumen）}$$

照度（I）表示为：

$$I=LA_e/d^2 \text{（lux）}$$

当然，上述计算同样适用于辐射度测量体系，此处不再赘述。

对比度

总的来说，我们和其他动物对物体的光强差比对绝对光强要敏感得多。实际环境下的光照条件变化范围很大，所以在处理视觉信息的过程中，绝对亮度单位是不可取的，而更应该记录物体之间的对比度。对比度用来衡量物体之间的差异程度。对于绝对亮度分别为L_1和L_2的两个表面来说，它们的对比度的定义为：

$$C=(L_1-L_2)/(L_1+L_2)$$

通过上述方式定义对比度，我们看到的就不是物体的光照条件，而是物体本身的一个属性。假设表面 L_1 和 L_2 分别拥有不同的光反射率，L_1 的表面亮度是 2 个单位，L_2 的表面亮度就是 1 个单位。根据上式的定义，对比度是 1/3。如果入射光强增加到原先的 100 倍，对比度仍然是 1/3。对比度的变化范围是 0~1，当其中一个表面全黑时，对比度为 1，当多个表面的亮度相同时，对比度为零。

动物视网膜上发生的一系列过程确保我们感知的通常为对比度信息，而非原始的亮度信息。各种各样的适应机制意味着传递给大脑的信息或多或少的独立于场景的整体亮度等级。神经节细胞（*Ganglion cells*）的中心环绕组织方式（*Centre-surround organization*）意味着它们记录着图像相邻区域的亮度差异，而非是某一点的绝对亮度。必然存在着一些感知亮度的神经细胞，用来告诉我们是晚上或者白天，但这不是视觉的主要工作。

波长与颜色

人眼可见光的波长范围是 400~700 nm（0.4~0.7μm），某些敏感度可达 800nm。这个波长段包括的光谱颜色就是牛顿描述的著名的红、橙、黄、绿、蓝、靛、紫（按照波长递减排序，图 2.3）七色。很多人认为靛色不能作为一种单独的颜色，而其他颜色都是被普遍认同的。很多种动物，包括鸟类、鱼类和很多的节肢类动物等，能够感知到 400 nm 以下直至 320nm 的紫外光信息（UVA）。一种跳蛛能够感知到紫外直至 315nm 的光线信息（Li 等，2008），这些信息对于它们的求偶过程非常重要。蓟马（*Thrips*）［缨翅目（*Thysanoptera*）］也能够感知到紫外光线（UVB）信息（Mazza 等，2010）。很多花朵能够发出人眼不可见的醒目的紫外信息（UVA），为传播花粉的昆虫提供便利（图 2.3d 和 2.4）。一类鱼类和蝴蝶所具有的视色素（*Visual pigments*），可以感知红色以外 60 nm 的光线，这个区域我们称之为近红外。更进一步，波长在微米量级的光线，就是热物体发出的红外辐射。一些蛇可以通过眼睛附近特殊的凹点所包含的热敏神经末梢（不包含视色素）来感知该波长段的信息，进行热成像。作为冷

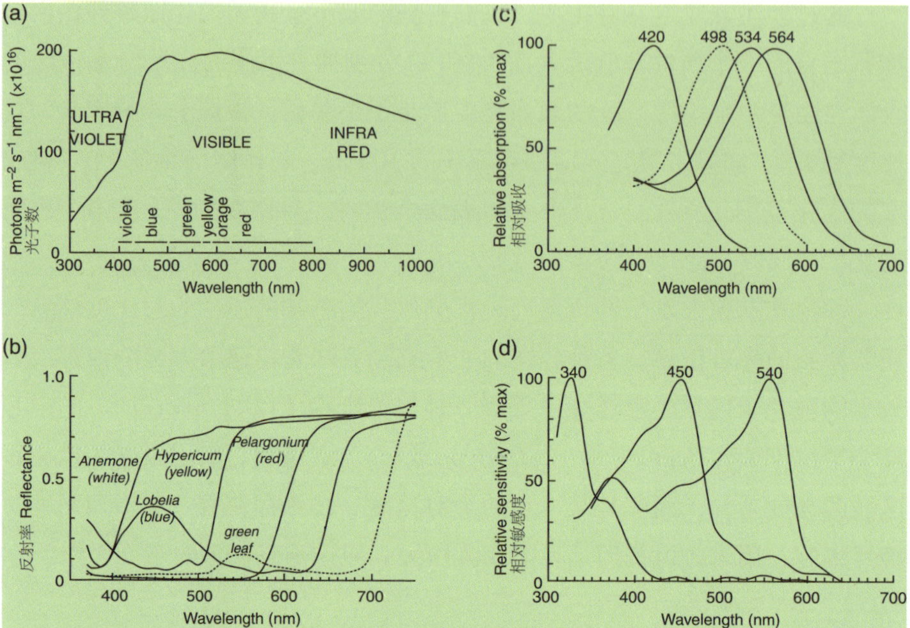

图 2.3　环境光和感光色素

（a）到达地球大气层的太阳光光谱。值得注意的是，可见光波段覆盖区域的光子数密度最大。数据由 Lythgoe 提供（1979）。（b）四种花和树叶的光谱反射图（图解见 plate 1）。值得注意的是，红色、黄色、白色的花青素都充当了通过长波的截止滤波器。蓝色也是如此，但它在 450nm 处产生了第二个峰值，对长波的反射远至红色区域。绿叶的反射率很低（叶子的主要功能是吸收而非反射光），但是在肉眼无法看到的红外区域，绿叶的反射率很高。曲线由 Daniel Osorio 提供。（c）人眼视杆细胞（虚线）和三种视锥细胞的吸收光谱。通过比较特定颜色反射曲线［比如图（b）］和吸收曲线之间的重叠部分，可以粗略估算出它对某种视锥细胞的刺激程度。数据由 Lythgoe 提供（1979）。（d）蜜蜂体内感光器的光谱响应曲线。这些曲线与人类大体相似，但是值得注意的是，它们能够延伸到紫外区域，并且分布得更加均匀。数据由 Menzel 提供（1979）。

血动物的蛇，就是利用这些信息来发现和追击温血猎物（比如说老鼠）。现在发现的其他唯一具有特殊红外感应器官的是吉丁虫（*Melanophila*）（甲壳类动物），它们可以从数千米以外感应并接近森林大火，它们的幼虫依赖于被火烧过的树木生存（Schmitz 和 Bleckmann，1998）。

客观世界物体对不同波长的光线，反射程度不一样。因此，物体反射光线的波长分布为我们提供了宝贵的物体身份信息（图 2.3b）。树叶反射的大部分光线在 500~600 nm 之间，蓝花在 350~500 nm 之间，成熟的水果在 550~600 nm 之间，血液在 600~650 nm 之间。在某种程度上分析到达眼

图 2.4　花和蝴蝶的紫外标记

左图：人眼中的沼泽金盏花（驴蹄草）是全黄色（上图），但在紫外照射下，中心呈黑色。中图：黄色蝴蝶（雄性）的前翅底部存在明显的紫外标识。右图：鬼针草和金鸡菊分别在白光和紫外光照射下的图像。照片摘自 Eisner 等（1969）。

睛的光线光谱，能够有效地分辨出不同的物体。

颜色和波长是不同的概念，这点很重要。波长本身是没有颜色的，我们看到的颜色只是眼睛对光线波长分析形成的主观感觉。从哲学角度来看，主观颜色（红、绿等）都是感受性的（*Qualia*），是我们不能像其他个体证实的特性。我们都知道血是红的，树叶是绿的，但是我们不能保证每个人眼中的“红色”和“绿色”都是一样的（想象一下，红绿色盲患者眼中的橙色是什么样的）。这只能说明，我们认同每种颜色的波长分布。在 1960 年，当首次能够测量眼睛中单个锥形细胞对不同波长的光的敏感度时，我们惊奇地发现没有任何一种锥形细胞对红色波长段（大于 600nm）敏感。最接近红色的锥形细胞的敏感波长约是 564nm，这是黄绿色的波长段（图 2.3c）。在所有颜色中，红色是如此得让人印象深刻，竟然没有一种对其特别敏感的感受细胞。红色的增长意味着锥形细胞信号的减弱，以及锥形细胞信号更加急剧地减弱，以至于在真正的红色区域（波长大于 650nm），只有 564nm 的锥形细胞是活跃的。

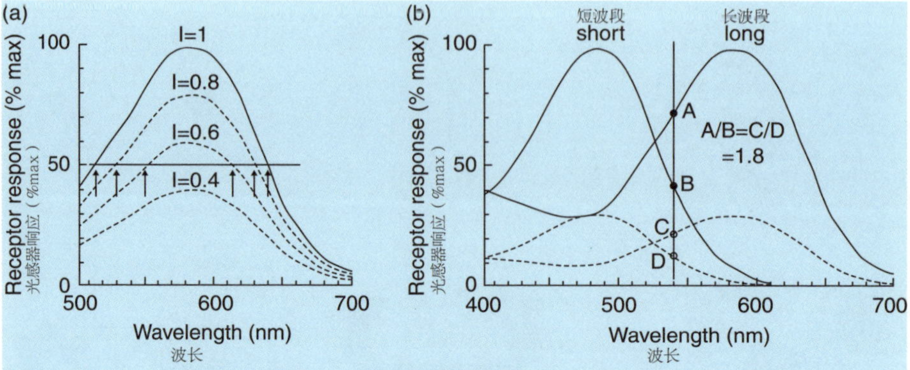

图 2.5 产生色觉至少需要两种视色素

（a）只有一种视色素的情况下，感光器无法分辨出强度和波长信息。一个 50% 的响应，可以由图中任意一条曲线产生。（b）存在两种不同视色素的情况下，对某个特定波长的刺激比例（A/B 或者 C/D）是唯一的，并且不随光强而变化。

因为我们使用颜色来描述光谱波长，所以引起了很多疑惑。580nm 波长的光是黄色，但是 620nm（红色）和 540nm（绿色）光混合起来也能产生相同的黄色。我们看到的颜色依赖于三种视锥细胞的相对刺激值，上述情况是因为混合波长和单个波长产生了相同的刺激比例。我们感知的颜色不能精确地表示光谱成分。我们看到的很多颜色并不具有对应的单个光谱波长：比如说紫色，是长波长（红色）和短波长（蓝色）的混合。颜色科学是一门重要且复杂的学科，我们更关注的是颜色视觉系统构造与我们不同的生物，感兴趣的读者可以查阅 *Mollon* 和 *Sharp*（1983）这本书。

如果人类不能确定自身感知的颜色和波长鉴别机制之间的关系，我们应该更加谨慎地研究其他生物的色彩视觉。但是，我们可以肯定的是，很多动物具有彩色视觉。动物鉴别不同波长的光的能力，依赖于其至少拥有两种对不同波长段敏感的视色素。然后，正如图 2.5 所示，不同波长的光会提供两种视色素不同的刺激比例，这个刺激比例与总的刺激值无关；总的刺激值也就是整体亮度信息。如果只有一种视色素，波长和强度信息无法分开，也就无法提供任何的颜色信息了。（同样存在另一种情况，只存在一种视色素的同时具有很多的颜色滤波器（*Color filters*）。在一些感光器（*Photoreceptors*）内实际存在这样的滤波器，比如说鸟类和爬行动物视网膜上的彩色油滴（*Colored oil droplets*），但是它们并非是利用单一的视色素产生彩色视觉系统，而似乎是锐化锥状色素的光谱敏感度）。如果某种动物的眼睛中至少存在两种视色素，那么就可以粗略的判断它们存在某种色彩视觉。绝大部分的节肢动物和脊椎动物至少拥有两种视色素，口足类甲壳动物拥有最多的 15 种视色素（Marshall 和 Oberwinkler，1999），表 2.2 列出了一些代表性生物的色彩视觉信息。

无脊椎动物				
环节动物				400,560
角蚕				
软体动物				360,490,540
大砗磲（鳞砗磲）				540
八腕目（普通章鱼）				470,484,500
萤火鱿（乌贼属）				
螯肢亚门				360,530
鲎（美洲鲎）				340,480,520
栉足科（老虎游走蜘蛛）				360,520
蝇虎科（蝇虎）				
甲壳亚门				
枝角目（大型蚤）			348,434,525,608	
普通滨蟹（肉球近方蟹）				440,508
虾蛄（线虫，齒指蝦蛄科）			12 种（312–710）	
中筋虾（缩甲虾）				410,498
等足目（海蟑螂）				340,470,520
昆虫				
蜻蜓（赤蜻）			330,430,490,520,620	
蟋蟀（双斑蟋）				332,445,515
仰泳蝽科（回旋虫）				345,445,560
家蝇（ 蝇蛆）			335,355,460,490,530	
蜜蜂（西方蜜蜂）				344,436,556
沙漠蚂蚁（ 二色箭蚁）				350,510
天蛾（象鹰蛾）				345,440,520
小红蛱蝶				360,470,530
燕尾成虫（柑橘凤蝶）			360,400,440,520,600	
燕尾幼虫（柑橘凤蝶）				370,448,527
脊椎动物				
板鳃亚纲	LWS	MWS	SWS2	
真骨类	LWS	MWS	SWS2	SWS1
两栖动物	LWS		SWS2	SWS1
爬行动物	LWS	MWS	SWS2	SWS1
鸟	LWS	MWS	SWS2	SWS1

大多数哺乳动物	LWS	SWS1
海洋哺乳动物	LWS	
灵长类动物	LWS(2)	SWS1

表 2.2 不同动物光色素的最大灵敏度波长（λmax）（nm）

纵观所有脊椎类动物，存在五种特征性的视色素族：锥状细胞 LWS 495-570（红 / 绿），MWS（=RH2）470-530（绿），SWS2 415-480（蓝），SWS1 355-450（UV/ 紫）和杆状色素（=RH1）460-530（蓝 - 绿）。不同的脊椎类动物类群（group）都只拥有其中的部分视色素。LWS、MWS、SMS 分别指的是对长、中、短波段敏感。

无脊椎动物中的大部分为二色觉(*dichromats*)或者三色觉(*trichromats*)动物，并且它们通常存在一种对紫外区域敏感的视色素。章鱼只具有单一的视色素，是为数不多的存在明确记录的无彩色视觉动物（Hanlon 和 Messenger，1996）。一些生物，比如说大而温和的砗磲（*Tridacna*），它们具有多种视色素，但这些视色素的作用仅仅是通过对更宽光谱的采样来提升侦查效率（不产生色觉）。尽管如此，可以推断大多数的生物存在彩色视觉。在昆虫当中，比如说蜻蜓和燕尾蝶拥有五种视色素，它们的彩色视觉系统非常复杂和精密。口足类甲壳动物(*Stomatopods*)如濑尿虾(*Mantis shrimps*)的眼睛中间带具有 12 种视色素，眼睛的其他区域还有 3 至 4 种视色素（Cronin 和 Marshall，2004）。这些动物无疑拥有彩色视觉，至于是否与人类和蜜蜂遵循相同原理的采集比例（图 2.5），却不得而知。在脊椎动物中，视蛋白色素（*Opsin pigments*）的分子排列顺序表明，四种主要的锥状视蛋白基因存在于无颌鱼体内（例如七鳃鳗），它们大概进化于寒武纪晚期，几乎是最早的拥有四色觉的鱼类（Bowmaker，2008）。硬骨鱼、蜥蜴、鸟类等生物体中存在这些全部锥状视色素，并且经常伴随着族类各自的基因分裂进一步产生色素。在其他类群中，这些锥状色素或多或少丢失了一些。对于多数为二色觉者的哺乳动物来说，这种现象非常明显。对于人类和部分东半球（亚欧非）灵长类动物来说，长波视色素分裂成两种分别对 534 nm 和 564 nm 敏感的视色素，进而给个体提供了三种色彩视觉。

视色素分子由两个部分构成：载色体（*Chromophore*）和视蛋白（*Opsin protein*）。载色体是主要接受光子的视紫红质分子的一部分，是维生素 A 的四近亲之一。视色素因子具有单双键交替的长链结构，长链中第 11 个和第 12 个碳原子之间的键通过顺式结构变反式结构来响应对光子的捕获（图 2.6）。紧随其后的是一系列生物化学反应，使得钠通道关闭和分子过极化（脊椎动物），或者使得钠通道与钙通道打开（大部分的无脊椎动物）和一系列的去极化过程（参考：脊椎动物，Burns 和 Lamb，2004；《无脊椎动物》，Hardie 2006）。感光色素分子（*Photopigment molecule*）的最大响应波长取决于载色体的种类和围绕在载色体周围的蛋白质分子结构（图 2.6）。研究表明，载色体周围的少量氨基酸对其具有调节作用，以至于它对或高或低的能量都能有很好的响应。因而，色彩视觉系统中的感光色素，或者含有不同的载色体，或者含有不同的蛋白质，或者两者都不同。Rodieck（1998）详细地讲解了视觉的光化学过程。

“真”彩色视觉（‘*true*’ *color vision*）通常指的是，动物不仅能够使用或者学习使用视色素最敏感的波长区域，还可以通过不同的刺激比例来利用中间过渡的波长或者波长组合。人类视觉就是如此，能够被训练成对多种颜色产生刺激的蜜蜂的色彩视觉系统也是如此。然而，存在一种被称之为“特定波长行为”（*wavelength-specific behaviors*）的简单系统，系统内不同感光器的输出似乎直接控制着动物行为。菜粉蝶（欧洲粉蝶）是很好的例子，波长约为 370nm 的紫外外光会使它们撒腿就跑，对波长约为 460nm 和 600nm 附近波长的光会激发它们的喂养反应（比如说蓝光和红光），波长约为 540nm 的光会刺激它们产卵（Scherer 和 Kolb，1987）。这些波长分别对应着蝴蝶不同的视色素敏感区。同时，存在现象表明波长组合同样有效，似乎蝴蝶同时具备着“特定波长行为”和“真”色觉。

偏振

偏振是一种人眼无法直接观察到的光的性质，但是其在动物王国里被广泛运用。如图 2.1 所示，光线电场向量位于一个特定的平面内，如果感光色素分子中可激发的双键的方向和该振动的方向相同，则分子被激发。在构成脊椎动物视锥细胞和视杆细胞感光器的盘状体内，感光色素分子位于与入射光垂直平面内所有可能的方向上。这意味着，受体分子无法获知光子的电场方向。对于无脊椎动物的微绒毛受体，情况就大不相同了。诸如微绒毛的长管，上面覆盖着能承载感光色素的膜，仅从几何角度考虑，

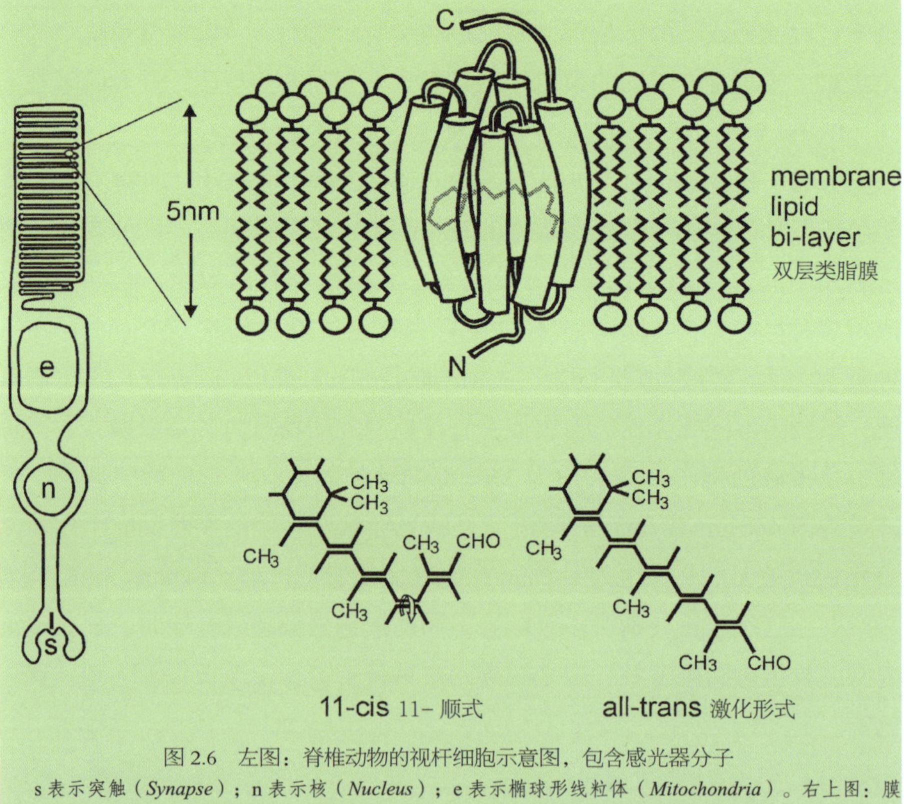

图 2.6　左图：脊椎动物的视杆细胞示意图，包含感光器分子

s 表示突触（*Synapse*）；n 表示核（*Nucleus*）；e 表示椭球形线粒体（*Mitochondria*）。右上图：膜中的视紫红质分子图，包围着载色体群的七个螺旋体，视网膜。C 和 N 分别表示视蛋白分子中的碳和氮末端。右下图：视网膜分子的未激化（11- 顺式）和激化（全反）形式。光敏感双键在膜平面内。来自 Lythgoe（1979）。

沿平行和垂直于长轴方向分布的载色体数量比是 2:1（图 2.7c 和 2.7d）。这也就意味着，微绒毛（或者视杆）受体对不同偏振光的响应不同。如果要构建一个能够精确分辨光线偏振方向的系统，至少需要两组以上的受体，同时它们的微绒毛必须对齐并且沿着不同的方向分布，神经系统必须能够

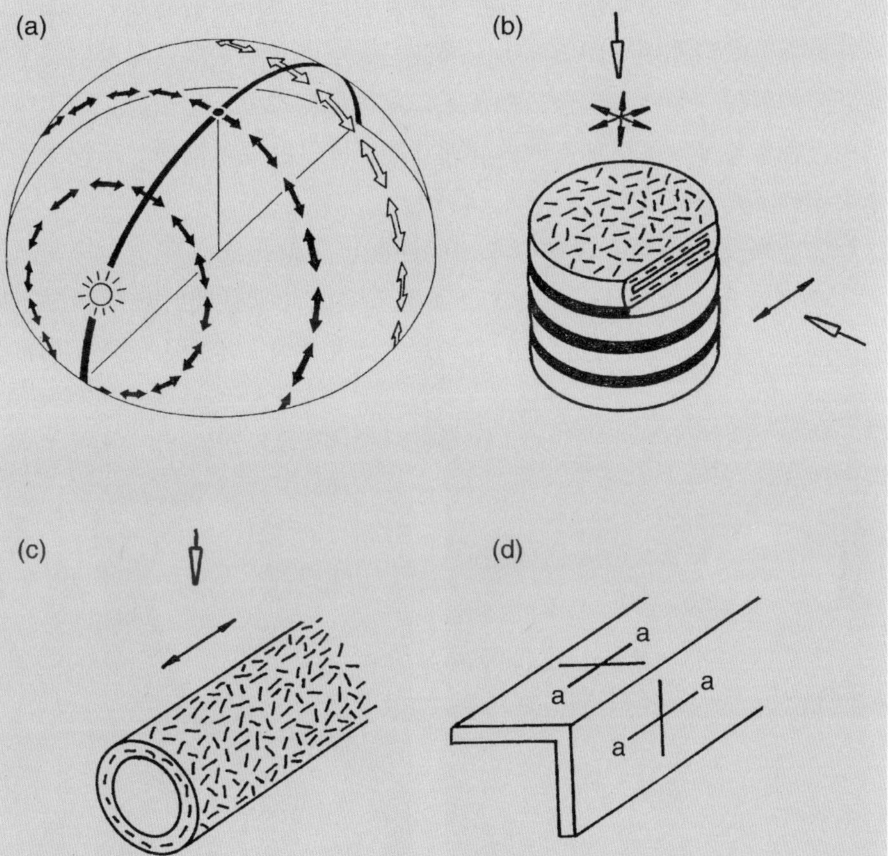

图 2.7　偏振光和接收行为

（a）天空中光线的偏振现象。电场矢量方向围绕着太阳成同心圆分布。与太阳光线成的方向（空心箭头）具有最大偏振光强度。在阴天，昆虫可以通过这种偏振光来判断方向（Rossel，1989）。（b）杆盘内部的载色体分子成随机分布，也就意味着不能分辨从盘面法线方向到达的光子电场矢量方向。另一方面，侧面入射的光线，只有偏振方向平行于盘膜的才能够被吸收，因为那是载色体分子的方向（见图 2.6）。空心箭头表示光线方向；实心箭头表示电场矢量方向。（c）无脊椎感杆束（*Rhabdoms*）的指状细绒毛中的载色体更倾向于沿长轴排列。（d）中的方形截面可以很好地说明这个问题。显而易见，a-a 方向的分子数是任意其他正交方向分子数的两倍。在某些吸收偏振光的特殊细绒毛受体中，载色体分子在膜中并不是完全随机排列，而更倾向于排列在细绒毛轴的方向。

计算出不同方向的响应比。这与前文提到的色觉（图 2.5）很相似。许多昆虫和一些甲壳类动物都具备这种分析能力。

太阳光是非偏振光，也就是说，它所含光子的电场矢量可能是任意方向。然而，散射和反射两个过程对不同电场方向的光子作用不同，因此导致偏振光的产生。这两个过程都对动物大有作用。当太阳光穿过大气层，细小微粒倾向于散射蓝色光，并且对偏振方向与太阳入射光路垂直的光线具有更强的散射作用（图 2.7a）。因此，天空中光的偏振方向可以用来判断太阳的方位，即使太阳被云挡住了，这种偏振现象仍然明显。动物可以利用这种现象来发挥更加有效的导航功能，并且已经从蜜蜂、蚂蚁等生物体中得到了充分的证实（Rossel，1989）。

非金属反射表面，比如说水，同样能产生偏振光。在一个特定角度（布鲁斯特角；水是 53°）光线会发生全偏振，所有反射光都偏振于同一方向（平行于表面），且透射光与反射光相垂直。水面上的眩光通常会

图 2.8　自然偏振光的例子

左侧：分别透过平行（上图）与垂直（下图）放置的偏振片拍摄的水面和亚光灰色卡片图像。右侧：伪彩色偏振。透过左侧所述的两种偏振片拍摄的三种叶子（马特鼠尾草叶，月桂叶和光泽栒子叶）图像。值得注意的是，当透过不同偏振片（上图和下图）拍摄时，叶子的亮度发生了反转。

对视觉产生滋扰，所以我们通常使用偏光太阳镜（对偏振方向与水面平行的光有很强的吸收作用）来避免这种现象（图 2.8）。然而，一些水面昆虫能够利用这种特殊的偏振光反射现象，来寻找赖以生存的水塘。Rudolf Schwind（1983）使用偏振片来模拟水面，发现划蝽（仰泳蝽）会像潜入水面般狂热地撞击偏振片。蜜蜂和划蝽的眼部都具有按照特定方向分布的微绒毛感感光器，用来提取必要的偏振光信息。

偏振视觉也与生物交流有关。乌贼（软体动物）和螳螂虾（甲壳动物）的身体上，有着仅对某种偏振光敏感的突出部位。已知乌贼具有偏振视觉（Talbot 和 Marshall，2010a），螳螂虾能够获知偏振光（Marshall 等，1999）。另外，螳螂虾和某些甲虫能够察觉到圆偏振光。虽然圆偏振光似乎与许多动物无关，但是最新研究表明它在螳螂虾的视觉中扮演着非常有趣的角色，下面将在知识窗 2.2 中讨论。其中的物理过程可能略具挑战性。

知识窗 2.2　圆偏振光

与平面偏振类似，圆偏振和椭圆偏振在动物之中同样重要。偏振光可看成是由两个相互垂直的分量构成（图 2.9a 和图 2.9b）。平面（线性）偏振光的这些分量相位相同，但是在某些情况下，它们的相位不再相同，共同构成的偏振光也不再是在平面内振动，而是形成了一个螺旋线(图 2.9c)。如果分量之间的相位相差 90°，从一端看，就形成了一个圆形，称为圆偏振光。如果相位相差小于 90°，就形成了一个椭圆，称为椭圆偏振光。

某些甲虫角质层中的甲壳质分子相互平行，排列成层状结构，并且相邻层之间有微小的旋转。这形成了反射光的圆偏振现象。这种现象略显趣味，不过对视觉而言毫不重要。然而，最近研究表明，宝石甲虫（*Chrysina gloriosa*）不但能够有区别地反射圆偏振光，还能根据飞行方向的线性和圆偏振光做出不同的反应（Brady 和 Cummings，2010）。宝石甲虫似乎是在利用圆偏振光与同伴交流，同时不让天敌发现，检测机理至今未知。

圆偏振的利用最好的例子是口足类甲壳动物（螳螂虾），它们能够同时发出和解析偏振光（Chiou 等，2008）。螳螂虾的每只眼睛都拥有横跨中央的条带，条带中含有四行产生色觉的小眼和两行（第 5、6 行）提供偏振信息的小眼（详见 plate 4 和第九章），后者具有由相互垂直的由交替微绒毛带构成的主感杆束（rhabdoms）（图 2.10a），这些主感杆束能够解析平面偏振光（如图 2.7c）。同时，光路上，在这些主感杆束之上的是另一个短椭圆形感杆束（R8；图 2.10a），具有双折射特性（即对电场向量方向不同的光线具有不同的折射率），直观上表现为一个四分之一波片（图 2.9d）。它让圆偏振光中的某一分量的相位相对延迟 1/4，使得圆偏振光的两个分量之间恢复成同相位，也就产生了能够被主感杆束解析的线性偏振光（R1-7）（图 2.10b）。

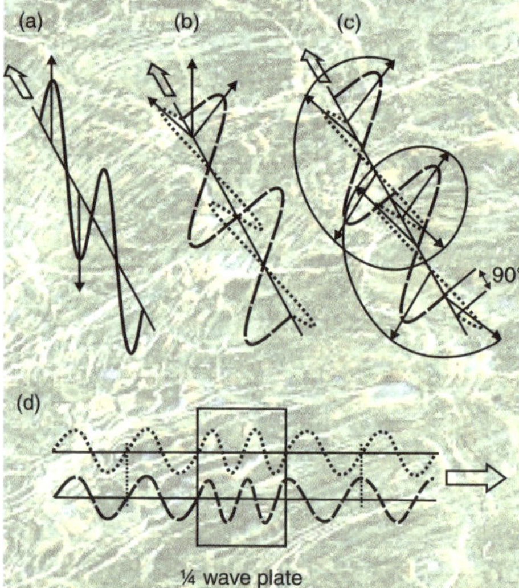

图 2.9　圆偏振

（a）电场向量在同一个平面内的线性偏振光。（b）将（a）分成两个相互垂直的两个向量。（c）使得（b）中两个相互垂直的元素之间形成的相位差。因此偏振光的电场向量不在同一平面内，从端点看上去形成一个圆。（d）四分之一波片。左侧入射的线性偏振光经过不同程度地延迟，形成的相位差，进而从右侧出射圆偏振光。相反，如果从右侧入射圆偏振光，会从左侧出射线性偏振光。来自 Land（2008）。

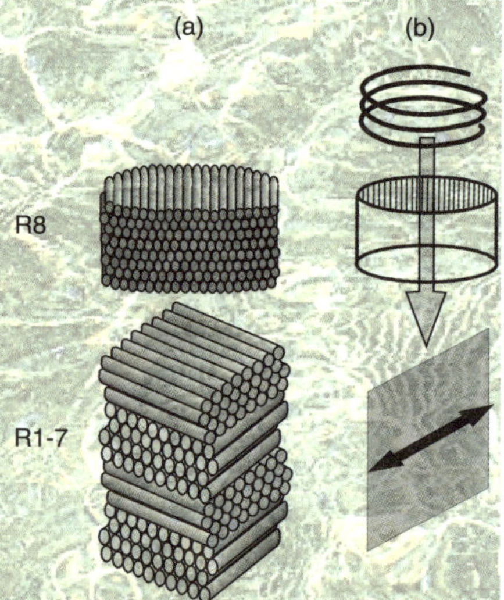

图 2.10　口足类甲壳动物眼睛中的圆偏振光探测体

（a）中间条带第 5、6 行小眼中的细绒毛结构。（b）R8 充当四分之一波片（图 2.9d），将圆偏振光转换成可以被主感杆束（R1-7 受体）解析的线性偏振光。

根据螺旋方向的不同，即相位差值的正负，圆偏振光分为左旋和右旋。螳螂虾中间的小眼带似乎可以分辨出这两种圆偏振光，这是因为其第5、6行R8受体的微绒毛相互垂直，所以两种偏振光会引起相反的相位差。两行小眼带各自的R1-7受体可以对左手型和右手型分别做出不同的反应。

除此之外，R8受体本身对与中间条带第5、6行平行或者垂直的线性偏振紫外光敏感（Kleinlogel 和 Marshall，2009）。因此，中间条带第5、6行的小眼能够同时提供平面偏振（R8）和圆偏振光信息（R1-7）。

螳螂虾身体的特殊部位被用于求偶行为，特别是腹足和尾节。而对于蝉形齿指虾蛄（*Odontodactylus*），这些特殊部位能够对左旋和右旋圆偏振光做出不同的反应（Chiou 等，2008），但仅限于雄性。目前尚未发现其他同样具有解析圆偏振光能力的生物，似乎只有螳螂虾使用圆偏振光作为私密的交流方式。

小结

1. 光可以表现为射线、波或者粒子流。将光看成射线可以解决大部分的光学问题，但是某些现象，包括图像的分辨率等，只能通过光的波动性质解释。同时，弱光条件的视觉质量需要通过光的粒子性解释。

2. 人眼可以适应的光强范围大约是 10^{10}。通常情况下，人眼对光强对比度的敏感程度更甚于光强值，对比度等于光强差除以光强和。与光强相比，物体表面反射率对于对比度的影响更大。

3. 物体对不同波长光的反射率各不相同，这是颜色的基础。产生色觉，至少需要两种敏感波长不同的视色素。

4. 在动物之中，偏振视觉很常见。大气层中的光线通过散射作用产生偏振，由此形成的光圈可用于导航。水面和其他的一些非金属反射面，也能够产生偏振光。只有光色素分子在感光器膜中按照恰当的结构排列，才能够识别不同的偏振光。值得一提的是，螳螂虾可以分辨左手型圆偏振光和右手型圆偏振光。

第三章
什么造就了好眼睛
What makes a good eye

Eyes are unique amongst the sense organs because we know enough about the physics and chemistry of vision to be able to say with some certainty why they are built the way they are. Of course, they were not designed, as one would design a camera or telescope, but evolved over millions of years Nevertheless, both evolution and technology have to obey the same set of lysical rules. Image-forming lenses, for example, have to be made using the principle of refraction by a transparent high refractive index material, whether the lens evolved in an octopus or fish, or was designed by Leitz or Nikon.

眼睛在感觉器官中是独一无二的，因为我们对视觉的物理和化学性质有足够的了解，所以我们可以肯定地说为什么眼睛是这样构造的。当然，它们不是像设计相机或者显微镜那样被设计出来的，而是经过数百万年的进化而来。不过，进化和技术都必须遵循同样的物理规则。举个例子，不管是在章鱼还是普通的鱼类眼中进化出来的晶状体，还是由徕兹(Leitz)或尼康(Nikon)设计的镜片，都必须采用透明的高折射率材料。区别主要来自材料：生物的晶状体一般是由蛋白质而不是玻璃构成，反射层是由多层鸟嘌呤而不是银构成。正是化学上而不是物理上的区别约束着眼睛的进化。我们将公平大胆地断言，当光学工程师想要评估一台新式相机的时候，从本质上去靠近眼睛的功能是最明智的选择。我们可以说绝大多数的成分是做什么用的，它们的表现可以有多好，并最终从整体上建立一个对眼睛的评价标准。这一章正是提供了一个解读眼睛结构的工具箱，并且为之后的章节提供了一个基准，来比较不同类型的眼睛的性能。

眼睛提供光在环境中的分布信息。对鹰来说，这些信息需要非常精细，但是对于扁虫来说这些信息只需要很粗略。尽管，我们不能说扁虫的单色眼睛不成功，但从一个进化的角度来说，我们可以说，鹰的眼睛更好，因为鹰的眼睛可以提供更多的信息量。如果我们用“信息供给”（尽管不准确）作为我们评价眼睛质量的基础，我们应该使用什么标准？我们将暂时撇开区分波长和偏振性的能力：这些是感光器官的分子生物学特性而不是眼睛结构本身决定的（见第二章）。一个被普遍认同的观点是，两个与眼睛的光学类型无关的特性决定了它们的表现。它们是分辨率（*Resolution*）和灵敏度（*Sensitivity*）。分辨率指的是眼睛根据光线的来源方向将光线分开的精确程度。这是由光学提供的图像质量和视网膜探测器（类似马赛克式的细胞排布）[1]（*fineness of the mosaic of retinal detectors*）的精细程度的结合。灵敏度指的是眼睛的感光器需要多少光去充分利用眼睛的潜在分辨率。对于生活在昏暗环境中的动物，灵敏度和分辨率是完全一样重要的。

视网膜马赛克式的细胞分布排列会限制分辨率

在研究是何种具体特性决定着一个好眼睛的性能之前，我们将首先简略地了解一下分辨率与灵敏度之间的互相作用，以及为什么两者对于一个眼睛来说都是不可或缺的原因。图 3.1 是一个假想的眼睛和一个分辨率很低而且模糊的图像，用来夸张地说明所有眼睛都面临的问题。两个在眼睛之外的点光源通过晶状体汇聚在视网膜上，但这些光的分布不再是点状的，而是模糊并散布在很多个感光器上（模糊圆斑）。有很多可能的原因可以解释这样的散布。举个例子，这个光学系统可能不足以将所有光线汇聚在一个焦点上（像差），或者光可能被眼睛的媒质所散射了，或者是光天生的波动性（参考图 2.1 和图 3.5）。在本章接下来的内容里这些问题将被进一步讨论，但是基本上可以这么说眼睛的孔径直径相对于光的波长越小，散斑问题将越严重，所以对于昆虫的复眼所构成的光学系统，衍射将特别严重（第七章）。这些不足之处将影响模糊程度进而限制成像的质量，因此可以通过模糊程度来确定视网膜马赛克式嵌合应该有多好。远小于模糊圆斑的视网膜感光器对于成像没有任何意义。粗略地讲，当两个感光器分

注 1：这本书里，成像既被用作名词也被用作动词。当聚焦作为一个动词时，表示将不同的距离的物体汇聚从而改变成像的位置，比如影响调节。

别占据点光源成像的光分布的一半的时候，所有的信息都可以被从中抽取出来，图 3.1 清楚地说明了这个现象。因此，图像的质量越差，获得图像所提供的所有信息所需的感光器的个数就越少。更粗的马赛克式嵌合程度将损失图像的细节（也可以说图像被欠采样了），更细的马赛克式嵌合会带来过多的感光器（过采样），所以有一个很明显的最佳情况。大多数的眼睛都展现了图像质量与视网膜颗粒同期望的吻合。

图 3.1 通过感光器从图像中捕获的光子（黑点）的个数阐明了低光照度的影响。光是量子化的，最小的能量单元叫作光子，当被视网膜紫质分子捕获的时候是不可再被分割的：只会有出现或不出现两种情况（第二章）。这就说明了，低光照度下，其统计意义是不确定的，如图 3.1 所示，不同的感光器中变化的光子个数，假设它们接受的平均光子数是一样多的。当有更多可利用的光子时，光子数目的分布将越来越逼近光强的分布；然而当只有较少数目的光子时，光子数目的分布与光强分布的吻合将变得很糟糕，只有零星的光子到达感光器成像 [1]。因此在低光照度下，光子个数的不确定性将使成像质量恶化。可以把这种过程理解成为一个统计意义上的模糊，并把它叠加在衍射和不完美的光学系统所带来的模糊之上，因为它与这两种影响眼睛分辨能力的模糊很相似。所以在低光照度时，采用更大

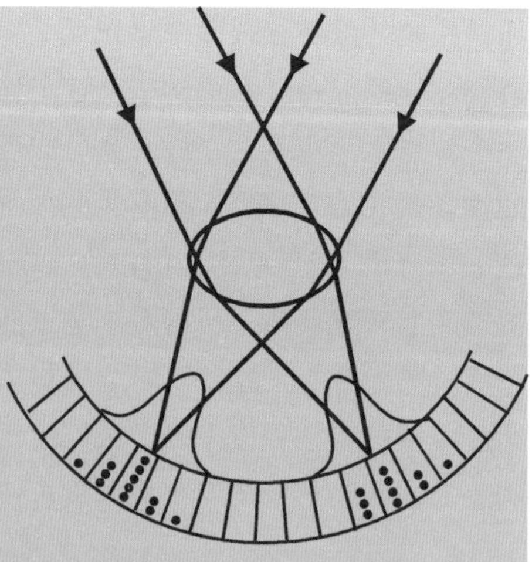

图 3.1　分辨率的限制

一个假想的眼睛用来说明不完美的光学系统的成像形成的模糊圆斑，成像被视网膜马赛克式嵌合采样，并且受到较少光子数引入的不确定性的影响。

注 1：这本书中，成像既是一个名词，也作为一个动词，意为“构成一个像”。聚焦，作为动词，是说将不同距离的物体选择合适的定位。

的感光器通常是一个较好的选择，从而获得一个合理的光子统计；这要比采用较小的感光器去获得更高的分辨率要更好。这种在分辨率与灵敏度之间的权衡在后面的内容中我们将遇到很多次，特别是因为动物必须生活在一个光照度不停改变的环境中。

我们已经见识了光的波粒二相性对眼睛性能的影响。正是光的波动性对成像的质量导致了最根本的约束，我们将在后面看到，感光器的大小和光的量子性决定了何种光可以被观测。牢记这些限制条件，因为在接下来的章节中这些限制将被用来探索那些影响眼睛能力的特性。

分辨率

视网膜的采样率

限制眼睛在强光下分辨细节程度的两大决定性因素，一是感光器马赛克式嵌合的精细程度，二是图像的质量。我们如何才能更好地比较这两个不同的属性呢？事实证明最好的方法是测量眼睛分辨明暗条纹光栅的能力。对感光器马赛克式嵌合而言，有一个完备的发现指出：当相邻的明暗条纹分别落在不同的感光器上时，这个光栅就可以被分辨。这意味着，图像中所能分辨的最精细的光栅的周期（两个相邻的明条纹或暗条纹中心的距离）等于两倍的感光器间距。

当处理在眼睛外的物体与在眼睛内的成像，最方便的方法是处理角度而不是处理距离，因为角度对上述两种都适用。如我们人类的单腔眼总有一个在眼睛里的点叫作节点（*Nodal point*），所有通过节点的光都不会被晶状体改变方向。举个例子，在具有简单弯曲角膜的眼睛上成像时，节点会处于角膜表面的曲率中心，因为所有穿过这个点的光线将垂直照射到角膜上，所以这些光线不会被折射改变方向。节点的意义就在于，我们可以通过它画一条直线连接物和像，从而用相似三角形定理计算出物与像的相对大小（图 3.2a）：一个大小为 O 的物体相对于眼睛距离为 U，在节点处形成的角度（弧度制）为 $\alpha = O/U$，在眼内的成像大小 I 与节点之间的角度也为 α。对我们而言，最好的对焦距的定义是：节点到成像点的距离。

公式如下：

$$O/U = \alpha = I/f \tag{3-1}$$

这个公式，总结了当物距很大的时候物与像之间的关系。s/f，感光器内角，是一个非常重要的角度，因为它决定了眼睛采样的精细程度，s 是两个相邻的感光器中心的间隔，用来表示这个夹角。

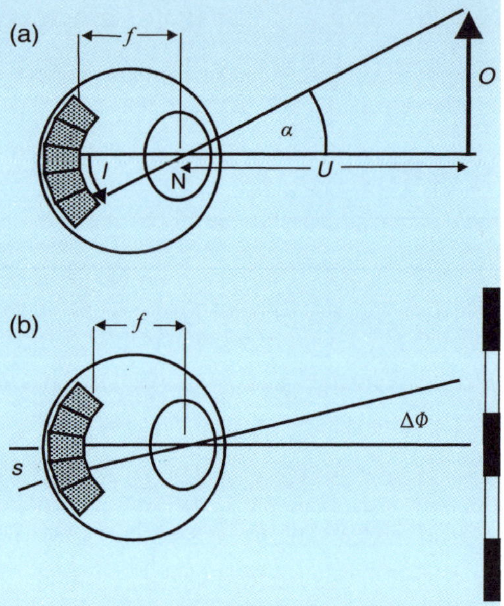

图 3.2　物与像

（a）当光线通过节点 N，远处的物体形成的夹角与眼睛成像的形成的夹角的大小是一致的。焦距（f）的长度是成像点到节点的距离。（b）一只眼睛所能分辨的最精细的光栅的角度是 $2\Delta\Phi$，$\Delta\Phi$ 是在节点处的感光器内角（s/f），s 正是接收器中心的距离。

我们可以使用 公式（3-1）来计算眼睛的光栅分辨率。最小可分辨光栅的精细程度在视网膜上呈 $2s$ 的周期。无论是物与节点的夹角还是像与节点的夹角与之相对应的角度都是 $2\,s/f$ 弧度。更常用的一种说法是空间频率（与周期对应），因为频率与分辨率成正相关，而与周期呈负相关。视网膜对图像采样的空间频率就叫作采样频率，由 V_S 决定。因此：

$$采样频率（V_S）= f/（2s）= 1/（2\Delta\Phi） \tag{3-2}$$

这个公式表明，有个两种方法可以提高采样频率，从而提高眼睛的分辨率。提高眼睛的焦距 f，或者降低相邻感光器的间隔。我们不可能把 s 降到 2μm 以下，因为感光器尺寸低于此值，就不容易捕捉到光线，这个问题在稍后会讨论到。许多动物的感光器一旦达到极限尺寸，那么它们唯一能

名字	最大可分辨空间频率（每弧度周期）	等效受体间夹角（度）	方法	参考
雕属	8022	0.0036	B,A	1
人（中央凹）	4175	0.007	B,A	2
八腕目	2632	0.011	A	2
孔蛛	716	0.04	A	3
猫	573	0.05	B	4
鲫鱼	409	0.07	B	5
晏蜓（蜻蜓）	115	0.25	A	2
皮皮鼠	57	0.5	B	4
工蜂	30	0.95	B,A	2
紫岩蟹	19	1.5	A	6
海扇（海扇蛤科）	18	1.6	B,A	2
狼蛛	16	1.8	A	5
欧洲玉黍螺(海洋蜗牛）	6.5	4.5	A	2
果蝇	5.7	5	B,A	2
美洲鲎（马蹄蟹）	4.8	6	A	6
鹦鹉螺（头足纲）	3.6	8	B,A	2
浪漂水虱(深海等足目）	1.9	15	A	6
涡虫（扁形动物门）	0.8	35	A	2

方法：A, 解剖；B，行为。如果行为方法给出的分辨率低于受体分离的分辨率，则使用行为结果。在脊椎动物眼中，合并可能导致分辨率降低。

参考：1.Reymond（1985）；2.Land（1981a）；3.Land（1985）；4.Charman（1991）；5.Nicol（1989）；6.Land 和 Nilsson（1990）。

表 3.1 一些动物眼睛的分辨率

方法：A. 解剖；B. 行为。当行为学实验给出一个相对于感光器间隔更小的分辨率时，选择使用行为学实验的结果。脊椎动物的眼睛聚合（*Pooling*）会降低分辨率。

提高采样频率的方法是提高眼睛的焦距，这就意味着需要一个更大的眼睛。表 3.1 给出了多种动物眼睛的分辨率，并以感光器内角 $\Delta\Phi$ 和采样频率来表示。这些结果范围从扁虫的 1 次采样每度一直到老鹰的 8000 次采样每度。

光学截止频率

当场景里的细节越来越密，分辨它们就越来越难。远处树木上的叶子在整体的纹理中失去了它们的特性，变得无从分辨了。如果我们从一个光学的角度观察这个世界，那我们可以理解成这个世界是被不同空间频率的光栅所构成的。显然，最高的空间频率，代表了最精细的细节，但是它们并没能在眼睛视觉处理之后留下来。可能是因为视网膜马赛克式嵌合并不能完全采集这些高频分量，就像我们之前讨论的，但是这并不是唯一的原因。眼睛的光学会衰减信号，并最终截断最高频率分量。最好的说明这个

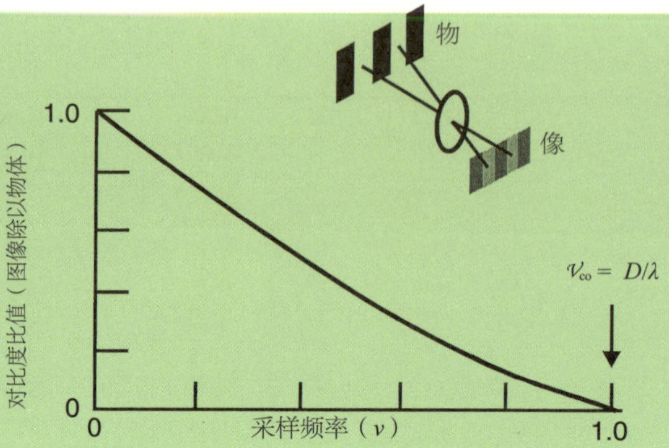

图 3.3　对比度传递函数

该图显示了当不同的空间频率光栅被衍射受限、但其他方面又是理想的透镜成像时，光栅的对比度会发生什么变化。随着光栅变得更精细（更高的频率单位），图像中的对比度减小，直到截止频率（ν_{co}）达到零。纵坐标是图像对比度与物体对比度的比值。插图表示透镜的效果是将高对比度的物转换成较低对比度的像。

理由的方法是测量对比度（调制）传递函数（图 3.3）。这是一个用来从空间频率的角度说明当通过一个镜头的时候，分辨栅线的对比度是如何被减少的。（对比度在第二章有定义，对于一个栅线，对比度为明暗条纹的差值与其和的商，即 Contrast =（$I_{max}-I_{min}$）/（$I_{max}+I_{min}$），除以其和可以避免对整体光照水平的依赖）。相较于物体光栅总的对比度，光学系统总是倾向于降低成像的对比度，对比度的降低又最大程度上归咎于空间频率中高频分量的损失。最终，如图 3.3 所示，将在某一个频率时，完全没有办法区分出比对度，这就是光学截止频率。

衍射极限

衍射决定了截止频率。其他光学的缺陷，例如失焦，将会对所有频率分量造成对比度的降低，但是这并不会影响截止频率本身。因此，衍射是理解成像质量与眼睛构造的关键。衍射由光的波动性产生。当光线由点光源出射，比如遥远的星星，到达透镜的时候，平行光由于折射发生弯曲后聚集在像面上的单一焦点。更精确地说，来自星星的光的波前到达透镜，任意光线都垂直于这个波前（见图 2.1a）。因为光在透镜中间区域通过更多光密介质，所以穿过透镜的时候波前的中央区域的时延

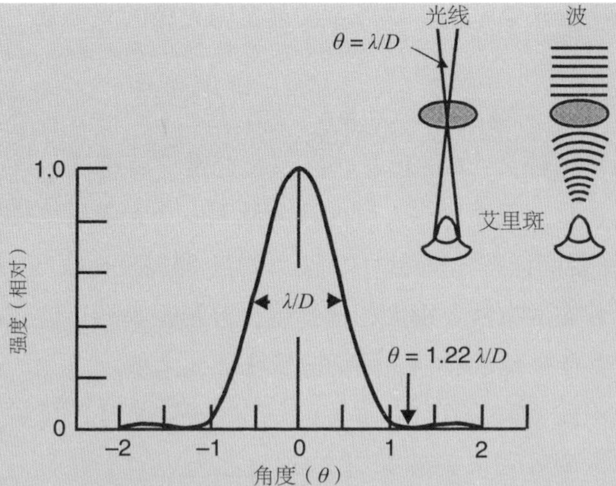

图 3.4　艾里斑的光强分布图

根据波动光学，点光源的图像是被称为艾里斑的衍射图像，其强度分布图如图所示。它的宽度取决于孔径直径 D，横坐标的角度值由艾里斑半宽的倍数给出。插图给出波动光学中的意义，并说明点光源图像的产生。

比边缘区域更久，从而导致新的波前不再是平的了，而是被弯曲成一个半球面，以焦点为中心并向它传播（图 3.4）。在焦点处，波前的不同部分会聚并发生干涉，同相位的波加强，反相位的波抵消，因此在焦点处形成的不是一个点，而是一个衍射图样。光源是点光源、孔径是圆形的情况下，这个衍射图案的中央亮斑是艾里斑（Airy disc），以发现者的名字“艾里”所命名。如图 3.4 所示。

对艾里斑尺寸的合适度量就是测量其半宽 w，艾里斑半宽是其强度达到最大强度一半时的波峰宽度（图 3.4）。这个与知识窗 3.1 中讨论的第一个暗环的距离是完全相同的。对一个焦距为 f 的镜头来说：

$$w=f\theta=f\lambda/D \tag{3-3}$$

w 的值越大，点光源的图像越宽，更通俗地说，越模糊。简单来说，成像宽于 w 的物体可以被分辨，而小于 w 的物体则不可以分辨，因为那些物体所成的像已经变模糊了。这反映在对比度传递函数里（图 3.3），其中最高的可分辨空间频率，即截止频率，正是艾里斑半宽的倒数：

$$\text{截止频率}（\mathcal{V}_{co}）=1/w=D/（f\lambda） \tag{3-4}$$

换言之，一个光学系统可以分辨的最密的光栅的周期等于其点光源图像的半宽。

式（3-3）说明角宽度，θ（$= w / f$），决定了图像分辨率，它与孔径成反比。透镜尺寸越大，θ 的值越小，系统分辨率就越高。这个结论有点违反直觉，但它非常重要。有人可能认为放大一个光学系统使得其孔径变大，图像的圆斑也同样按比例变大；但是事实上圆斑反而会变小（图 3.5b）。这就是为什么天文学家需要很大的望远镜去分辨密集的星体。同理，昆虫眼睛的晶状体直径是微米级别，因而分辨率如此之低。

我们可以用式（3-3）和式（3-4）从理论的角度对人眼和蜜蜂眼的分辨率做比较。人眼在白天的瞳孔是 2mm 宽，所以对于波长是 0.5μm（蓝绿光波段），θ 的大小是 0.00025rad，0.014°，或者 0.86'，其对应的截止频率是每度 70 个采样周期，这与视网膜的采样频率很相像，约为每度 60 个采样周期，式（3-2）。蜜蜂的复眼的直径只有 25μm，这比人眼瞳距足足小了 80 倍，所以蜜蜂复眼的分辨率比人眼要差 80 倍，θ 大约是 1.1°。当你手臂伸开的时候，你的小拇指甲大约占了一度的角宽度，可以贴切地想象到蜜蜂看到的世界和我们相比是多么模糊。

知识窗 3.1 艾里斑的由来

艾里斑的完整推导过程可以在光学教科书中找到，但是理解视觉的极限以及其由来是非常重要的。在图 3.5a 中， 两个来自不同的会聚点的光线在焦面干涉。这些光来自两个点：X 和 Y，在孔径的各半边的中心（整个孔径可以被看作是由一系列类似的点对构成）。这样一个问题被提出：离焦点多远可以使图像变暗？第一级暗环被定义为一个点光源产生的像的边缘。对于在图像正中的点 A 距离物点 X 和 Y 的距离是相等的，所以它们的相位也是一样的，同相位叠加，所以 A 点是明亮的。然而，对于点 B，它与 X 和 Y 的距离不再一致，如果距离的差值正好是半个波长（$\lambda/2$）这两个波将完全反相，反相位相消，B 点是暗的。在图 3.5 中我们可以看到，汇聚至 B 点的三角与汇聚至 A 点的三角存在一个倾角 θ 并且前者在其中一边上有一段额外的长度 z。z 的长度决定着在 B 点会发生何种干涉（叠

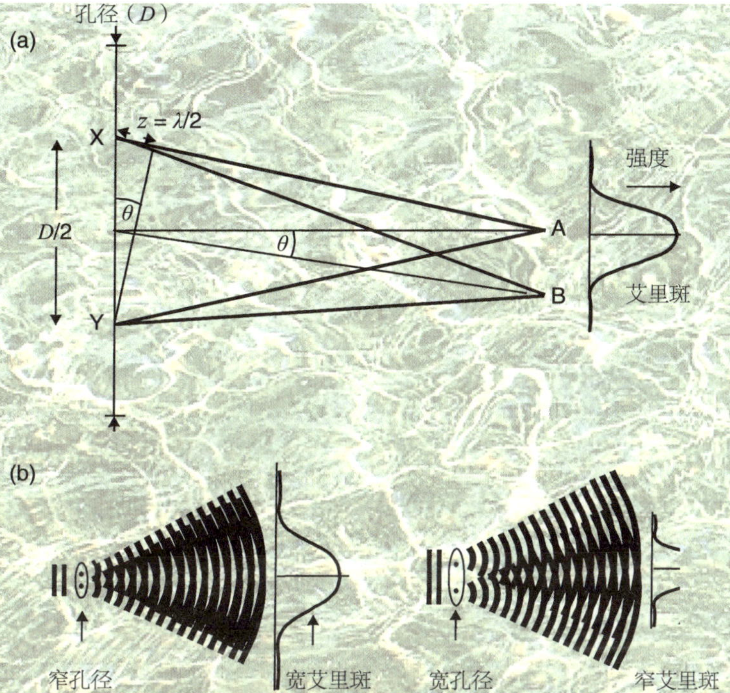

图 3.5 衍射与成像。

（a）作图说明偏离轴的点亮度会变暗的原因。当光程差为波长的一半的，两路光束从孔径的两边射入，在 B 点会发生反相抵消的干涉，B 点是暗点。与 AB 点距离差对应的角是 θ，对于圆形孔径而言这个角度是 $1.22\lambda/D$（图 3.4）。（b）干涉图案示意了大孔径（右）比小孔径（左）产生更小的艾里斑的原因。

加或抵消）。z 还是另一个包含 X 和 Y 的三角形的边，并且三角形的底边汇聚至 B，同样也倾斜 θ 角度。X 和 Y 之间的距离是半个波长，所以倾角 θ 是 $z \div D / 2$ rad，如果 B 点是暗的，长度 z 等于半波长，用这个值替换 z 得到 $\theta = \lambda / D$。第一级暗环相对于透镜中心的角宽度，标记了图像的边缘。将这个值与焦距相乘，可转化为像平面内的距离，见式（3-1），尽管是简化了假设，但这个结果已经非常接近于艾里斑的完整计算结果，对于圆形孔径的透镜，$\theta = 1.22\lambda / D$。

其他光学缺陷

尽管从本质上来说，衍射是限制分辨率的根本原因，能通过提升眼睛的孔径的大小以提升分辨率，但还是存在很多其他因素影响着最终的成像分辨率。其中影响最大的是对焦、球面像差和色差问题。这些问题对于所有动物的眼睛都存在（图 3.6）。近处的物体会比远处的物体聚焦在离透镜更远处，所以对于大尺寸的眼睛而言，能够对物距自适应是极其重要的。这种调节过程可以通过改变晶状体的聚焦能力（人）或者移动其位置（鱼）实现。因为失焦的情况下，点光源在视网膜上产生模糊的圆斑，就像艾里斑一样，降低了对比度传递函数，所以其图像质量变差（图 3.3）。

一个简单的球面不能将所有的光束汇聚到一个点，由此引起的模糊称为球面像差。远离光轴的光线被透镜偏折更多，使得其汇聚的位置比靠近光轴的光线更靠前，因此会导致一个相较于艾里斑更大的模糊斑。这是生物透镜的一个潜在的严重问题，还好动物们可以用下述两种方法之一解决这个问题。第一种方法是采用非球面镜，事实上人眼的角膜就不是球面的而是双曲面从而避免上述的问题。另一个方法是不再使用均匀材料的透镜（如玻璃），而是制造从轴心（高）到边缘（低）存在折射率梯度的透镜。

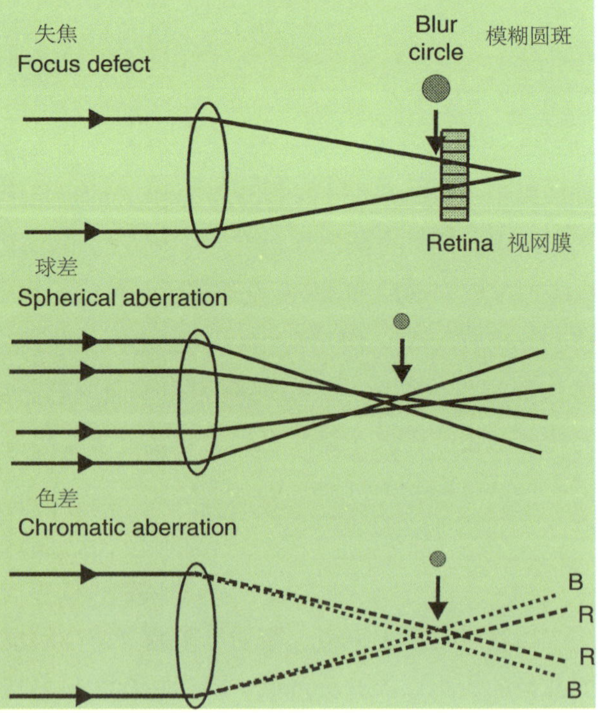

图 3.6　其他光学缺陷。

顶：图像没有汇聚在视网膜上。中部：球面像差，透镜外侧的光比镜片中间的光汇聚于更靠近透镜处。底图：色差，不同波长（红光和蓝光）的光汇聚在不同位置。所有的情况都会导致在衍射造成的圆斑之外再加上一个模糊斑。

这样的话，边缘区域的折射效应会比原来情况减小，当有一个合适的折射率梯度时，所有的入射光就会被聚焦到一个点上。鱼眼就拥有这种构造，并且相应地具有优良的光学特性，这从 19 世纪 Matthiessen 的研究中就为人所知。人类晶状体从我们的类鱼祖先继承了这样的设计，并以这种方式矫正了球面像差。所以人眼同时具备非球面角膜和非均匀晶状体两种矫正机制。

波长较短的蓝光会比波长更长的红光折射更强，造成色差。这种情况也存在于光学材料中（比如玻璃），这就意味着蓝光图像的成像位置在人眼中比红色图像的成像位置大约前移了 0.5mm。但似乎还没有动物模仿早期望远镜中使用的复合材料消色差透镜。然而，依旧存在其他解决方法：人类只使用光谱范围中段部分的相对窄的波长达到高敏度视力，从一定程度上避免产生色差问题，所以我们在蓝光的光谱段末的分辨率很差——仅比一笔“水彩涂画”好一点。鱼类以及一些其他的脊柱动物有更精细的解决方法，它们用多种不同焦距的透镜，这就保证了即便只到达了一小部分的光，每个视锥细胞都能捕获对焦的图像。

在衍射中，大尺寸的眼睛是优点，但其他缺点会随着眼睛尺寸变大而愈发严重。这其中的原因就是，像差导致的模糊圆的尺寸与眼睛的焦距成正比，因此在未矫正的情况下，焦距为 1cm 的眼睛产生的模糊圆将会比焦距为 1mm 的眼睛产生的模糊圆大上十倍。然而，感光器的大小并不会随着焦距变化而发生改变，无论眼睛的尺寸如何都有着相同的尺寸。所以，通过感光器夹角 $\Delta\Phi\,(=s/f)$ 计算出的眼睛分辨率会随着焦距的变大而有所提高。但是，这只在聚焦造成的缺陷和其他像差最小化的情况下才有意义，所以模糊圆不会比感光器直径大很多。对于具有短焦距的结构，如复眼结构中的小眼，焦距约为 100μm，这些缺陷相比较于衍射可以忽略不计，所以任何昆虫都不需要使眼睛对焦的结构。在焦距约为一毫米的时候这些缺陷开始变得明显，在一厘米的时候就很严重了。对于所有的脊柱类和头足类软体动物，这三类光学问题都必须得解决。具有收缩性的瞳孔对于处理这些光学缺陷非常重要，因为它能在衍射（宽瞳孔）与像差（小瞳孔）之间寻求折中。这种折中会随着光强变化而改变，因为强光下需要高对比度的图像，但在昏暗的光线下更优先考虑获取足够的光子数（见第五章，图 5.10）。

感光器的光学

到目前为止，本章所涉及的分辨率总是从光学成像的质量上考虑的，但是人眼传递图像中所包含的信息的能力同样依赖于感光器的大小——正如我们之前讨论过的间距。如果感光器的直径比眼睛所能分辨的最密的光栅还要窄，那我们就可以准确的测量该栅线的光强（严格的来讲是照度，见图 2.2）然而，如果感光器的直径更宽，它将把这根栅线以及周围一些其他栅线发出的光线全部包含起来，那么我们得到的信号，就是一个不能分辨开栅线的平均光强。因为人眼最主要的功能是在日光下到达高分辨率，所以较窄的感光器是必要的，这也是我们从人眼中发现的事实。人眼的视锥细胞的直径约为 2μm，这几乎正好是人眼恰好可以分辨的在 70 周每度的光栅的单线宽度，蜜蜂的感光器的直径也大约是 2μm 宽，但是因为蜜蜂小眼的折射面焦距非常短（100μm），所以夹角就非常大了，超过 1°，见公式（3-1）中的 α。而对人类来说，这样的感光器大小接近于衍射带来的光学极限。

为什么感光器的尺寸没有变得更小？就像我们之前看到的，眼睛的分辨率取决于另外一个因素，单个感光器的张角。这个值等于 s/f rad（图 3.2）这似乎说明了在减小眼睛的大小的同时减小眼睛的焦距，不损失分辨率，并且感光器的大小也可以被减少。然而，这样的情况并没有发生。脊椎动物和昆虫的最小的感光器大小约为 1μm 宽。出现这种情况的主要原因是，当感光器的尺寸接近可见光的波长（0.3~0.8μm）的时候，感光器不再能通过内反射（图 3.7a）聚集所有的光，变得不再高效，并会漏掉光子。就像衍射，这个现象是一个与光的波动性有关的性质。感光器就像狭窄的光导纤维中，被捕获的光形成干涉图样被称作光的波导模式（图 3.7b，plate 3），这就类似于管风琴里面的驻波，这从声学上是等效的。在这些模式下的光不是均匀分布的，特别是在最细的光纤中总有一部分的能量流失（Snyder，1979；Hateren，1989），不只是因为光难以被视网膜紫质分子利用，而且有可能被其他外部结构所吸收，比如屏蔽色素颗粒，或者邻域的感光器。

当这种情况发生，就意味着发生了串扰，意味着分辨率就受到了影响。从实用性的角度出发，当感光器小于 1μm 时，什么也得不到。这也为焦距设

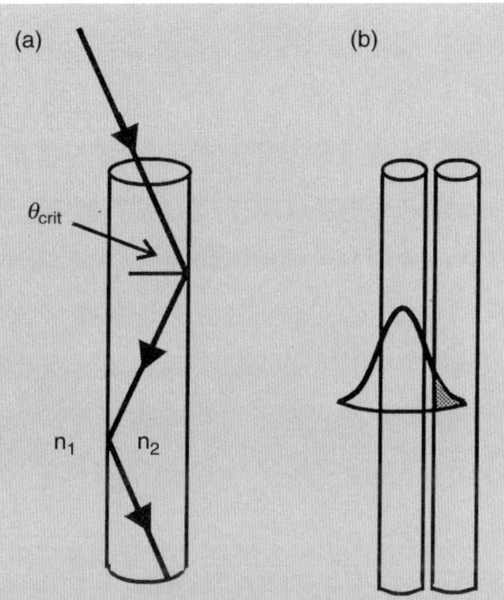

图 3.7　感光器光学

（a）对于较大的感光器（左）光被内反射完全捕获，这完全取决于临界角（θ_{crit}），由 arcsin（n_1/n_2）给出，n_1 与 n_2 是外侧和内侧的折射率，这两个的值通常是 1.34 与 1.36~1.40。（b）对于特别窄的的感光器（直径 < 2μm）光表现为波导模式，有一些光会出现在结构的外面，这可能会被领域的感光器所捕获（点画指示区域）。

定了一个下限，以及在确定分辨率大小的情况下眼睛尺寸的下限。

对于窄感光器，第一种波导模式保持对射入光的偏振，这就意味着偏振的特性主要是由光色素分子塞进细胞膜的方式。这对大的感光器依然成立，全部内反射对偏离轴心的光在一定程度上去偏振化。

脊椎动物的视网膜中，光通常要穿过内视网膜的各种神经层才能达到视锥与视杆细胞，尽管这些组织是透明的，但它们却不是光学同质的，这会引起光的散射。对于哺乳类动物来说，米勒细胞 - 神经胶质细胞穿过所有的视网膜层，从玻璃体一直到感光器，就像波导一样提供散射的路线。无损失地把图像从内视网膜一直传递到感光器（Franze 等，2007）。在灵长类动物的视网膜中央凹解决办法确实不太一样的：大多数的内视网膜的

神经组织在视网膜中央凹边缘上移动，使得感光器不受影响。

被感光器吸收的光

感光器通常是细长的（包含光色素的人眼视杆细胞的外在部分大约25μm长，1~2μm宽以及包括10^8个视网膜紫质细胞）。感光器吸收光的比例取决于光的波长。典型的脊椎动物感光器是圆盘状的，每微米的长度吸收3%的入射光，绒毛状的感光器在每微米的长度上吸收1%的入射光。为了能吸收90%以上的光，对于脊椎动物的感光器需要至少77μm长，昆虫则需要230μm长的感光器。这些数字是非常典型的数值（人的视杆细胞是非常短的）。吸收率与长度是对数关系而不是线性关系，那是因为在感光器的下端剩下的需要吸收的光子也会变得更少。通常对于陆地上的情况：在单色光的情况下，入射光吸收率与感光器的长度的关系是$(1-e^{-kL})$（这与深海蓝光的穿透率差不多），对于白光而言，是$kL/(2.3+kL)$。当L的单位是毫米时，吸收系数k是每毫米的光吸收率。在知识窗3.2中给出了关于吸收率经常使用的术语。

感光器的长度同样影响感知光谱的灵敏度，作为“自筛选”的结果。在光线路线前段的色素吸收了在光路上光谱灵敏度最大的波段的光，这就意味着剩下来的色素吸收剩下的其他不在峰值灵敏度的光，这就扩大了感光器整体上的光谱灵敏度。在Warrant与Nilsson 1995年的著作中可以找到一个有用的关于感光器光吸收的讨论，尤其是其与波长的关系。

知识窗3.2 与光吸收有关的术语

吸收和衰减率描述了光或者其他形式的能量穿过一个给定长度的物体时被吸收或者衰减的比例（图3.8）。

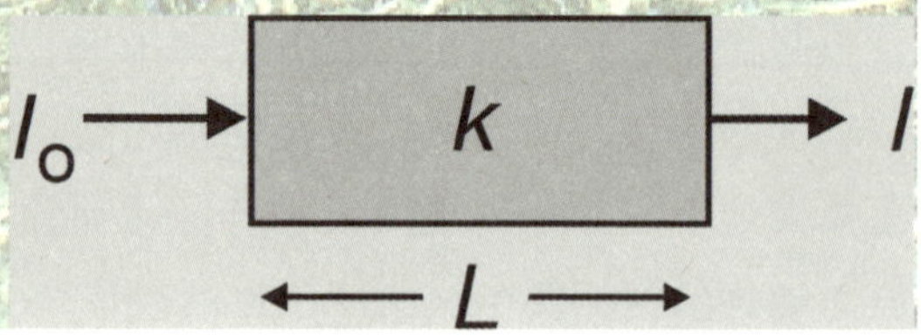

图3.8 光通过吸收媒介的衰减(见文章)

I_0是入射强度，I是经过L长度之后的光强，k是单位长度的光吸收率：举个例子，脊椎类动物的视杆细胞约为3%（0.03）每毫米。

$$I = I_0 e^{-kL}$$

传递率是输送的光与入射光能量的比值：

$$T = I/I_0$$

T 也等于 e^{-kL}。相对于传送率 T 的概念是吸收率，是被吸收部分的能量，即 $1 - T$，或者（$I_0 - I$）/I_0 吸收率或黑度是对吸收量的对数化测量，而且是吸收比的负对数：

$$A = -\log_{10}(I/I_0)$$

运用吸收率的好处是，这些值是可加的，所以 0.2 与 0.4 的 ND 滤镜的组合构成了 0.6 黑度的 ND 滤镜。

分辨率与眼睛的设计

我们现在可以用前面几节中概述的物理原理，有关于眼睛的尺寸、构造以及分辨率之间的关系来给出一些确切的结论。一种令人满意的方式是想办法设计一个特定规格的眼睛。如果我们可以用这些原理做到这一点，那就可以确保没有遗漏什么重要的东西了。

假设有一种小型脊椎动物，它拥有与我们的眼睛类似的单眼，是日间进食的食草类动物（这可以避免讨论下一节将要讨论的光子数不足的问题）。它需要分辨三米远的草，角度大约相当于 10 c/deg。把角度转成弧度之后对应的视网膜采样频率 V_S 是 $10 \times 57.3=573$c/rad，由公式（3-2）知道这就等效于 $f/2s=573$，从波导的角度看，感光器的间隔不能小于 2μm（1μm 感光器 1μm 间隔空间），所以焦距至少需要 573×4μm，即 2.29mm。对于人类的眼睛，我们希望视网膜采样频率与光学截止频率相吻合，这样避免了无用的分辨率或多余的感光器。V_{co} 也是 573c/rad，由公式（3-4）意味着 $D/\lambda = 573$。如果 λ 为 0.5μm，则孔径的大小 D 为 1.15mm。因此这个虚构的眼睛的主要特征（焦距，孔径大小，感光器尺寸）都遵循着进化分配给它的任务，以及眼睛所遵循的物理法则。

灵敏度

较少光子数的结果

低光子数在统计上的不确定性意味着，低光照条件下眼睛应有的分辨率难以发挥出来，如图 3.1 所示。Hecht、Schlaer 和 Pirenne 在 1941 年首先证明了人眼视杆细胞的感光器实际上是单独探测每个光子的，图 3.9 来自 Pirenne 的书《视觉与眼睛》（*Vision and the eye*， 1967），它正是基于 Hecht 等人的工作。四幅图都是在同一个明亮区域中的视网膜成像，其中包含一个黑色圆形块，但是亮度各不相同。图 I 中的亮度等级非常低，400 个感光器中只有六个捕获到光子，这大致是人眼视觉的阈值（虽然单个感光器可以捕获单个光子，但是大脑需要一个安全因子，大约等于 6，所以视网膜紫质区的响应并不是瞬时的）。图 II 的亮度是图一的十倍，但黑色的部分还是隐藏在了随机分布的光子噪声中，难以分辨。图 III 中，人们或许可以猜测出黑色区域大致的位置。但只有在亮度提高到 1000 倍的图 IV 中，黑色部分才明显突出。这就清楚地说明了为什么我们在黑暗中视觉会如此之差。

在比图 3.9 所示亮度更高的情况下，我们就可以分辨不同的灰度了，最终分辨出小的对比度，例如接近分辨率极限的光栅图像（图 3.3）。为了分辨这些光栅，分辨仅几个百分比的对比度的能力至关重要。多少光，或准确地说，每个感光器需要接受多少光子才能分辨一个给定的对比度。这个问题最早在 20 世纪 40 年代由 Hugo de Vries 和 Albert Rose 研究，一般答案是，最小能分辨的对比度与亮度平方根的倒数成正比（the Rose-de Vries law）。在知识窗 3.3 中，我们将解释这个法则是如何从捕获光子的统计学角度推导出来的，并讨论这个法则对视觉的影响。

根据公式（3-5）的预测，光子的数目非常惊人。如果一个光栅的对比度是 0.5（50%），那么需要的光子数是 $1/0.5^2=4$。当对比度为 10% 时，需要的光子数是 100，当对比度低至 1%，即人眼可以轻易分辨的情况时，需要的光子数是 10000 个。这些数值指的是在眼睛的一个“积分时间”里收集到的光子数。它指一个感光器完全响应光强变化所需的时间，通常为

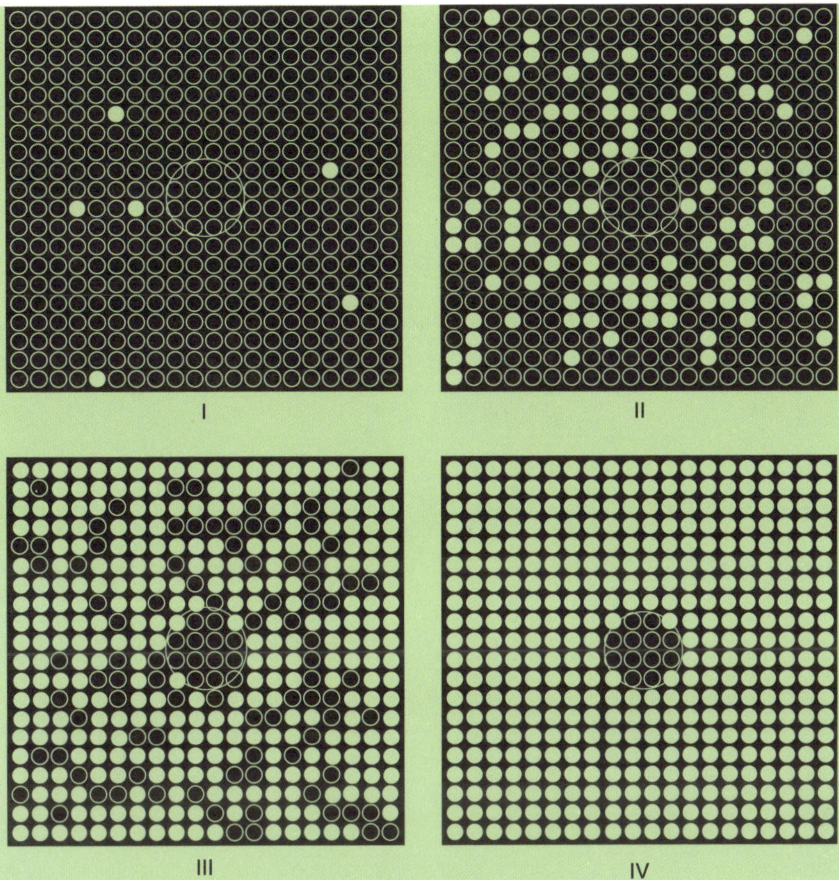

图 3.9　低光子数的影响

这四张图展示了人类视网膜中含 400 个感光器的正方形区域，在视觉阈值（I）和三个较高光水平下的光子捕获的样本分布，II—IV 之间亮度依次增加 10 倍。中心的黑色光盘只能在 100 到 1000 倍的阈值强度下可靠检测到。来自 Pirenne（1967）。

0.1s 或更短。因此低对比度时，每个感光器需要的光子数大约是每秒 10^5 个。这仍然有所低估，因为由于一些原因，场景中只有一部分光子能到达眼中且被视网膜紫质吸收。对人而言这个比例大约是 10%，这意味着如果想要达到 10% 的对比度，每个感光器需要在一秒中检测到一百万个光子。这是一个非常大的数字，而我们的下一个问题很明显就是：在我们所处的世界中到底有多少光子能提供给我们？

知识窗 3.3　达到一个特定的对比度，需要多少的光子数

需要确定的是，光栅中两条栅线的强度差异（在视网膜中表示为由感光器群捕获的光子数的差异）是否大于噪声，即到达感光器的光子数量统计意义上的波动。幸运的是，在这种统计学（泊松分布）中，噪声和信号大小密切相关。光子数的变化，即重复样本的标准偏差 $\sigma(n)$，等于样本统计平均数 n 的平方根，即 $\sigma(n)=\sqrt{n}$。这个性质与很多噪声过程的性质很相近，例如在涉及少量电子的电阻电路中的电流波动。光栅中的对比度（C）先前被定义为相邻栅线的光强差 $\Delta I = I_{max} - I_{min}$ 除以光强总和，也就是 $C=\Delta I/2I$，其中 I 是平均光强。在单次采样中，我们可以用光子数代替光强度，就有 $\Delta n/2n$，其中 n 是平均光子数。为了“真实地”看到亮度差异，一般的推理统计表明样本之间的差异 Δn 应该大于标准偏差 $\sigma(n)$，或者为了给出 95% 的置信度，Δn 大于 $2\sigma(n)$（图 3.10 有说明）。因此当 $\Delta n > 2\sigma(n)$ 时就可检测到差异。为给出答案，我们还需要两个简单的步骤，两边同除以 $2n$，用 $\sqrt{n}$ 代替 $\sigma(n)$。得到 $\Delta(n)/2n > 2\sqrt{n}/2n$。等式的左边等于 $\Delta I/2I$，也就是对比度 C，等式的右边可以化简为 $1/\sqrt{n}$。所以最终的结果是：

$$C > \frac{1}{\sqrt{n}} \text{ 或 } n > \frac{1}{C^2} \tag{3-5}$$

第一个表达式是之前提到的 Rose-de Vries 定律，第二个表达式告诉我们每个接收器需要多少个光子来检测特定的对比度。

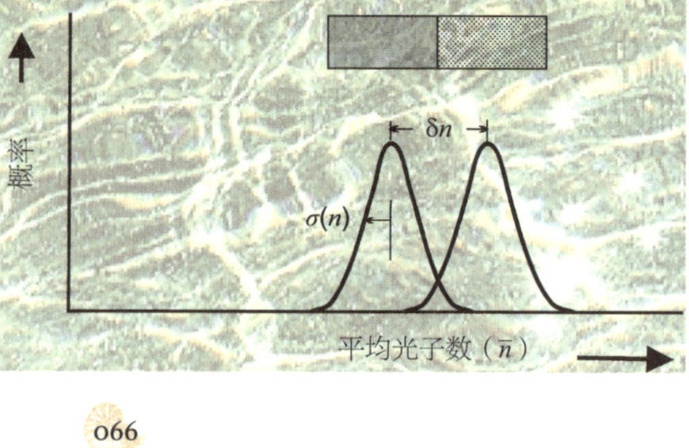

图 3.10　光子统计和对比检测。

该图显示了对两个亮度稍有不同的区域，感光器接收的光子样本将会形成的分布模式。如果光子数的平均差异比每个分布的标准偏差的两倍，那么亮度的差异可以被可靠地检测到。

可用的光子数

明亮日光下，白色卡片的辐射度（R，用以估量发射的光子数目），大约是 $10^{20}m^{-2}\cdot sr^{-1}\cdot s^{-1}$，室内光的辐射度约为 10^{17}，月光下约为 10^{14}，星光下约为 10^{10}——这是人眼视觉的绝对极限。（这个单位的详细解释见第二章）这些数字看起来非常的大，但是这些数字需要减少 10^{12} 倍，因为我们要把单位从平方米换算到平方厘米。类似的，单个感光器感受的光锥角通常小于一平方度，1 球面度（这是一个 65.5° 的圆锥角）包含 3283 个平方度，这将进一步将捕获的光子数减少 10^3 倍或更多。这将最终导致感光器一秒钟只能捕获到一百万个甚至更少数目的光子，这使得由于光子数量太少而限制了对比度探测。由此我们可以推导出一个非常重要的结论：光子对于眼睛来说是供不应求的，除了在明亮的日光下，光子永远制约我们的眼睛发挥出它潜在的能力。

除了限制眼睛对比度探测的能力之外，不足的光子数同样减少视锐度。仔细想想对比度传递函数（图 3.11）是怎样的，这就很容易解释了。缺少光子的情况下，最小可检测的对比度事实上在增加，这就等效于提高了分辨率的基线，截断了基线以下对应的人眼的高分辨率。当每个积分时间内每个受体仅有 10 个光子可用，对比度的限制为 32%，参照公式（3-5），这将会直接影响最大可察觉空间频率，将它限制到亮光时数值的 0.6，即截止频率的效果。这就从根本上解释了为什么高分辨率需要高光照度。

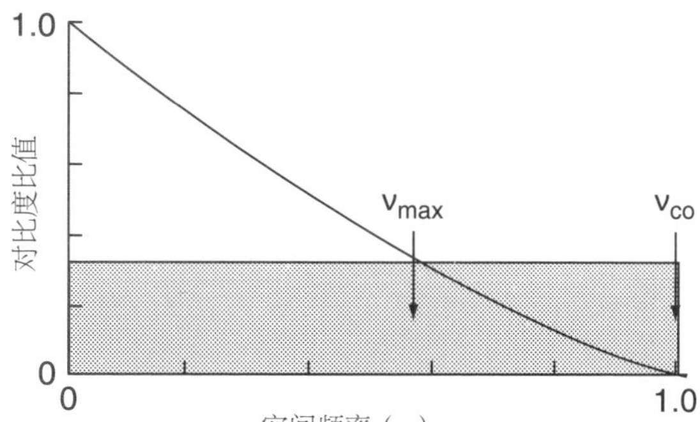

图 3.11　分辨率与对比度损失

低光子数限制了最小可分辨的对比度。这给对比度传递函数设立了一个下限（floor value），随之将最大可分辨的空间频率（ν_{max}）限制到截止频率（ν_{co}）的一部分。在此情况下，把可分辨的对比度提升到 0.32 会将最大可分辨空间频率减少到 58%。

让眼睛变得更灵敏

就像之前所说的，一个眼睛可以捕获的光子越多越好。这在普通的光照情况下非常重要，这对于夜间活动的动物来说是一个更大的压力（月光比日光暗淡一百万倍），那些生活在深海的动物，即使是在最清澈的水域，每隔 70m，可捕获的光子数会再下降 10 倍，我们将捕获光子的能力叫作灵敏度（*Sensitivity*），我们定义这种能力为单个感光器在给定辐射度（R）的情况下所捕获的光子个数（n）。

让眼睛变得更灵敏的最基本的两点要素是：瞳孔的直径 D，单个感光器的开口大小（$\Delta\rho$）。当前情况下，$\Delta\rho = d/f$，感光器的直径是在节点处测得的（见图 3.12）。感光器的长度同样重要，正如之前的章节（感光器的光学）介绍的，引入 P_{abs} 这一项是为了衡量进入感光器的光与被光色素吸收的光之间的比值（一般介于 0.1 与 0.9 之间）。至此，灵敏度 S 可以给出：

$$S=\frac{n}{R}=0.62D^2\Delta\rho^2 P_{\text{abs}} \qquad (3\text{-}6)$$

这个公式可以很容易从光测度理论中推导出，一个完成的解释可以在 Land（1981a）中找到。系数 0.62 等于（$\frac{\pi}{4}$）^{2}，这是因为瞳孔和感受的横截面都是圆形的，注意对于小角度来说，在立体角中 $\Delta\rho^2$ 是个定值。很重要的一点是，这里只剩下一个可以安全地提高灵敏度的变量，这就是孔径大小。提高 $\Delta\rho$ 同样可以提高灵敏度，但是会牺牲分辨率，因为对单眼而言 $\Delta\rho$ 与采样间隔，也就是感光器内角 $\Delta\Phi$ 几乎是一样的（图 3.2）。

在实际中，一个眼睛如何可以变得更敏感（图 3.12）。首先，我们可以提高眼睛的孔径，比如从白天到夜晚，孔径的直径也会从 2mm 提高到 8mm，人眼的瞳孔可以提高人眼的灵敏度达 16 倍。对于真正的夜行性动物比如猫头鹰和负鼠（*Oppossums*）而言，瞳孔几乎与眼睛本身一样大。显然因为 D 不可以比瞳孔更大了，所以最终还是眼睛的大小限制了人眼的灵敏度。想要更深入的提高灵敏度需要一个更大的眼睛来容纳更大的孔径，事实上夜行动物一般都有个大眼睛。然而，使眼睛变的更大的同时再提高焦距 f，会降低 $\Delta\rho$，$\Delta\rho = d/f$，为了补偿这个效应，感光器也必须随之变大！

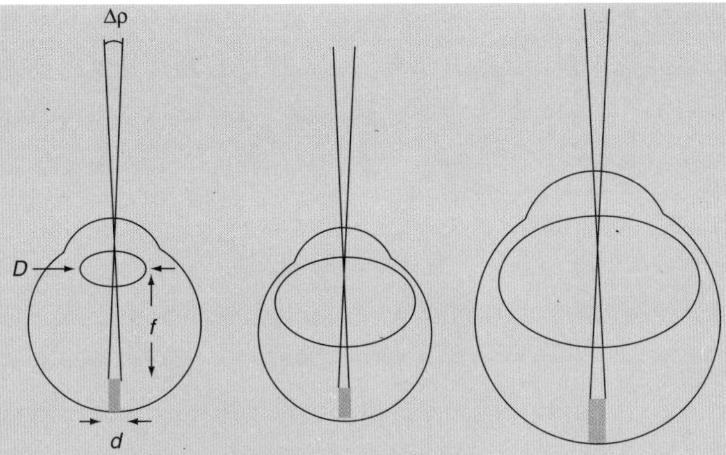

图 3.12　提高眼睛的灵敏度

灵敏度从左图来看可以由加宽孔径来提高。当孔径变到不能再变大，唯一的不改变分辨率（当接受角恒定，$\Delta\rho = d/f$）并能提高光子捕获能力的办法就是同时提高全部三个参数（D，d，f）。

名字	敏感度	光栖地	参考
浪漂水虱（海洋等足目）	4200	深海	1
十足目虾	3300	深海	2
灯笼鱼	247	深海	3
蜘蛛（鬼面蛛）	101	夜间	2*
美洲鲎（马蹄蟹）	83–317	沿海主要是夜间活动	1*
粉蛾	38	夜 / 暮	2*
Onitisaygulus（蜣螂）	31	夜 / 暮	4*
虫戎	38–120	中水	1
人（周边杆池）	18	黄昏	2*
八腕目	9.7	沿海海底	5
海扇	4	沿海海底	2*
蟾蜍	4	主要是白天	6*
紫岩蟹	0.5	白天	1*
Onitis ion(蜣螂)	0.35	白天	4*
工蜂	0.32	白天	2*
蜘蛛	0.04	白天	2*
人（中央凹在日光下）	0.01	白天	2*

表 3.2 所选动物眼睛的灵敏度（S）

参考原始数据：1. Land 和 Nilsson（1990）；2. Land（1981a）；3. Warrant, Collin 和 Locket（2003）（假设 25um 神经节细胞场）；4. Mclntyre 和 Caveney（1998）；5. Hanlon 和 Messenger（1996）；6.Warrant 和 Nilsson（1998）。* 使用 6 中给出的方法重新计算白光值。

单色光公式 $S = 0.62\,D^2\Delta\rho^2\,(1-e^{-kL})$ 用于五种深海物种（无 *）对于所有其他（*）用白光公式 $S = 0.62\,D^2\,\Delta\rho^2\,(kL\,(2.3+kL))$。$\Delta\rho$ 从受体直径除以焦距 d/f 获得。

对于脊椎动物，感光器并不是很大。它们更倾向于在视网膜神经节层面用小尺寸的感光器构成感光器单元，这样有效的感光器直径就变大了（空间累加）。这种安排是很灵活的，所以这样的感光器组合的尺寸随着光照等级而改变，在高分辨率（较小的有效 $\Delta\rho$）和高灵敏度（较大的有效 $\Delta\rho$）之间寻求一种平衡。另外一种办法是在更长的一段时间里收集更多的光子数（时间累加）。就像空间累加，对于时间累加，更长的快门时间将会导致运动模糊。然而，只要加以合理的组合运用，光学适应性可以很大程度提高，如公式（3-6）所示。据估计，通过最佳组合，蝗虫可以将其视觉范围扩展到比由光学器件单独提供的光强低 100000 倍的强度（Warrant，1999）。

就算不考虑空间和时间累加，调整公式（3-6）中的参数也可以很大程度上调节灵敏度的范围。对于日光下的人眼（D=2000μm，$\Delta\rho$=1.2 10^{-4}rad，P_{abs}=0.31）S 为 0.01μm^2·sr，对于深海的等足类动物甲壳类动物浪漂水虱（Cirolana）（D=150μm，$\Delta\rho$=0.78rad，P_{abs}=0.51）的 S 的值是 4200μm^2· sr。如果双眼在观看同样的场景，这个甲壳类动物每个感光器会多捕获 420000 倍的光子，这个倍率已经不比百万倍的日光和月光的差距小多少，但是还是比人眼的动态范围要小上不少（10^{10}）。一些动物的视觉的灵敏度在表3.2 中给出。通常来说，大部分的日行动物的 S 的值都非常的一致。日行动物和地表生活的动物，S 通常小于 1，对于爱在黄昏和拂晓活动以及在中等深度水域生活的动物来说，这个值大约是 100 到 10000。其他一些灵敏度的值同样表现出这种趋势，这些数据由 Warrant 和 McIntyre 给出（1990）。

结论

一个好的眼睛可以定义为在各种光照条件下能够看得清楚，我们现在可以看到什么样的解剖学特征会使之成为可能。第一点就是这样的眼睛必须相当大，原因有三：需要长焦距以获得一个较低的最小可分辨角和一个较高的视网膜采样频率，公式（3-2）；需要大孔径以减少衍射，从而确保较高的光学截止频率，公式（3-4）；同时也需要一个较大的孔径可以让更多的光进入眼睛，以确保足够多的光子数，从而在弱光下获得更高的对比度，公式（3-5）和（3-6）。大尺寸的眼睛，可以同时提高分辨率和灵敏度，所以说，在对视力要求很高的动物身上发现大眼睛的进化趋势并不奇怪。人类、老鹰、蜻蜓都有很大的眼睛，因为这些物种需要更好的视力；而猫咪，猫头鹰，老鼠运用更大的眼睛去获得更高的灵敏度。不足为奇的是，深海的猎手，同时需要更高的分辨率和灵敏度，有些时候有很巨大的眼睛。有记载的最大的眼睛是深海乌贼，它们的孔径接近30 cm，相反的，日光下的低灵敏度的眼睛的孔径会小于1 mm。

昼行动物和夜行动物眼睛最大的区别就在于孔径的尺寸，和每个感光器的空间角（$\Delta\rho$）。人眼有相对较小的尺寸，光圈数（f/D）介于白天的8到晚上的2。昼行昆虫比如说蜜蜂，其眼睛的光圈数一般是2。鱼类和夜行性陆栖脊椎动物光圈数接近于1，对于一些节肢类动物，比如飞蛾和龙虾可以接近0.5。因为图像的亮度按照（$1/F_{\text{number}}$）^{2}变化，这就意味着一个龙虾在夜间有256倍于人眼在日间的光捕获能力。对于昼行性动物，大的瞳孔没有避免衍射限制图像质量来得重要。甚至，这反而是一种缺点，因为类似于球差和色差会变得更加糟糕。但是在黑暗中，高分辨率变得不可用，光子的需求是至高无上的，这就决定了必须使得孔径尽可能的大。

日光下，有足够的光子，所以感光器越窄越好，这意味着达到一个给定的分辨率所需要的焦距更短，公式（3-2），这样尺寸上就可以变小。因为感光器的直径存在一个大约是1μm的下限，由光的波动性引入（图3.7），这就意味着焦距也不能趋近于零。这就意味着不管光线多亮，眼睛存在一个最小尺寸。在黑暗中，宽大的感光器更有用，因为这提高了捕获光子的开口角度（$\Delta\rho$）。对于一个确定尺寸的眼睛，从理论上而言提高灵敏度必会降低分辨率。然而，在昏暗的情况下高分辨是无论如何也获取不到的（图3.11），在分辨率和灵敏度的折中下，选择更宽的感光器。在龙虾和一些甲壳类动物中似乎存在一个感光器尺寸实际上限，大约是25μm。这些感光器将会比人眼的视锥细胞在中央凹处接收到的光子数多100倍。聪明的方法是在分辨率和灵敏度之间进行权衡，从而使眼睛在不同的光照水平下获得最佳的分辨率，就是说，采用小的感光器，但是可以在暗光情况下把单个感光器集合起来使用。有很好的证据可以证明这些事情发生于脊椎类动物和一些节肢类动物中。

小结

1. 眼睛的重要属性包括分辨率和灵敏度。分辨率是指在光学环境中采样的精细程度。灵敏度是可量化的，因为当眼睛看到标准亮度的场景时，感光器接收的光子数是可量化的。

2. 分辨率依赖于视网膜上感光器的采样密度，也取决于光学成像的质量。成像质量受到失焦、球差、色差的影响，但最终受到衍射的影响（光之间的干涉）。眼睛的孔径越大，衍射的影响越小。

3. 因为波导效应，在不妥协分辨率的情况下，感光器的尺寸不可以小于 1~2μm。这就意味着，想要提高分辨必须提高光学系统的焦距。

4. 在弱光情况下，检测对比度的能力受到感光器捕获到的光子数目的制约。被捕获的光子数越少，统计意义上的图像质量就越差。高灵敏度的眼睛通过较大的孔径、宽大的感光器以及较长的焦距获得。然而，提高灵敏度会降低分辨率。

5. 一般来说，分辨率的提高或灵敏度的提高都需要眼睛尺寸的增加。

第四章

水生动物的眼睛：晶状体的进化

Aquatic eyes: the evolution of the lens

Life began in the sea, and we, as land-living animals, have features of our eyes that reflect that watery ancestry. In particular we have a lens with a peculiarly inhomogeneous structure, which supplements the ray-bending power of the cornea In terrestrial animals it is the curved air-fluid interface of the cornea that performs most of the optical work of bringing light to a focus, but in aquatic animals this surface has no optical function. It exists of course, but with fluid on both sides it has no capacity to refract light. Thus, with rare exceptions, the lens is the only optical structure capable of producing an image in water

进化起源

生命起源于水中，作为陆生动物，我们的眼睛也有从水中进化而来的迹象，特别是因为我们具有特殊的非均匀的晶状体，其辅助角膜汇聚光线。在陆生动物中，角膜在空气-液体交界的曲面完成了大部分光学功能，使得光线聚焦；但在水生动物中，这一交界层两侧都是液体，对光没有汇聚作用。因此，除了罕见的例外，在水生动物眼睛中的晶状体是唯一用于成像的光学结构。

遗憾的是，在脊椎动物的化石中很难找到眼睛或者视觉光学结构进化的证据。八目鳗（*Lamprey*），是生活在四亿五千万年前的无颌甲胄鱼（*Jawless ostracoderm fish*）的近亲，它们的眼睛和现代鱼类的眼睛近乎一样(Nicol, 1989)。早期脊索动物的其他现代亲系，比如文昌鱼(*Amphioxus*)，进化出有视觉色素的感光层，但没有真正类似眼睛的器官。但是，很多软体动物都进化出类似现代眼睛的结构，这至少能表明早期单腔眼的进化历程。图 4.1 说明了这一系列进化历程。欧洲帽贝（*Limpet atella*）的“眼睛”是一个含有感光器的 V 型视色素凹坑，受制于视色素的遮蔽效应，每个感光器的视角为 90° 或更大。像这样的凹坑型眼睛在低等动物中很常见，这使得动物能定位环境中的明暗区域。在腹足动物中，例如鲍鱼，凹坑的开口是回缩的，使得眼睛更接近于球形，并且变狭窄的开口限制了每个感光器的视角只有近 10°。虽然这能提高眼睛的分辨率，但显然如此的进化会造成光通量愈发减少，所以这不是一条很好的进化路线，唯一遵循这条进化路线的是远古的头足类软体动物鹦鹉螺（*Nautilus*）。更好的进化方案是产生晶状体，在蜗牛的视觉系统中，晶状体仅仅是一个胶状的小球，虽不能形成清晰的图像，但是已经能将光线稍稍汇聚；但是在腹足类滨螺（*Littorina*）和其他很多腹足类软体动物的视觉系统中，晶状体已经进化为一个拥有渐变折射率的复杂结构，这使他们能看到清晰的世界。

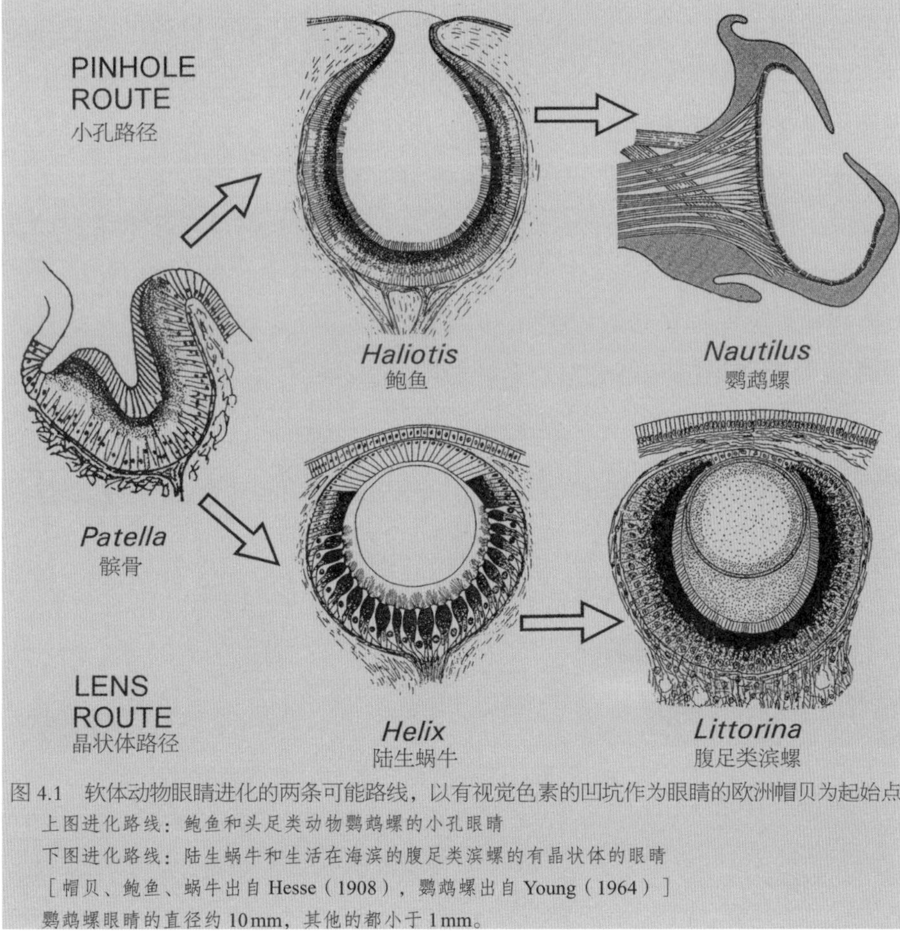

图 4.1 软体动物眼睛进化的两条可能路线，以有视觉色素的凹坑作为眼睛的欧洲帽贝为起始点

上图进化路线：鲍鱼和头足类动物鹦鹉螺的小孔眼睛

下图进化路线：陆生蜗牛和生活在海滨的腹足类滨螺的有晶状体的眼睛

［帽贝、鲍鱼、蜗牛出自 Hesse（1908），鹦鹉螺出自 Young（1964）］

鹦鹉螺眼睛的直径约 10mm，其他的都小于 1mm。

小孔眼睛：巨蛤和鹦鹉螺

腹足类软体动物的眼睛大多长在头上，而双壳贝类动物与之相反，其眼睛一般在贝壳边缘，这使他们能够感知一定范围内运动的物体并在掠食者有机会攻击之前合上贝壳。这种眼睛的光学系统十分复杂，可能是凹反射面或者复眼结构(见图 6.2 和图 7.2)。然而，其中巨蛤的小孔眼睛(Tridacna 提供)是相对最简单的。巨蛤贝壳边缘长着近千只眼睛，每只都由一个宽和深都约为 0.5mm 的凹点组成，每个凹点都有直径约为 0.1mm 的小孔（见图 4.2）。每只眼睛含有约 250 个能感知包括紫外在内的三个谱段的感光器（Wilkens，1984）。感光器在凹点的底部，每个感光器能通过小孔看到视角约为 16.5° 的区域。如果有手的影子从上面经过，巨蛤的感光器能对变暗的光线做出响应，收回虹吸管并将贝壳合起。但是在巨蛤眼中的成像角度接近或略大于 16.5° 的物体，即使没有影子，巨蛤也会做出反应（Land， 2002）。所以，一条在 42cm 远处长约 10cm 的鱼也能使巨蛤做出反应，这使巨蛤能充分预测危险，合上外壳以保护易受攻击的组织。也许有人会问，视角只有 16.5° 的眼睛并不能算是敏锐，为什么巨蛤的眼睛没能进化得更好？答案是，这对于巨蛤来说实际上已经足够了，如果探测到更小或更远的物体，就会对没有威胁的生物或碎片造成更多的虚假警报。

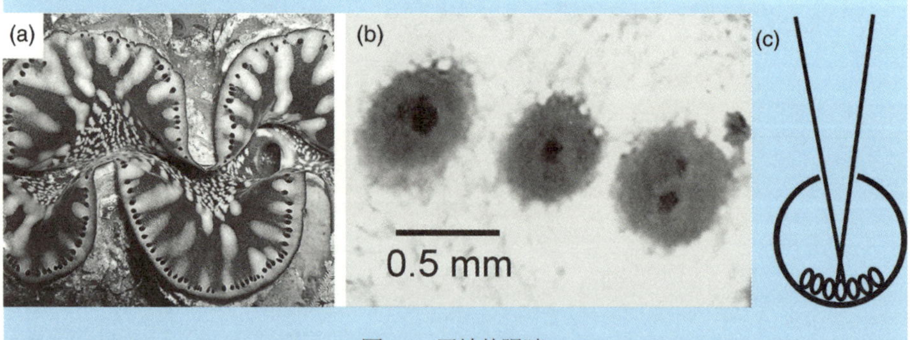

图 4.2 巨蛤的眼睛

（a）鳞砗磲的外壳，能看到眼睛（出自 Nick Hobgood 的摄影）（b）长砗磲的三个眼睛，能看到小孔（Land，2002）（c）长砗磲眼睛中一个感光器的可视角度（16.5°）

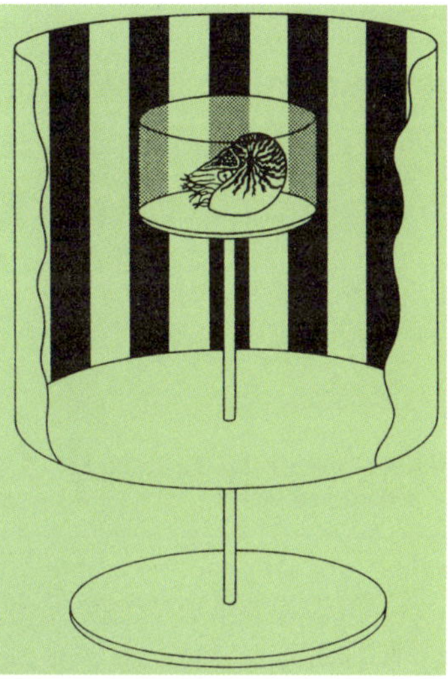

图 4.3　视动装置中，鹦鹉螺会随着条纹的转动而绕圈游动
放鹦鹉螺的盘子直径为 25cm。由 Muntz 和 Raj（1984）提供

鹦鹉螺的眼睛与其他无晶状体眼睛的区别在于它的大小（图 4.1）。目前我们提到的大多数无晶状体眼睛都是几分之一毫米的直径，有几百个感光器。然而鹦鹉螺眼睛的直径接近 10mm，这已经和有晶状体的章鱼（*Octopus*）眼睛还有其他一些鱼类的眼睛大小相当。因此鹦鹉螺的瞳孔直径可以随光强在 0.4~2.8mm 之间变化，这进一步说明了它们眼睛之大；眼部丰富的肌肉，可以使眼睛旋转以抵消游动时的震动，从而稳定其垂直轴。对于鹦鹉螺的视觉系统，我们了解较少，但它确实有视动反应（图 4.3），也就是说，它可以通过条纹鼓的旋转而转动或做圆周运动，这表明它的视觉系统能侦测运动。能产生这种视动反应的最好的条纹图案在 11° 和 22° 之间，这大致就是用部分打开的小孔眼能够预测的角度。这种视动反应的作用在于防止在静止的场景中还需要动物眼睛或自身旋转，这使得鹦鹉螺能够在礁石中稳定地行进。

鹦鹉螺的小孔眼睛是一种无奈的妥协，要使其眼睛的分辨率达到有晶状体眼睛的水平，必须要让瞳孔的直径小到难以透进任何光线。在瞳孔大小为 0.4mm 时，一个感光器的可视角度约为 2.3°，大致同一个昆虫眼睛的分辨率相当，但其成像的效果大约比鱼的眼睛要暗 400 倍；打开虹膜会使分辨率大大降低，所以在正常标准下，鹦鹉螺的视觉处于要么太暗要么太模糊的两难窘境中。

解决这种窘境的方法是进化出晶状体，用聚焦代替直接投影，从而获得清晰的图像。鹦鹉螺真正的谜题在于，它在5亿年的历史中为何没能进化出晶状体，而其他头足类动物（章鱼，鱿鱼，墨鱼）就进化出了像鱼类一样优异的有晶状体的眼睛（图4.8），而且大量的腹足类动物，蠕虫和节肢动物也正朝此方向进化。这并不困难，因为在如此长的时间中完全可以循序渐进地发展。

欠焦型晶状体眼睛

像腹足类软体动物或多毛虫等无脊椎动物中有不同寻常的色素杯状眼睛，其中眼室完全被类似晶状体的物体填充。蜗牛就是一个很好的例子，它的眼睛介于无晶状体杯状眼睛（如扁平虫）和真正的相机型眼睛（如鱼类和头足类动物）之间。长有这种眼睛的动物一般都不能迅速移动，它们的视觉响应时间一般都较长，而且眼睛尺寸较小（小于1mm）。因此，这类眼睛并没有引起科学界太多的关注，尽管它对于研究有晶状体眼睛的起源乃至相机型眼睛的进化有重大意义。

让人意想不到的是，介于杯状眼睛和相机型眼睛之间被研究得最多的是一种水母，叫巨型水母（箱型水母）。这种水母十分敏捷，其伞状体边缘长有四个方向的感觉器官，叫作感觉棍，感觉棍上长有两只不同的有晶状体眼睛和两对无晶状体凹点眼睛（图4.4a和图1.1e）。每只箱型水母共有24只四种不同类型的眼睛。含有眼睛的感觉棍通过灵活的视柄连接，内部较重的结晶块能使感觉棍被动朝向特定方向，所以无论水母怎么朝向，所有眼睛可以保持统一垂直轴。基于这种机制，感觉棍上两只有晶状体眼睛中较小的一只（ULE 图4.4a）始终向上指向水面（Garm等，2011），而那较大的一只（LLE）则斜向下向内，借此箱型水母可以透过自己透明的身体看到水下的情况。

有晶状体眼睛只用于完成少数精度要求不高的视觉工作。生活在加勒比红树林沼泽的一种加勒比箱型水母（*Tripedalia cystophora*），它四只斜向下的眼睛可以防止自己撞到红树的根或者其他的大物体，而四只向上的较小的眼睛则透过水面观察红树伞盖，定位红树的边缘（Garm 等，2007，2011）。尽管有晶状体眼睛非常小，但是构造却十分完美，甚至可以媲美鱼类的眼睛。有研究表明，他们的球形晶状体甚至有梯度折射率（Nilssion 等，2005）。晶状体的焦距为三倍晶状体半径，但视网膜并不在此处，视网膜反而在距离晶状体中心两倍晶状体半径的后方（图 4.4b），这样布置的结果就是周围的每个点的光线会弥散在一大片视网膜上，而所看到的世界也是模糊不堪的（图 4.4c）。

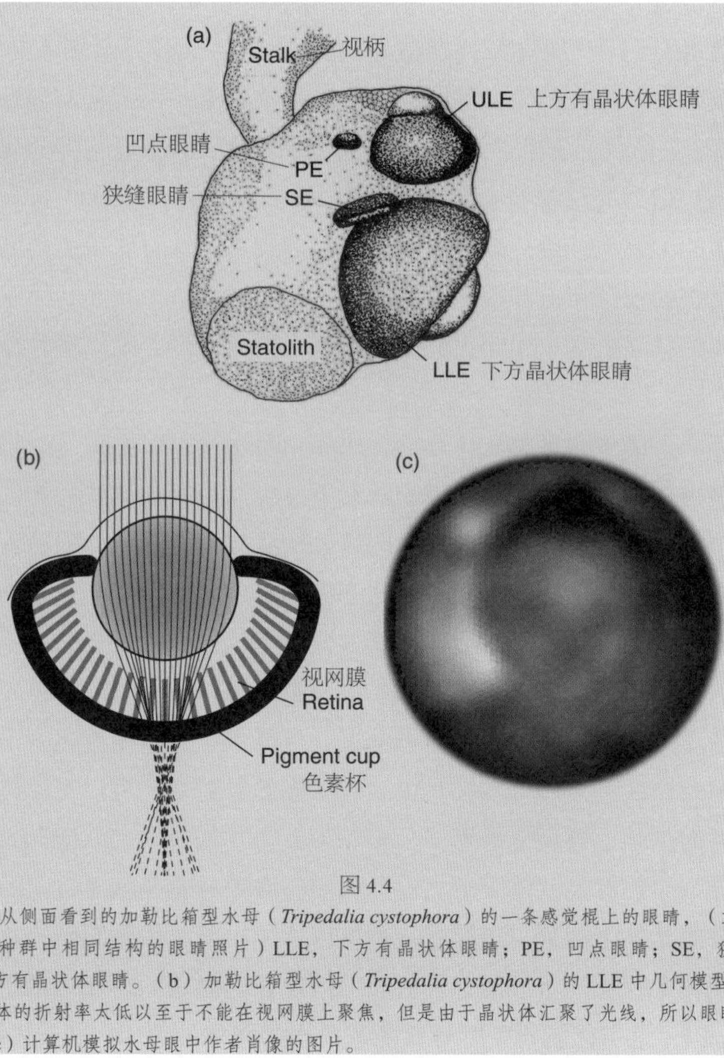

图 4.4

（a）从侧面看到的加勒比箱型水母（*Tripedalia cystophora*）的一条感觉棍上的眼睛，（或图 1.1e，用于相关种群中相同结构的眼睛照片）LLE，下方有晶状体眼睛；PE，凹点眼睛；SE，狭缝眼睛；ULE，上方有晶状体眼睛。（b）加勒比箱型水母（*Tripedalia cystophora*）的 LLE 中几何模型中的光路，它的晶状体的折射率太低以至于不能在视网膜上聚焦，但是由于晶状体汇聚了光线，所以眼睛孔径可以更大。（c）计算机模拟水母眼中作者肖像的图片。

其他种类的箱型水母，比如东太平洋的箱型水母（*Chiropsella Bronzie*）（图 1.1e），甚至有较弱的梯度折射率晶状体，焦距约为 5 倍晶状体半径（O'Connor 等，2009），而视网膜则在 1~2 倍晶状体半径范围内，所以其视觉清晰度会比加勒比箱型水母更差。为什么这些有梯度折射率晶状体的动物本来有可能进化出完美的视觉结构，而视网膜却离晶状体太近以至于不能聚焦呢？对箱型水母而言，答案很简单：箱型水母这种视觉引导行为，完全没有必要用高空间分辨率图像，低分辨率模糊的图像已经胜任。

但是，这并不能解释为什么能进化出晶状体。减小无晶状体色素杯状眼睛的孔径，可以轻松达到水母有晶状体眼睛的分辨率。图 4.4b 中，若晶状体被移去，则视网膜上的模糊点的半径会扩大一倍，从而导致分辨率大大下降。如果减小眼睛的开口直径到之前的 1/2 或者更小，分辨率可以恢复如初，但是光通量将会降低为 1/5。我们从中可以看出，引入弱折射率晶状体的主要优点是提高灵敏度而不是分辨率，这将获得更高的对比灵敏度、更快的视觉响应和弱光成像能力。所以，弱折射率晶状体眼睛相比无晶状体杯状眼睛具有相当大的优势，其中图像亮度必须以牺牲分辨率为代价。

看起来，诸多腹足类软体动物，比如箱型水母、多毛虫等，将眼睛进化历程终止在这种欠焦有晶状体的状态下，可能是因为这些动物的视觉任务（见第一章）仅仅需要低分辨率图像，所以欠焦有晶状体眼睛就是一个很好的选择。这种结构的眼睛得到的图像不够理想，但是稍稍移动视网膜的位置或者改变晶状体的折射率梯度，分辨率就可以大大提高并用以完成更复杂的视觉任务，而且较大的孔径将使眼睛可以在更广的环境光亮度范围内成像。欠焦有晶状体眼睛并不常见，可能也正是因为进化到聚焦有晶状体眼睛的路线十分简单直接。提高晶状体的折射率，可以在保持视网膜图像亮度的基础上提高分辨率。

在介绍聚焦有晶状体眼睛之前，我们有必要看看晶状体进化的最初阶段。在有晶状体之前，一定存在一种可以进化出晶状体的眼睛，这种眼睛的视网膜杯中存在细胞或细胞外基质。但这在鹦鹉螺的小孔眼睛中并不存在（图 4.1），这可能就是鹦鹉螺没能进化出晶状体的原因。出于某些原因，视网膜杯中的基质进化得足够密集，以至可以聚焦成像。而事实上，箱型水母，多毛虫等其他诸多腹足类软体动物的色素杯状眼睛中充满了很柔软的组织，这根本不可能聚焦光线。视网膜杯被填充的原因至少有两个，一个是用滤光片覆盖感光器以使其免受短波长光线损伤，另一个是为视网膜长成稳定的杯状提供机械支撑。因此，从非光学功能开始，到提高灵敏度，到最后获得高空间分辨率，眼睛的晶状体可能具有复杂的进化史。

清晰看世界

进化出一个能在水下表现优异的晶状体并非想象中那么简单。事实上，类似玻璃那样的简单材料（比如干燥结晶蛋白）形成的晶状体，因焦距过长而不实用，而且不能形成清晰的高质量图像。晶状体的焦距必须和其自身尺寸相当，才能保证眼睛是一个足够小的整体。这意味着晶状体表面曲率半径必须很小，这也就或多或少将晶状体限制为球形。但是球形的晶状体有很多缺陷，最大的缺陷就是球差（图 3.6），如图 4.5a 所示，在晶状体坐标系中，远离轴线的光线折射强、弯曲角度较大。近轴光线与平行光线折射弱、弯曲角度较小，两者不能汇聚于同一点，因此会在视网膜上形成一个弥散圆，而不是清晰的图像。这种情况较为普遍，有球形晶状体的眼睛成像质量普遍很差。另一个问题是，球形晶状体的焦距过长，一个半径为 r 的球形界面，两边截止折射率分别为 n_1 和 n_2，焦距为 $rn_2/(n_2-n_1)$，而透过球形晶状体，光线会遇到两个半径为 r 的球形面，所以焦距 f 是单一球形面的一半：

$$f = 0.5rn_2/(n_2 - n_1) \qquad (4\text{-}1)$$

晶状体中干燥蛋白（如晶体蛋白）的折射率（n_2）约为 1.53，外界海水的折射率（n_1）约为 1.34，这种晶状体的焦距约为本身半径的 4 倍，远大于鱼类或头足类动物的眼睛晶状体焦距。从 19 世纪 80 年代马希森的研究中我们得知，鱼类或头足类动物以及海洋哺乳动物的眼睛晶状体焦距几乎都是自身晶状体半径的 2.5 倍，这也就是广为人知的马希森比率（*Matthiessen's Ratio*）。

很显然，光学特性出色的鱼眼焦距很短，但鱼眼的晶状体并不是由均匀蛋白构成的球形晶状体。这种明显的矛盾吸引了19世纪的诸多科学家，包括詹姆斯·克拉克·麦克斯韦。他提出了梯度折射率的构想，并且认为折射率在中心最大、边缘最小。马希森认为鱼眼晶状体的折射率确实是梯度

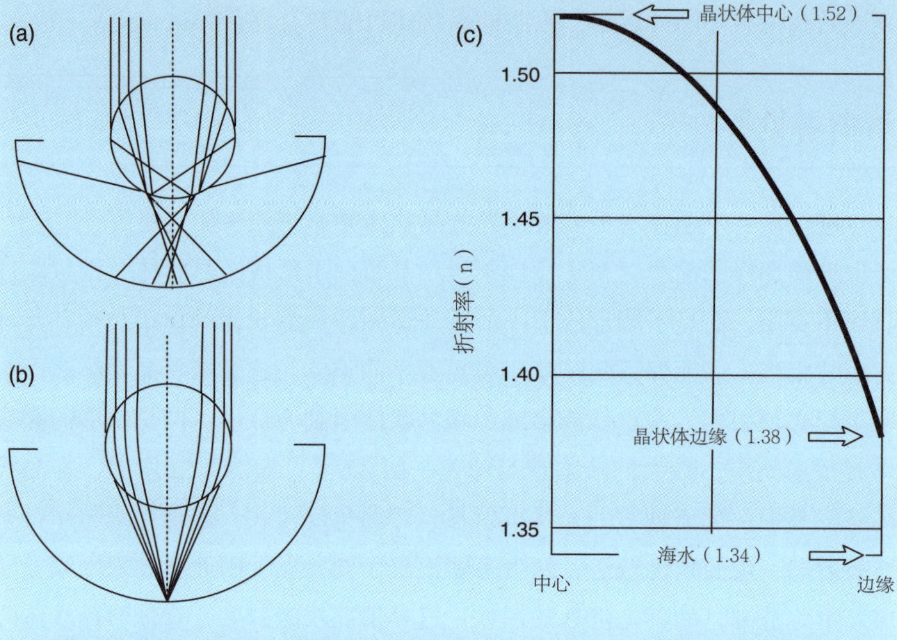

图 4.5
（a）折射率为1.66的均一材质晶状体中的光路，远轴光线被过度折射（球差）。（b）与（a）中焦距一致的梯度折射率晶状体，中心最大折射率为1.52，但是光线被逐渐折射，最终汇聚于一点。（c）无球差的鱼眼晶状体的折射率图。（a）和（b）出自 Pumphrey（1961）（c）基于 Jagger（1992）

变化的，而且成一条倒置抛物线变化（图 4.5c），折射率随着到晶状体中心距离的平方递减。马希森的猜想并没有太大的错误，但最近的研究有更好的表达式来修正球差（详见 Jagger，1992）。

梯折射率呈梯度变化的晶状体能影响什么呢？最主要的就是将晶状体内部折射光路从在交界面处离散弯曲变为渐变弯曲。对于球差的影响就是，在这种晶状体中传播距离较短的远轴光线比在均匀晶状体两个球形面上的弯折要小（图 4.5b）。如果梯度合适，同一波长的光线可以被汇聚为同一

点。并且光线在晶状体中被持续渐变折射，而不仅仅是在两个表面上被折射，这使得晶状体的折射能力大大提高，也就导致其焦距变得更短。事实上，一个中心折射率为1.52的梯度折射率晶状体的f/r比值可以达到2.5。而均一材质晶状体的折射率要为1.66才能达到这个比值。也正是得益于此，鱼眼晶状体光线汇聚能力很强，焦距也可以很短。在成像过程中，F数（焦距/直径）为1.2的眼睛所成的像，要比F数为2的均一材质晶状体所成的图像亮约2.6倍。

生物眼睛的晶状体普遍存在的另一个缺陷是色差，也就是说，波长短的光相对于波长长的光经过晶状体后在更近的焦平面汇聚。这就意味着，距离晶状体中心一定距离的一个平面视网膜并不能一次性将所有波长的光汇聚。对于那些只有一种视色素的生物（比如深海鱼类和大部分头足类软体动物）来说，这并不是问题。但是浅水鱼类有很好的色彩视觉，他们拥有四种视锥细胞，最大涵盖了从红色到紫外波长为250nm的波段。解决这个问题的方法之一是让不同的视锥细胞设置于距离晶状体中心不同的位置，而实际上有一些鱼类正是如此。但是，这个距离范围太大（平均约为焦距的1/10，即焦距为10mm，此距离范围涵盖1mm），而在一层薄薄的视网膜上使视锥细胞如此分离是不太可能的。现在，众所周知，很多鱼类进化出另一种解决方案，也就是在基本的马希森梯度基础上让晶状体变化出多个焦距（Kroger等，1999）。这种方法如图4.6所示，对于同一波长的光线，靠近轴线的光线焦点要比远离轴线的光线焦点离晶状体近（这可以等效理解为对球差的过度修正）。但是对于有多种波长的白光来说，由于色差的存在，经过晶状体后，近轴光线和远轴光线将会有一连串的焦距。所以，远轴短波光线和近轴长波光线将有可能聚集到相同平面。这样就要求不同波长的视锥细胞要对焦平面上的图像最为敏感。但这并不是一个完美的解决方案，因为来自其他位置的模糊光线在同一平面形成的图像，会干扰焦平面上清晰的图像，相对于完美的单色光图像，这也会降低对比度。但是这比模糊不清的图像要好得多，很多硬骨鱼和有脊椎动物的眼睛就是这样的。图4.6过于简洁，在Kroger等（1999）研究的生物中，相应于不同视锥细胞的极大敏感度，有3幅不同的图像，而不是图示的2幅。

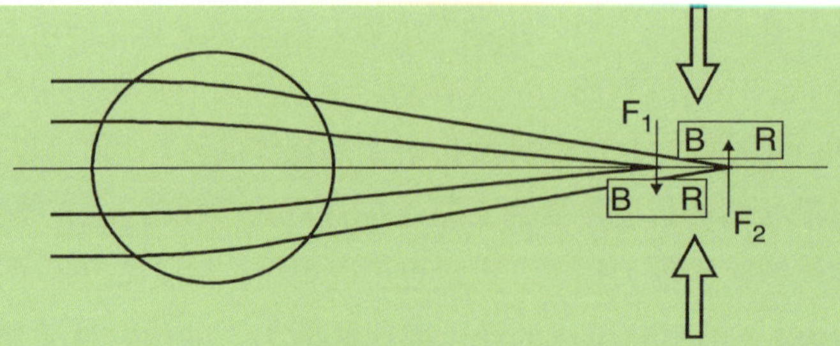

图 4.6

许多鱼类进化出来的克服色差的方法，就是稍微改变晶状体折射率梯度（图 4.5c）可以在几个不同的焦平面上形成清晰的图像，尽管每张图片都受色差影响，但如图所示，调整成像面位置可以使各波长光线的图像聚焦在同一平面，这样，感知颜色的视锥细胞就可以排列在薄薄的视网膜上，并且可以看到清晰的图像。F_1 为经由晶状体不同位置聚焦光线的焦距，F_2 为不同波长光的焦距。基于 Kroger 等（1999）。

这种多焦点晶状体的问题之一就在于，如果用圆形瞳孔限制眼睛的光通量，将会与色差产生干涉，导致外区逐渐遮挡。解决这个问题的一个方案是采用狭缝瞳孔，并且依然能保证每个区域都能被采样到，这也是许多陆生脊椎动物的瞳孔为狭缝的原因之一（Malmstrom 和 Kroger，2006）。

马希森型晶状体是成功的进化案例。不仅因为它优异的光学性能；而且也因为它的普及度。f/r 约为 2.5 时得出了球形晶状体有梯度折射率，而动物王国中很容易发现这种案例的存在。鱼类进化出这种眼睛，想必曾经头足类软体动物也完成了同样的进化，在腹足类动物中这可能也不止一例，至少肺类动物与前腮类动物是这样的（图 4.7b，图 4.8）。淡水有肺蜗牛椎实螺的眼睛很小（直径 100~200μm），但其晶状体进化很完美，而且还有独特凹点的视网膜（Bobkova 等，2004）。前腮类动物中，最有代表性的是食肉异足蛛目海蜗牛（翼管螺属和角明螺属），他们长有巨大的球形晶状体，并且有细长的扫描型视网膜（图 4.7a）。

马希森型晶状体也进化出两种不同的分支，一种是浮沙蚕科环节虫的晶状体，这是一类以海洋浮游生物为食的多毛虫；另一种是曾经的甲壳类动物的晶状体，唇角桡足虫（图 4.7c），其雄性有一对晶状体，共用一个线型视网膜，视网膜上有十个感光器（Land，1988）。

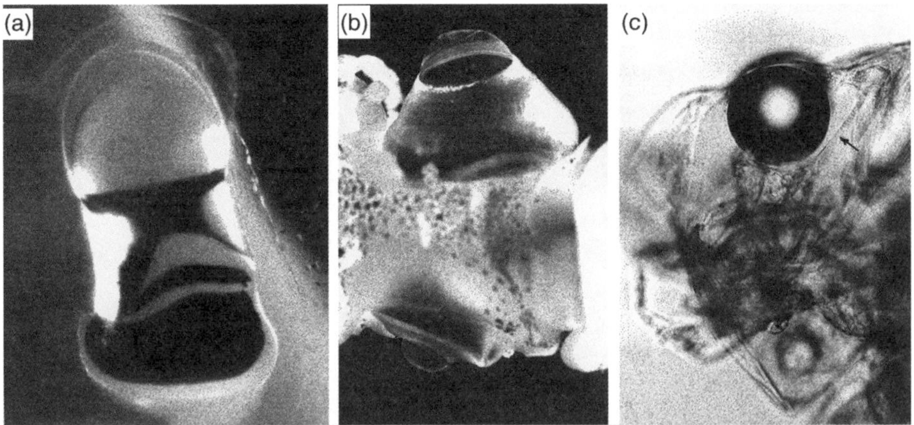

图 4.7 甲壳类动物和软体动物球形晶状体图片

（a）一种食肉异足蛛目海蜗牛翼管螺的眼睛，它的眼睛有 3mm 长，细长的视网膜仅有并排宽的 6 个细胞。（b）中层水域中生活的一种乌贼（帆乌贼属），两只眼睛大小不一。较大的一只"望远镜"型眼睛直径为 9mm，望向水面，它的晶状体为黄色；而较小眼睛望向水下，晶状体无色，视野更广。（c）唇角桡足虫是比较独特的拥有一对"马希森型晶状体"的甲壳虫，可以透过晶状体看到它上面一只较小眼睛的视网膜，右边有条纹的肌肉（箭头）负责转动晶状体（见第九章）。图片底部是构造完全不同的第三只眼睛（腹侧）。晶状体直径 145μm。

鱼类和头足类生物的眼睛

这两组游泳动物的相似之处提供了一些最著名的趋同进化的例子。它们眼睛的构造是最让人惊讶的（图 4.8），Packard（1972）如此表述：

> ……现代头足类动物的眼睛，单眼腔、晶状体、睫状体、虹膜、半球形视网膜、软骨巩膜和外部的银膜，这些头足类动物组织，都有典型的脊椎动物特征。

尽管头足类动物和脊椎动物的进化起源大不相同，但因他们进化出并不断完善水下的视觉能力，使我们确信两种动物之间存在诸多相似。

但是，两者之间的差异也不容忽视。头足类动物中感光器的视色素区是顺光向前生长的，而脊椎动物（进化造成）感光部分却是背光向后生长的（图 4.8）。也就是经常提到的脊椎动物的视网膜长错了方向，这是事实，但是由于其视网膜上的覆盖细胞和神经纤维都是透明的，所以不会对光线

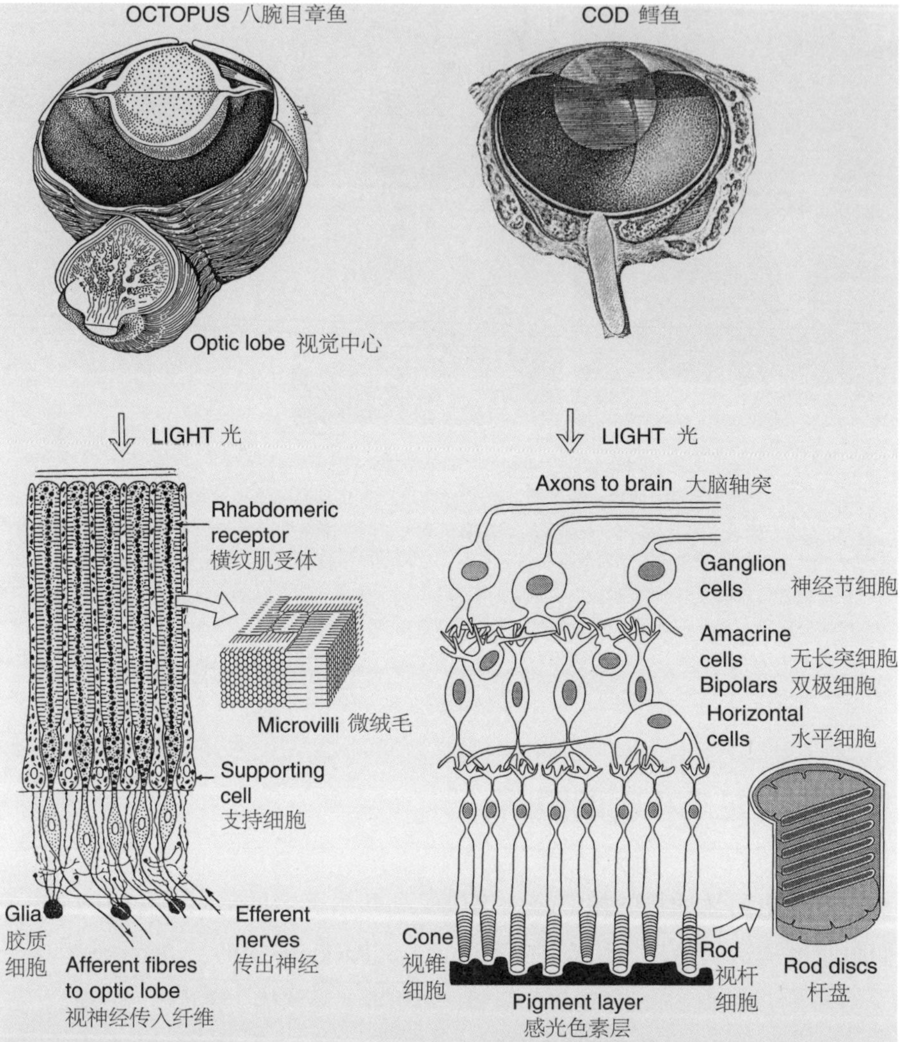

图 4.8　头足类软体动物和鱼类的眼睛之间的趋同进化。

整体结构很相似（上图：章鱼，Young 提供，1964；鳕鱼（*Gadus*），D.W.Soemmerring 的一幅雕像，1818）。两种眼睛都很大，直径都大于等于 10mm，晶状体为球形，且晶状体中心距离视网膜 2.5 晶状体半径。下图表面两种生物的视网膜完全不同，头足类动物的感光器是由含感光色素构成的微绒毛构成。神经信号处理主要在大脑视神经叶中进行，而不是视网膜。在脊椎动物（右图）的视网膜中，视杆细胞和视锥细胞的感光部分由含有感光色素的盘状组织构成。在视杆细胞和视锥细胞前面（相对于光路），是由神经元（双极细胞和神经节细胞）组成的两层，并与水平细胞和无突细胞串联，构成层与层之间的横向连接。注意，章鱼（*Octopus*）的感光器顺光生长，而有脊椎动物背光生长。章鱼（*Octopus*）出自 Young（1964），脊椎动物视网膜资料来源有多个。

传播造成太大障碍。脊椎动物的视网膜承担了大量的处理任务，三个连续的神经细胞层（感光器，双极细胞和神经节细胞）被后面两层横向扩展（大量鱼类视网膜结构功能资料参见 Nicol，1989）的神经元——即水平细胞和无轴突细胞分开。在头足类动物的视网膜中没有这样的分层结构，而且大部分处理任务都是在眼睛之外的大脑视神经叶中进行的。并且，感光器本身也不同，头足类动物的视色素长在微绒毛上（大部分无脊椎动物都是如此），但鱼类的视色素生长在盘状结构的视杆细胞和视锥细胞上。很多头足类动物微绒毛上的感光器是垂直生长的，这是为更灵敏地接收平面偏振光（Talbot 和 Marshall，2010a，2010b，参见第二章），而且通常头足类动物只有一种视色素，所以它们是色盲（Messenger，1991）。有一个例外是日本萤火鱿（*Watasenia scintillans*），他们有三种基于载色基团而不是视蛋白的视色素（见第二章）。而大部分鱼类视锥细胞中大量的视色素可以感知由紫外到红色谱段的光线，而且色觉很好。

两种动物晶状体光学特性都很相似，但是构成不尽相同。鱼类的晶状体是由活细胞围起来的一个整体，而头足类动物的晶状体由前后两个部分组成，两者由一层活细胞分开。两部分的折射率却是一样的，能像一个完整的晶状体一样修正球面像差。

鱼类和头足类动物的眼睛里，都有肌肉连至眼球，外部肌肉负责转动眼球，内部肌肉负责调整虹膜和晶状体完成对焦。两者之间的又一次惊人相似其实仅仅是因为结构需要。较大的眼睛需要稳定，否则运动模糊会毁掉细晶粒度视网膜和长焦距带来的高分辨率。随着眼睛变大，景深会变小，而对焦机制越来越重要。在鱼类和其他有脊椎动物的眼睛里，六块肌肉负责眼球的运动，两两一对负责一个轴的旋转。在头足类动物的眼中，肌肉组织的结构模式并不明显，乌贼的眼中有 13 块可以归结为 6 个功能组的肌肉。章鱼眼睛里这 6 个分组格外明显。就像有脊椎动物的半圆形渠状系统一样，章鱼的平衡器提供关于自身旋转姿态的信息，再加上眼睛本身提供的看到图像的旋转信息，可以在章鱼旋转时反向旋转眼睛。实际上身体围绕眼睛旋转可以使得视网膜上的图像或多或少处于静止，然而，在头足类和脊椎动物中眼睛必须不时地移动，这是通过被称为眼跳的快速轻弹运动来实现的，在眼动过程中眼睛实际上是看不见的。在这两种情况下，这样的策略似乎都是为了最小化眼睛相对于周围环境的移动时间，结果使得图像模糊（见第九章）。

鱼类有很多要涉及晶状体移动的对焦机制（见第五章，图 5.9），八目鳗和多骨鱼进化出了“负向”补偿机制，眼睛放松时，只能看清近处，肌肉可以迅速使晶状体移向视网膜从而看清远处。奇特的是，硬骨鱼类中的玉筋鱼（*Limnichthyes*）通过改变具有光学作用的角膜晶状体的角膜曲率来进行调节。软骨鱼类和两栖类动物的肌肉运动与硬骨鱼类相反，是“正向补偿”，即让晶状体远离视网膜以看清近处（Wall，1942）。头足类动物兼有两种补偿机制，不同的肌肉群使得晶状体向着不同的方向移动，但是其工作原理仍不得而知（Messenger，1981）。

适者生存

大部分球形晶状体眼睛都大同小异，主要是因为马希森比率限制了晶状体和视杯的比例，但是即使形状相似，眼睛的大小却不尽相同，眼睛最大和最小的都是软体动物。椎实螺（*Lymnea*）的晶状体是完美的马希森型，它的眼睛直径只有 0.15mm，而有确切信息（2007 年捕获的巨乌贼 *Mesonychoteuthis hamiltoni*）表明最大的巨型乌贼眼睛的直径为 27cm，相当于一个餐盘的大小，而自 1990 年代的不详实记载表明，最大的巨乌贼眼睛直径为 40 cm。剑鱼和金枪鱼是鱼类中眼睛最大的，其眼睛直径可以达到 10 cm，深海鱼龙的眼睛更大，甚至可以达到 20~30cm，但已于 9 千万年前灭绝（Montani 等，1999）。眼睛更大可以带来更高的分辨率或者更大的光通量，在此，应该是后者，因为没有海洋生物会需要接近球形晶状体衍射极限的分辨率。眼睛的尺寸可能决定了哪种鱼类可以在夜晚捕猎，或者可以下潜多深的海域捕猎。当然，巨乌贼捕猎要用数米长的触手，这不仅需要适当的分辨率，还需要高灵敏度。

鱼类为适应生存环境改变最多的是视网膜，最主要的是神经元细胞的分布方式。视神经纤维——神经元细胞的轴突，是眼睛输出端的主要组成部分。受限于弹性和空间节制，视神经纤维约有 100 万个（与数量多于其上百倍的感光器相比），这是眼睛进化的瓶颈，所以也就要求节制神经元细胞的空间分布以使得更多的细胞分布在图像信息最丰富的区域。图 4.9 是两种不同习性鱼类视网膜切片上的神经元细胞分布，其中一种是潜伏在珊瑚礁裂缝中的红鲙（*Cephalopholis miniatus*），另一种是生活在开阔沙地的裸颊鲷属（*Lethrinus chrysostomas*）。红鲙（*Cephalopholis*）视网膜中靠近颞骨向前的一小块区域中的神经元细胞极为密集，在晶状体前面有一块“无晶状体”区域，以保证视野向前（见盘状区域 1）。相比之下，裸颊鲷（*Lethrinus*）视网膜中有一块神经元密集的视觉带，这表明这种动物感兴趣的空间区域主要是水平面附近，类似的视觉带在很多草原哺乳动物（比如兔子）和海鸟（由于海平面在海鸟视野中为狭长的条状）的视网膜中也存在。海面掠食鱼类黄金鳉（*Aplocheilus lineatus*）的视觉带更为独特有趣，它的视网膜上有两条平行分开成 40° 的视觉带，很明显，这使它能从两个视角观察它的猎物（或许是一只淹死的小虫），一条视觉带从下方观察水面，另一条则从略高于斯涅耳窗的位置观察，也即是折射光线的水平线，这样一来，可以看到猎物的上半部分（图 4.10）。其他硬骨鱼类

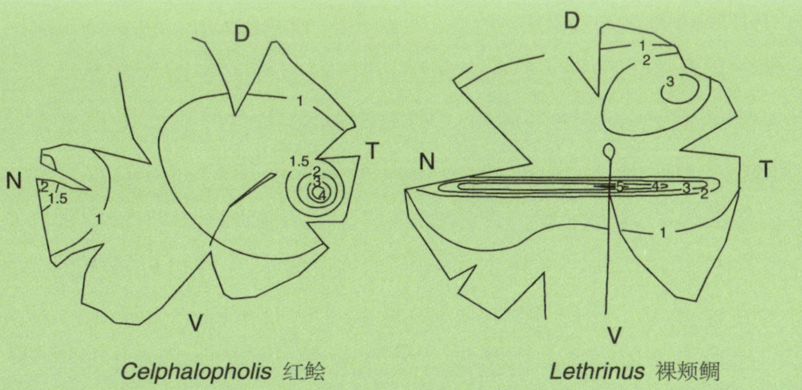

图 4.9　两种鱼类视网膜中神经元细胞密度图，上图能够反映出两种生物的视觉习性

生活在珊瑚礁裂缝中的红鲙（*Cephalopholis*），视网膜中有一块神经元细胞密度极高向前生长的“区域”（见盘状区域 1）。生活在开阔沙地的裸颊鲷（*Lethrinus*），如前所述，其视网膜侧面图的底部有神经元密集的视觉带。神经元细胞是视网膜的信息输出端（见图 4.8），数量密度为数千个 /mm^2，其分布特征能够反映出该动物的视觉习性。N、T、D、V 分别是视网膜的鼻部（*Nasal*）、颞部（*Temporal*）、背部（*Dorsal*）、腹部（*Ventral*）。需要注意，晶状体会让这种关系反过来，所以眼睛末端的视网膜颞部看的是前方。基于 Collin 和 Pettigrew（1988）。

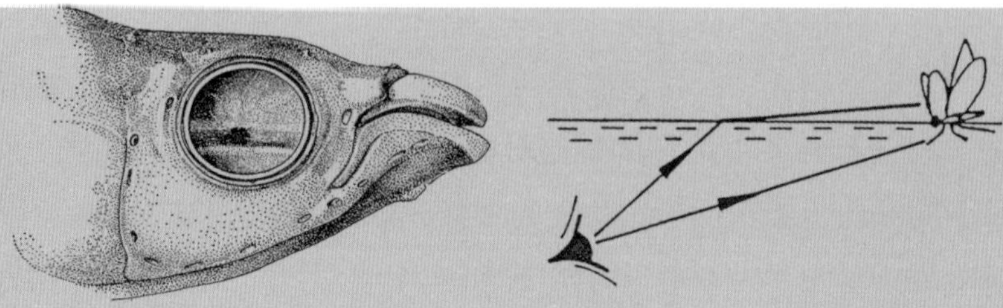

图 4.10 左图：去除晶状体后的海面掠食鱼类黄金鳉（*Aplocheilus*）头部图，可以看到视网膜上有两条的视觉带。出自 Munk（1970）。
右图：黄金鳉（*Aplocheilus*）通过水面以下和水面以上看清水面物体的示意图

比如鲇鱼、海马（*Hippocampus*）、玉筋鱼（*Limnichthes*）、射水鱼（*Toxotes*）都有视觉小窝区，这些小窝内密集生长着视锥细胞和神经元细胞。海马（*Hippocampus*）、尖嘴鱼和玉筋鱼（*Limnichthes*）可以像变色龙一样独立控制两只眼睛运动，它们的中央凹指向侧面用以捕食游动或者蛰伏在水草上的小猎物；射水鱼（*Toxotes*）可以修正光线在水面处的折射弯曲，从口中射出水滴，射猎水面上的昆虫为食，它也因此而闻名，它的视觉中央凹在视锥细胞神经元细胞都很发达的视网膜腹侧，与它们最经常的喷水方向一致（Temple 等，2010）。

海下几百米的深处，环境大不相同，只有极少量的光能从海面透进，而且主要是蓝光，这使得深海生物的眼睛退化为很窄的垂直视锥细胞带（Lythgoe，1979）。尽管如此，很多鱼类也能借助昏暗的天光隐约看清潜在猎物投出的影子轮廓，并借此捕食；这方面的证据主要源于：中层水域的鱼类和甲壳类动物进化出了向下的发光器官，并可以随下行光强度改变自身发光强度，用以伪装自己的轮廓（见 Herring，2002）。在光线极暗的环境中，发现猎物的可能性由下行光和掠食者视网膜共同决定，这就对掠食者晶状体的大小提出了要求，晶状体变大也就意味着眼睛要变大，但是很多深海掠食动物成功进化出管状眼睛（图 4.11a，b），从而节省了空间。这种眼睛视角只有向上的 60°，比普通鱼类眼睛的 180° 视角要小很多；牺牲部分基本不会有光（自发光动物除外）的视野，换来的是巨大的晶状体和与之相称的眼睛，很多深海头足类动物也有同样的进化，比如管型眼章鱼（*Amphitretus pelagicus*）（Marshall，1979），还有更为典型的帆乌贼（*Histioteuthis*），帆乌贼（*Histioteuthis*）有一个向上的大眼睛和一个向下的小眼睛（图 4.6b）。深海鱼类进化历程中还有很多古怪的改变，比如多边感光器，眼内部或靠近眼睛的发光器官还有连着多种奇怪的光学器官的副视网膜。在珠目鱼（*Scopelarchus*）的眼中，这个器官叫作晶状体衬底，它就像一个导光阵列，其他物种的副视网膜更多的是接收来自反射层的图像长头胸翼鱼（*Dolichopteryx*，见第六章），或者像拟渊灯鲑（*Bathylychnops*）一样接收另一个晶状体的图像（图 4.11c）（Lockett，

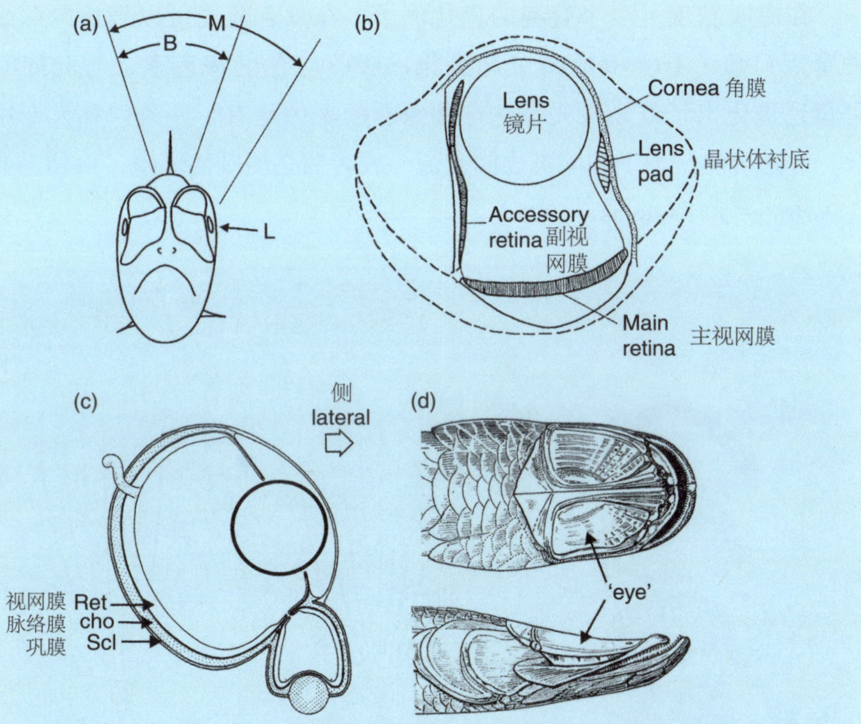

图 4.11

（a）深海鱼类珠目鱼（*Scopelarchus*）向上的管状眼睛。主视网膜双眼视区交叠（B）在单眼视区（M）中占了很大比例，L 是 *Lens pad* 晶状体衬底。（b）珠目鱼（*Scopelarchus*）的眼睛分区，虚线是焦距相同的普通眼睛的轮廓。主视网膜对昏暗的下行光成像，晶状体衬底由导光板组成，将在较暗视区部分的图像成像在副视网膜上。可以很合理的假设，主视网膜是用来检测水面方向来的剪影的，而副视网膜是检测黑暗背景中发冷光的生物的。基于 Marshall（1979）（c）拟渊灯鲑（*Bathylychnops exilis*）的一双眼睛，向下的交感眼和原发眼的视网膜一样，但是晶状体却是由巩膜构成的，Ret：视网膜 *Retina*；Cho：脉络膜 *Choroid*；Scl：巩膜 sclera（d）深海异目鱼类（*Ipnops* sp.）退化的无晶状体扁平碟状眼睛。（b）（c）基于 Lockett（1977），其余来自 Ole Munk。

1977; Collin 等，1998）。这种结构的目的可能在于看清动物自身下方情况。黑暗的背景下偶有自发光生物发出的闪光，即使光学结构不完美，这也是很容易发现的（Land，2000）。光学结构退化最严重的是一种奇怪的底栖鱼类穆氏炉眼鱼（*Ipnops murrayi*），它的眼睛是没有晶状体的盘状视网膜，覆盖扁平头部前段的上表面。光学系统部分或完全退化，而感光器还在的例子在海底世界并不多见，不仅只包括鱼类，也包括如深海热液喷口虾一样的甲壳类动物（Chamberlain，2000）。由于每个感光器接受光的角度为180°，这种眼睛灵敏度极高，但是牺牲分辨率的灵敏度又有何意义呢？

在海底发现了一个有趣的进化例子，在只有蓝光可以到达的深海一种奇巨口鱼（*Aristostomias*）却进化出吸收红色的视色素，与此同时这种鱼还进化出了红光发光器。这种鱼看起来像是有了一条“私人专用波长”，这可能是为了和同类之间交流，或者照亮周围的环境，以辅助捕食（Partridge 和 Douglas，1995）。

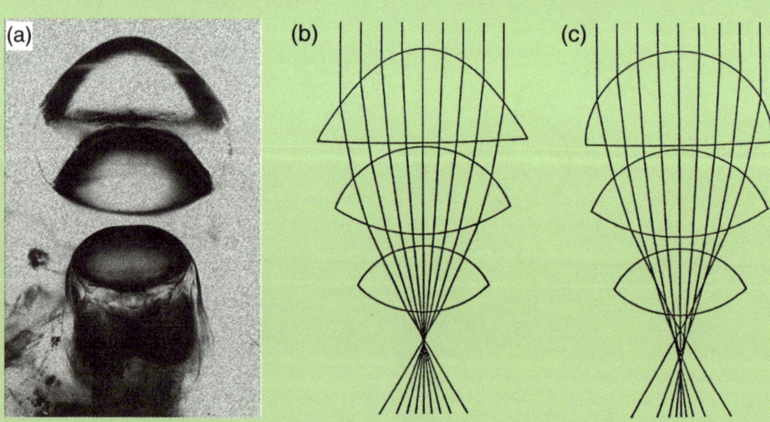

图 4.12

（a）雄性角水蚤（*Pontella*）腹侧眼睛图片，能看到三个晶状体，而且第一个晶状体的前表面是抛物线形的。该动物侧图见 Land（1984）。（b）抛物面光学结构能让光线汇聚于一点示意图。（c）将抛物面换为球形面，所成图像不清晰。

非球形晶状体眼睛

只有单腔眼却没有单球面晶状体的水生动物很少见，只有少数几种生物依靠几个界面的折射，就像多片镜头组一样，达到汇聚光线的目的，桡足动物角水蚤（*Pontella*）就是其中一种，它三个晶状体的六个界面可以清晰成像（Land，1984）。这是典型的腹部三分式“无节幼体”眼睛，像其他桡足动物一样，角水蚤的视网膜上的感光器很少，退化到只剩下六个，加之眼睛光学的惊人发展，这种明显的简单眼睛更加显著（图 4.12）。雄性角水蚤有三个晶状体，有一个连在视杯上，另外两个在它的喙部里。雌性角水蚤最前面的晶状体奇怪地退化了，三片晶状体只剩下两片。其他晶状体表面都是球形的，而唯独第一个晶状体的前表面是明显的抛物线形。假设晶状体的折射率统一为 1.52，那么光路如图 4.12b。如果前表面是球形的，成像会有明显的球差（4.12c），图像模糊不堪，但是在抛物线前表面就不会出现此类现象，而是能成清晰的图像。从光学的角度来看，角水蚤是进化出了另外一种避开了球面折射的缺点的解决方案：非球面晶状体而不是梯度折射率晶状体。

另一种桡足动物—叶水蚤，浆剑水蚤属（*Sapphirina Copilia*）和它们的其他近亲，在远超过一个世纪的时间里，紧紧吸引了生物学家的目光，从图 4.13 中并不难看出原因。这类生物的每只眼睛有一对晶状体，前面较大的晶状体是壳的一部分，它将图像投射到后面较小的晶状体上，这个小晶状体附着在只有 5~7 个感光器的小视网膜上，因此，这种结构就像是望远镜，有物镜和目镜。这种眼睛备受关注的另一个原因是其运动方式，每只眼睛末端，包括后面的晶状体，在体内向一侧移动，以前面的晶状体为基准测量，移动角度约为 14°。在浆剑水蚤（*Copilia*）中，两只眼睛一起移动，但向着不同的方向，向内快向外慢，速率为 0.5~10Hz（Gregory，1991）。尽管眼睛的扫描移动能扩大视野（原本只有 3°），即使这样，也仅仅能扫描环境中一道很窄的线。一种解释是，浆剑水蚤（*Copilia*）的猎物是垂直迁移的浮游生物，当他们游过水平扫描线时很容易被发现。原则上，这会在像普通眼睛中一样在其点状视网膜上成二维像，一维由眼睛本

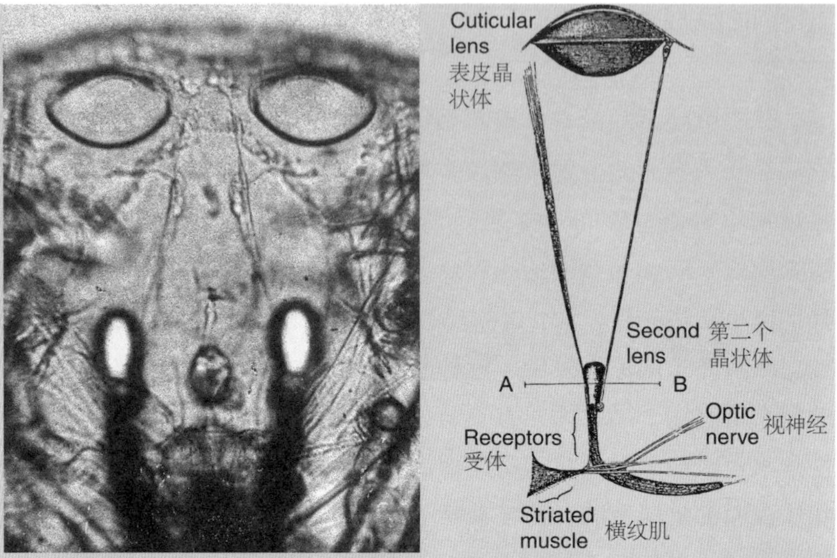

图 4.13
左图：桡足动物叶水蚤（*Sapphirina*）眼睛的照片。前面的晶状体将放大的像投到第二个晶状体上，后者将继续将光线成像在后面的一团感光器上。右图：桡足动物浆剑水蚤（*Copilia*）左眼的示意图。横纹肌扫描感光器的尾部，晶状体沿着轨迹 AB 来复运动。基于 Exner（1891）。

身扫描造成，另一维由猎物游动造成。不幸的是，无法在浆剑水蚤（*Copilia*）的自然生存环境中直接观测它的行为或其眼睛的运动。

在此，我们需要提到玉筋鱼（*Limnichthyes*）也利用相对高折射率（1.38）的增厚角膜晶状体，将折射在四个表面上完成。这种引人注意的小鱼，由两只可以独立转动的眼睛进行视觉引导，利用极为迅速的突刺捕捉桡足动物和其他浮游生物。透镜体可以在对焦补偿时迅速改变形状，因而形成快速对焦机制。透镜体与弱折射率晶状体协同，使得光学系统的节点朝向眼睛前部，因而使焦距变大，图像被放大（Pettigrew 等，1999）。

小结

1. 由有感光器的视色素凹状眼进化而来的有晶状体眼睛生物至少有四种门类。少数的像鹦鹉螺（*Nautilus*）这样的头足类动物保留了无晶状体的小孔型眼睛。也有像箱型水母那样弱折射率、欠焦型有晶状体眼睛，有理论称这种眼睛相对于无晶状体凹状眼的优势在于提高了灵敏度而不是分辨率。

2. 大多数动物都进化出梯度折射率晶状体，这种晶状体的折射率从中心至边缘减弱，这在减小球差的同时也使得焦距变短。鱼眼对梯度稍稍改进，以至于可以部分消除色差。

3. 鱼类和头足类动物的大眼睛是协同进化一个很好的例子，它们各自进化出了可变虹膜、眼部肌肉群以稳定眼球和对焦机制，但是它们视网膜的构造却大不相同。

4. 生活在不同环境中的鱼类的视网膜神经元细胞分层各有不同。深海鱼类为了能在相对较小的眼中长出更大的晶状体，眼睛通常为管状。

5. 很多桡足类甲壳动物进化出有多个组成部分的非球面复合晶状体，代替单个梯度折射率晶状体。

第五章

陆生动物的眼睛

Lens eyes on land

When they emerged from water, the early land vertebrates would have found that their eyes had a new optical arrangement. The cornea, which in water was simply a tough transparent membrane protecting the front surface of the eyeball, became an image-forming structure in its own right, rivalling the lens in its ability to bring rays of light to a focus. In water the cornea has little or no optical effect, because it has a fluid of the same refractive index on both sides.

当从水中来到陆地时，早期的陆上脊椎动物就发现它们的眼睛有了新的光学特征。它们的角膜在水中原本只是一层保护层，但是在陆地上却拥有了折射能力，甚至可以和晶状体一拼高下。角膜在水中被“埋没”是因为在它的前后两个面有着同样折射率的液体；但是在陆地上，角膜前面的介质变成了空气，这个改变使它拥有了很大的折射率。其结果就是 : 在空气中角膜和晶状体弯折光线的能力竟然会相同！按照光学的理论，如果一个曲面的半径是 r，它两面的介质折射率为 n_1、n_2，那么焦距 f 就可以由公式 $f=n_1r/(n_2-n_1)$ 给出。这说明在距离曲面中心（*center of curvature*，即圆心 C）f 处将成一个像。对于在空气中的角膜，角膜外折射率 $n_1=1$，眼睛中液体的折射率 n_2 约为 1.34，所以 f 就是 $r/0.34$，即约 $3r$ 的大小。在上一章节中我们已经看到了，拥有半径 r 的晶状体大概会有 $2.5r$ 的焦距。所以我们得出结论：当拥有相同半径时，晶状体和角膜的折射能力基本相当。

如果一个眼睛同时拥有角膜和晶状体，那么它的眼睛就拥有过多的折射能力。并且，如果第一个来到陆地上的原始两栖动物对此毫无作为的话，那它一定是个“重度近视眼”（图 5.1）：看远处的物体一定会非常模糊，但是看近处的物体，即那些在眼睛中理应聚焦得相对远的物体，一定会非常的清楚。这种模糊和我们不带护目镜去游泳一样。然而，在这种情况下，我们在水中丧失掉了角膜的折射能力（因为在两边都有液体），变成了远视眼（译者注：这里的比较是相对于模糊程度而言），这意味着在水中我们看不清周围的物体。

要想弄清楚动物如何在空气中（或者有时在空气和水中）调节它们的眼睛，我们就必须了解角膜和晶状体的光学特性。因此本章下面的部分就安排了一个球面光学的初级读本，它不但可以帮助大家了解单眼的工作原理，更可以在下面的章节中了解复眼的情况（第七、八章）。在知识窗 5.1 中我们推导了人眼成像的像面位置和焦距。这个推导来得比较突兀，但是对于那些只需要涉猎光学系统（生物学或其他）的人来说它就是一个非常好的工具。在接下来的章节中我们将回到生物学，并且研究第一种脊椎动物的眼睛——它们大多使用眼角膜。然后我们将这个问题发散开去，来介绍聚焦的机制和在这过程中的一系列生物学调节过程。接着是关于两栖动物眼睛的一个小节，具体讲它们的眼睛是如何适应水中和陆地上的双重生活的。最后我们将视野拉大到非脊椎动物上，比如典型的动物——蜘蛛，它也采用角膜作为成像的主要结构。

角膜和晶状体的基本光学原理

为弄清楚眼睛如何工作，通常需要知道一个已知尺寸和距离的物体最后成像的位置和像的大小。对于单个曲面成像的情况有经典的计算公式可

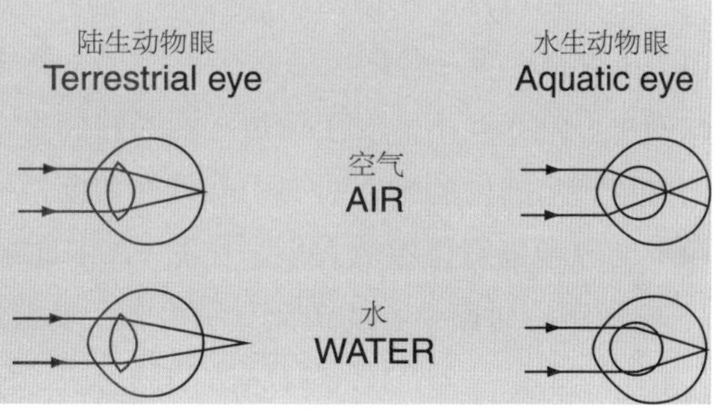

图 5.1　陆生动物晶状体的工作原理图

通常陆生动物的眼睛在水中是失焦的，而水生动物的眼睛在陆地上是过度折射的。

以参考，这些公式会在下面列出。如果对应多个曲面成像的情况，那么计算将变得非常复杂。好在我们可以将许多复杂的结构简化成具有相同光学能力的等价平面，然后再用简单的公式来求解。

在知识窗 5.1 中我们将展示人眼中如何完成上述简化过程，当然，这些方法适用于任何由曲面和透镜组合而构成的眼睛。

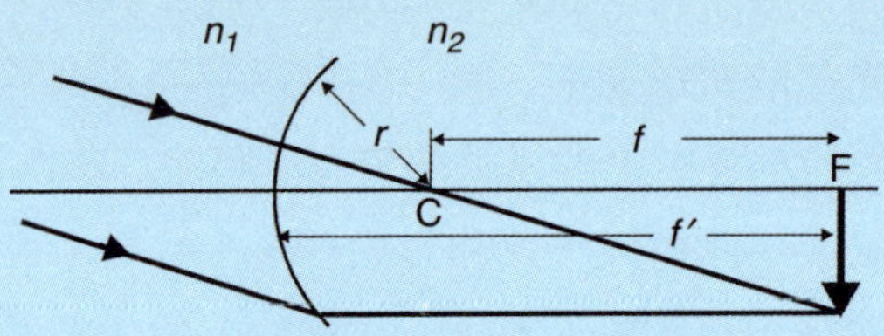

图 5.2　曲面状的角膜的成像过程

一个远处的物体的成像在 F 处，与曲率中心的距离为 f、与曲面本身的距离为 f'。这两个距离可由公式（5-1）和（5-2）得到，其中 r 是曲面的曲率半径，角膜的曲面将折射率为 n_1 和 n_2 的介质分开。

曲面分开了折射率不同的图像的两种介质。假设高折射率介质在曲面凹陷的一面（图 5.2），那么可以计算出无穷远处物体的像。如果我们假设眼睛折射介质是角膜，那么 f 和 f' 可以计算如下：

$$f = n_1 r / (n_2 - n_1) \tag{5-1}$$

$$f' = n_2 r / (n_2 - n_1) \tag{5-2}$$

在上面两式中 r 为曲面半径，且有 $f' / f = n_2 / n_1$ 。最常见的情况，第一种介质是空气，即折射率为 1，那么上面的公式就变为：

$$f = r / (n_2 - 1) \tag{5-1a}$$

$$f' = n_2 r / (n_2 - 1) \tag{5-2a}$$

虽然通过像面距曲面顶点的距离（即 f' ）来描述像的位置似乎更合理，但 f（被称作第一焦距或者后节点距离）是更有用的度量。这是因为穿过曲面中心的光线不会发生偏折，因为它们垂直穿过曲面。这表明真实世界的物体和角膜内的像在曲率中心处的角度是一样的，即我们可以用相似三角形的原理来解得像的大小。在图 5.3 中如果物体和像的大小分别是 O 和 I，它们距离曲面中心的距离分别为和，那么有：

$$I / O = V / U \tag{5-3}$$

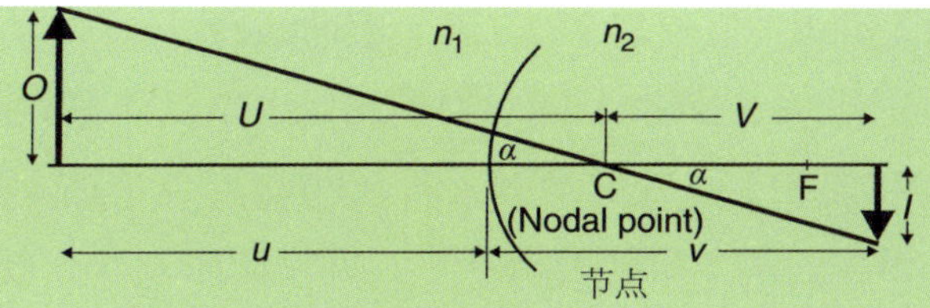

图 5.3 曲面两侧实物（O）和像（I）的关系

通过曲率中心（C）的光线不会发生偏折，所以物体和它的像是两个顶角为 α 的相似三角形。物体和像的大小和距离由公式（5-4）和（5-6）给出。

公式左边的物体本身和其像的大小的比值经常被看作是放大率。如果物距比较大（即 $U > 100V$），那么像就会离焦点非常接近，所以 V 就可以被替换为 f，此时：

$$I / O = V / U \tag{5-4}$$

O 和 U 很容易获得，所以如果 f 已知，即可得到像的大小 I。这个公式对于所有光学系统都适用，当然前提是我们使用正确的 f 值。

举例来说：黑白相间的条纹，黑条纹之间距离为 5 mm，在 17 m 外刚好能够分辨。那么成在视网膜上的像，其条纹间距又是多少呢？我们知道人眼（角膜和晶状体的组合）的焦距大约是 16.8 mm。将这些数据代入到公式（5-4）中，$I = 5 \times 16.8/17000$ mm，即 4.9 μm。这个数值差不多是视网膜的中央凹内视椎细胞间距的两倍，也就是说像的每对黑白条纹都会有两个视椎细胞来接收它们。

节点（*Nodal point*）是一个对于光学系统非常有用的概念。它是物点（假定距离较远）与像点连线和光轴的交点。在简单系统中物点与像点的连线可能是光线，在更加复杂的系统中未必如此，但是上述定义仍然适用。按照定义，无穷远的物体成的像到节点的距离为焦距 f（图 5.4）。有时很容易确定节点的位置，比如在一个简单的折射角膜中，我们很容易看到节点位于曲率中心；对于空气中的一个薄透镜，节点位于透镜的中心；对于水中的鱼眼晶状体节点也位于中心，因为晶状体是球形的。然而，对于有着厚透镜的更加复杂结构的系统来说，有必要通过光线追迹的方法找到后节点，也就是说我们需要挨个儿地解出光线的折射状况，进行追迹的方法将在后面给出。对于人眼来讲情况就简单得多：在大多数情况下人眼可以被看成一个看向无穷远并且有着 16.8mm 焦距的结构。

除了用公式（5-3）和和（5-4）得到图像大小以外，节点的存在使我们能使用物体和像在节点处的角度（图 5.3 和图 5.4 中的 α）来计算物体和像的大小，因为这两个角度是相等的。如果 O 比 U 小，那么 O/U 就是弧度表示的角度（若 $O=1$，$U=10$，角度就是 0.1 弧度即 $0.1\times 180°/\pi$ 也就是 5.73°）。如果这个角度大于 10°，弧度转换不再准确，这个角度应该为 $\arctan O/U$）。

对于较近的物体，成的像更深，位于无穷远处的光线聚焦点之后（在光学上来说，无穷远对于和人类类似的所有眼睛结构都只有几米远）。可见公式（5-4）不再适用，必须由实际的像距替换：

$$n_2/v - n_1/u = (n_2 - n_1)/r = 1/f \tag{5-5}$$

其中物距和像距 u 和 v 是从曲面的顶点算起而不是从节点算起，（这也是公式的符号从大写变成小写的原因；图 5.3 中 $u=U-r, v=V-r$）。对表面外为空气的情况来说，公式（5-5）变为：

$$n_2/v - 1/u = (n_2 - 1)/r = 1/f \tag{5-5a}$$

在这里应该注意使用公式必须严格遵守“符号规则”。最好理解的是笛卡尔的阐述，它规定中曲面的右侧为正。所以图 5.3 的 u 是负的，而 v、r、f 是正的。如果折射物面是向左凹陷的，那么 r 和 f 就会是负的。利用 u 和 v 计算图像大小，公式（5-3）将变为：

$$I/O = (v/n_2)/(u/n_1) \tag{5-6}$$

物体在空气中，则：

$$I/O = v/un_2 \tag{5-6a}$$

举个例子：如果人眼前 40cm 有一本书，假设这个人的晶状体没有聚焦的能力（可能这个读书的人已经有 50 多岁了），那么书上的内容将会在眼睛焦平面后多远的距离成像呢？在这个问题中，我们要求得（5-5a）中的 v，当然这里面 $u=-400$mm，并且 f 取典型值 16.8mm（我们假设眼睛只包含焦距为此值的角膜并且其折射率是 1.336），解得 $v=n_2/(1/f+1/u)=23.43$mm。无穷远物体的聚焦点是距前曲面 $f'=n_2 f$ 的一点，近似 22.51mm。所以如果视网膜在对焦于无穷远处的物体，那么

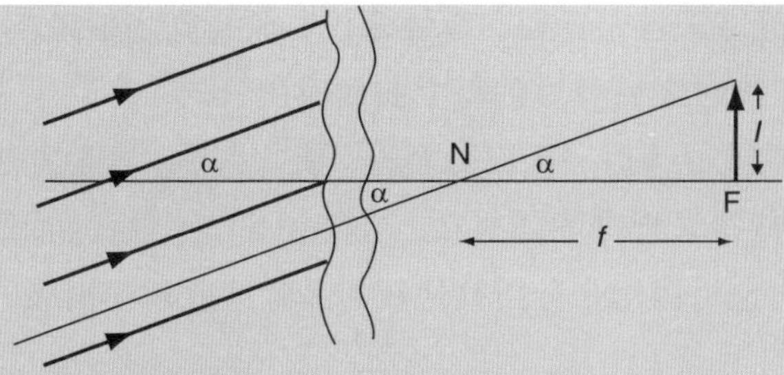

图 5.4　焦距f的定义

来自光学系统成角度的远处物体的光线会在F处产生大小为I的像。在像空间中与光轴形成角度α并穿过像的光线也必须通过节点。从N到F的距离是焦距f。如果α很小，则（弧度）$\alpha(I)=I/f$。如果从实物空间的测量能得到α的值，则可以由图像大小I得到的f值。

书上的内容将会在视网膜后 0.92 mm 的位置，显然会造成极大的模糊。对于一个孔径 3mm 的瞳孔来说，这将会在视网膜形成 0.12 mm 宽的模糊光斑，其宽度甚至是视网膜中心凹宽度的一半。

当光学系统有多个折射平面时，通常使用光焦度描述问题而不是焦距。光焦度是焦距的倒数，并且它具有可加性。所以对于两个毗邻的曲面，或者是薄透镜，光焦度 P_1 和 P_2 可以合成相加：

$$P_{comb}=P_1+P_2 \tag{5-7}$$

对应的焦距将是 $1/P_{comb}$。光焦度的单位是屈光度（以符号 D 表示），是当以单位 m 表示时 $1/f$ 的单位。标准的人眼焦距是 16.8mm，也就是说其光焦度大概为 60D。其中角膜的贡献是 40D，晶状体的贡献是 20D。在视力测定中光焦度可以被用作衡量视力缺陷并指定矫正的镜片。因此，如果一个人有 5D 的近视，意味着眼睛聚焦得太靠前，这就需要一个－5D 的发散镜片去矫正。

在真实的眼睛中，光学系统的折射面之间通常有空隙，此时系统的聚焦功能比上述的简单叠加的系统要弱一些。对于两个分离的折射面，合成的屈光度公式变为：

$$P_{comb}=P_1+P_2-dP_1P_2/n \tag{5-8}$$

这其中 d 是折射面之间的距离，n 是折射面之间介质的折射率，通过使用公式（5-1）可以得到每个面各自的光焦度。

公式（5-8）适用于单一的厚透镜，对于那些更加复杂的系统，焦点的位置可以用光线追迹来获得。总体来说，平行光入射最左侧曲面（如图 5.2 所示），依次对之后经过的每个曲面应用公式（5-5）。定位了前一个面成的像后，它就成为后一个面的实物，依此类推。这个方法看着很简单，最重要的是保持符号规则才能成功。在知识窗 5.1 中我们用这个方法来分析人眼。当然它也可以用来分析其他任何晶状体或角膜组成的眼睛的性质。

知识窗 5.1 描述人眼的一个模型

我们可以阐述如何利用光线追迹来找到人眼中像的位置，以及它的焦距，这就要用到验光师和眼科医师使用了近乎一个世纪的模型——古尔斯特兰德（Gullstrand）简化（NO.2）模型眼，其以发明它的瑞典眼科医师的名字来命名，示意图见图 5.5a。已经为脊椎动物设计了许多相似的模型眼，包括金鱼、青蛙、乌龟、企鹅、老鼠、猫和猴子（Martin，1983；Charman，1991）。古尔斯特兰德（Gullstrand）模型眼由一个角膜和一个晶状体组成，并且都拥有和真正的眼睛相近的曲率半径，详见图 5.5a。因此分析这个结构需要考虑三个曲面（人眼晶状体和鱼眼晶状体一样非均匀，但古尔斯特兰德（Gullstrand）使用了具有 1.413 的单一折射率的均匀晶状体，其和真正的晶状体功能完全一样）。为了确定相对于晶状体后表面的像的位置，我们对每个曲面应用公式（5-5）。在计算过程中，u、v 和 r 的下标对应产生折射的各个面（1-3）。折射率从最左边的空气（1）标记至透镜（4）右侧的玻璃体空间。对于从无穷远处到达角膜的光线我们得到：

$$n_2 / v_1 - n_1 / u_1 = (n_2 - n_1) / r_1$$

即

$$1.336 / v_1 - 1 / \infty = (1.336 - 1) / 7.8$$

因此

$$v_1 = 31.01\text{mm}$$

物体对下一个面的距离（u_2），通过减去角膜和晶状体前端的距离（3.6mm）得到，即 $u_2 = 27.41$mm。所以在晶状体前表面：

$$n_3 / v_2 - n_2 / u_2 = (n_3 - n_2) / r_2$$

即

$$1.413/v_2 - 1.336/27.41 = (1.413 - 1.336)/10.0$$

因此

$$v_2 = 25.03\text{mm}$$

晶状体前后面也相隔 3.6mm，所以下一个物距 u_3 也是 21.43mm。晶状体后表面：

$$n_4/v_3 - n_3/u_3 = (n_4 - n_3)/r_3$$

因此

$v_3 =$ **16.96mm**（译者注：作者在原文中加粗）

这就是晶状体后表面到焦点的距离。

对于一个有着很多折射平面的光学系统来说，晶状体的后表面到焦点的距离并不是焦距（f 或 f'），虽然就上面的情况来看它其实与 f 很接近。焦距 f 是通过图像的放大率来定义的。如果一个在无穷远的物体对眼睛成 α 角，则公式 $I/f = \tan\alpha$（实际上与公式（5-4）相同）给出了对任何成像系统都适用的焦距关系（图 5.4）。得到最终像的尺寸的具体做法就是首先得到实物尺寸，然后使用公式（5-6）不断地与各曲面的放大率相乘［对第 k 个面，$m_k = I/O = (v_k/n_{k+1})/(u_k/n_k)$］。所有后一次代入计算所用到的数据都可由前一次计算的结果获得。

对于刚刚给出的关于焦距的定义：

$$I_f/f_e = \tan\alpha$$

在其中，I_f 是最后一个面（第三个面）成像的大小，f_e 是整个系统的等效焦距。所以对于整个系统，从角膜开始我们有：

$$I_1/f_1 = \tan\alpha$$

这其中 $f_1 = f_1'/n_2 = v_1/n_2$ 所以 $I_1 = v_1(\tan\alpha)/n_2$。对于下一个面 $I_2 = m_2 I_1$，其中 $m_2 = I_2/O_2 = (v_2/n_3)/(u_2/n_2)$。以此类推，在最后一个面即第三个面我们有 $I_3 = m_3 I_2$，其中 $m_3 = (v_3/n_4)/(u_3/n_3)$。最后的结果如下：

$$I_3 = v_1(\tan\alpha)/n_2 \cdot (v_2/n_3)/(u_2/n_2) \cdot (v_3/n_4)/(u_3/n_3)$$

因为 $f_e = I_3/\tan\alpha$，所以 $\tan\alpha$ 可以被消掉，得到最后关于 f_e 的表达式：

$$f_e = v_1/n_2 \cdot (v_2/n_3)/(u_2/n_2) \cdot (v_3/n_4)/(u_3/n_3)$$

化简得：

$$f_e = (v_1 v_2 v_3) / (u_2 u_3 u_4)$$

代入前面计算得到的数值：

$$f_e = (31.01 \cdot 25.03 \cdot 16.96) / (27.41 \cdot 21.43 \cdot 1.336)$$

$$f_e = \mathbf{16.77mm}$$

所以我们现在得到了像的位置，即在晶状体的后表面 16.96mm 处，当然我们也得到了等效焦距，16.77mm。需要注意的是：这些计算结果表明眼睛的节点恰好位于晶状体后表面。在大多数应用中，知道一个光学系统的像的位置和尺寸就足够了。公式（5-5）可以用焦距来计算像的大小。这里我们取 n_2 为 1.336，即眼睛后腔室的折射率。

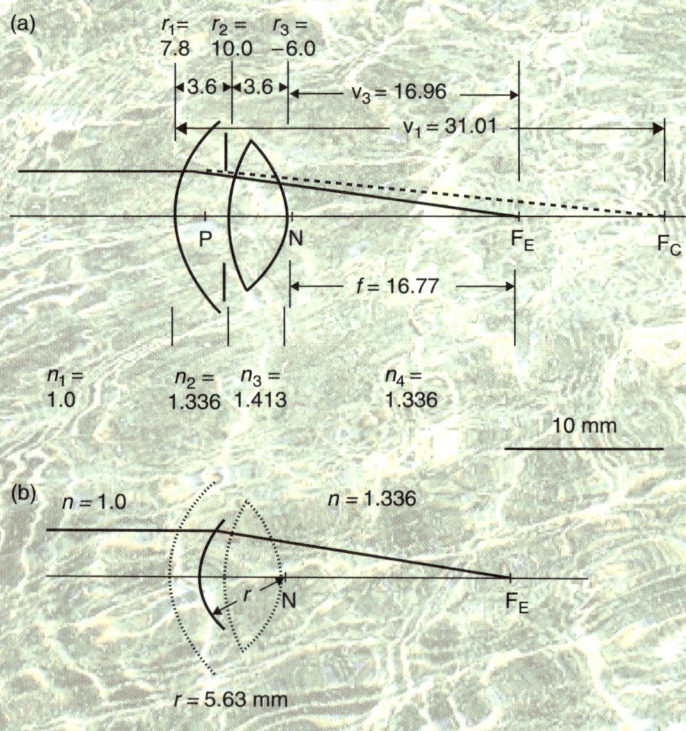

图 5.5 （a）古氏（No.2）人眼结构示意图。

P 代表主平面（*Principal plane*）；N 代表节点（*Nodal point*）；F_E 代表无穷远物体在眼内的聚焦点；F_C 代表只有角膜折射时的焦点。（b）简化后的眼睛，大多数情况下像（a）中的光学系统可以被简化为一个折射面，其半径为 *r*，以节点为中心。折射面位于（a）中的主平面（*Principal plane*）。

我们上面做的工作其实是在消减人眼中比较复杂的光学结构，将其简化为一个焦距为 16.77mm 的空气—液体交界面。因为眼睛中介质折射率是固定的（1.336），根据公式（5-1a）虚构的曲面的曲率半径就确定了，计算得这个值为 5.63mm。这个值会比真正的角膜曲率小，主要原因是因为我们的模型把晶状体的折射能力加进去了。我们虚构的折射面距离节点必须得有的距离，也就是离像 22.40mm 远，并且折射面与光轴的交点被称作系统的主点（*Principal point*）。这个被简化的模型参见图 5.5b。

上面所述的方法可以应用于任何拥有晶状体或者晶状体—角膜组合的眼睛，甚至对由小眼组成的并置型复眼也同样适用。

陆生脊椎动物的角膜和晶状体

要解决折射能力过剩的问题，陆生脊椎动物需要做很多事情。它们可以舍弃晶状体并且将角膜保留作为唯一的成像结构；或者保留晶状体但将角膜拉平来消除它的折光能力；又或者将两个结构都留下，但是将眼睛的尺寸变小，用以适应由于折光能力强而带来的焦距变短。最后一种解决方案确实在一些夜行动物中存在；但是大多数爬行动物、鸟类和哺乳动物使用了另一种方法，即晶状体保留，但是折光能力要远比古代的鱼类小得多。所以晶状体和角膜将分担偏折光线的任务，在人眼中这个分担的比例大约为 1~2。从光学上来讲，将任务分配给几个组成部分完成其实是一件很好的事情。因为多个弱折光平面的像差要远比一个强折光平面小得多。所以保留一个比较弱折光的晶状体加上一个不那么弯曲的角膜，是一种高质量成像的解决方案。

眼睛的大小和形状

图 5.6 和 5.7 展示了陆上脊椎动物各种各样的眼睛。对于爬行动物、鸟类以及哺乳动物来说，其眼睛基本设计非常相似：它们都是由一个半球形的后腔，两面凸的晶状体和具有明显曲率的角膜组成的。不同点主要在于不同的生物如何调整和使用它们。举个例子来讲，不同的生物眼睛在供

血方式上存在差异，调节机制也不同。然而，在图 5.7 中的主要不同点不是以生物种系作为区分的，而是和生活方式密切相关。这样看来，眼睛的不同主要分为三种：在大小上不同、与夜间活动有关的晶状体的形状和相对大小的不同、栖息环境的不同。比如对于那些需要重新回到水中的生物，其眼睛就拥有球形晶状体并且有把角膜拉平的趋势。

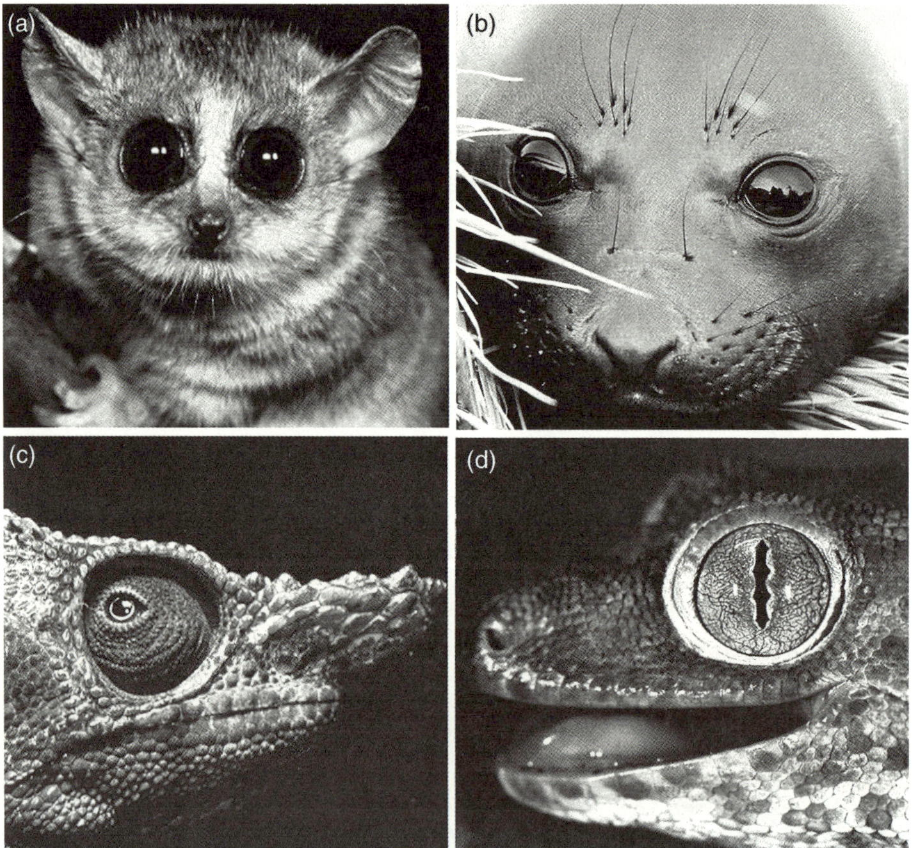

图 5.6　各种陆生脊椎动物眼睛的照片

（a）鼠狐猴（*Microcebus murinus*）有着夜行动物典型的大瞳孔眼睛。（b）象海豹（*Mirounga leonia*）有着很平的角膜来适应两栖的生活（图 5.8）。（c）变色龙（*Chamaeleo oshaughnessyi*）有着炮塔形状的小瞳孔眼睛，使用于白天。（d）蛤蚧壁虎（*Gecko gecko*）在白天和夜晚都很活跃，所以狭缝状的瞳孔部分张开。（a）（c）来自 David Haring, Duke University Primate Center；（b）来自 Johnny Johnson（Bruce Coleman Collection）；（d）来自 Kim Taylor（Bruce Coleman Collection）

为什么有些动物的眼睛要比其他的大呢？这个答案看起来太明显：体型大的动物就有大眼睛。从某种意义上来说这种说法是正确的（详见Hughes，1977；第654页），但是这显然不是全部答案。在同样的体型下，鸟类就比哺乳动物拥有更大的眼睛，并且有些小的哺乳动物眼睛反而更大。比如斑马的眼睛就比大象的眼睛大，甚至也比鲸鱼的眼睛大。陆上动物眼睛最大的当属鸵鸟，它的眼睛直径有50 mm，击败了有40 mm眼睛的马和有24 mm眼睛的人类（参见Martin，1985）。

从光学上来讲动物选择大眼睛有两个原因：追求高分辨率，或是追求在黑暗环境下的视觉灵敏度（第三章）。高分辨率需要一个大眼睛提供长焦距，使得两个感光器之间的夹角尽可能小，公式（3-1）（3-2）。上面说的这些也必须要和很高的成像质量联系起来，这就需要比较大的晶状体来使衍射光斑尽可能小，第三章公式（3-3）。这几个条件都说明眼睛越大，分辨率越好，这就说明了为什么灵长类和鸟类中的被捕食者常常拥有大的眼睛。然而马虽然有大眼睛但是它们并不需要高分辨率视觉，事实来讲它们的分辨率确实并不高，大概比人眼的分辨率少2.5倍。对此一些人认为马需要夜视的能力，所以它们需要大眼睛来获得大孔径用以捕捉光子，就像我们在第三章谈到的那样。熟悉马的人们说马儿可以在人眼丧失视觉的黑暗下轻易地分辨道路。那些既需要高分辨率也需要高灵敏度的动物有着非常巨大的眼睛。比如猫头鹰有管状的眼睛，它们有长焦距大孔径的半球状眼睛，这当然很难塞到它们的头里面去。猫头鹰通过把球形的一半去掉的方式来把眼睛塞进它们的身体。但是它们需要付出一点代价——那就是猫头鹰的眼睛无法在轴线上移动（哪怕是几度），尽管它们有完整的眼边肌肉。

昼夜活动的动物，比如马、猫头鹰和许多哺乳类的肉食性动物，其晶状体直径大约是其眼睛直径的0.4~0.5倍。在真正的昼行动物中，比如猴子、鹦鹉（图5.7），这个倍数会在0.3~0.4之间。然而，对于夜行动物，即很少在白天出现的动物，比如家鼠、负鼠、夜猴，上面的比例将会达到0.6~0.8（图5.6a）。当然这些区别是相对而言的，并且是以获得尽可能明亮的图像为出发点的。一个几乎为球形的晶状体和曲率非常大的角膜，会产生一

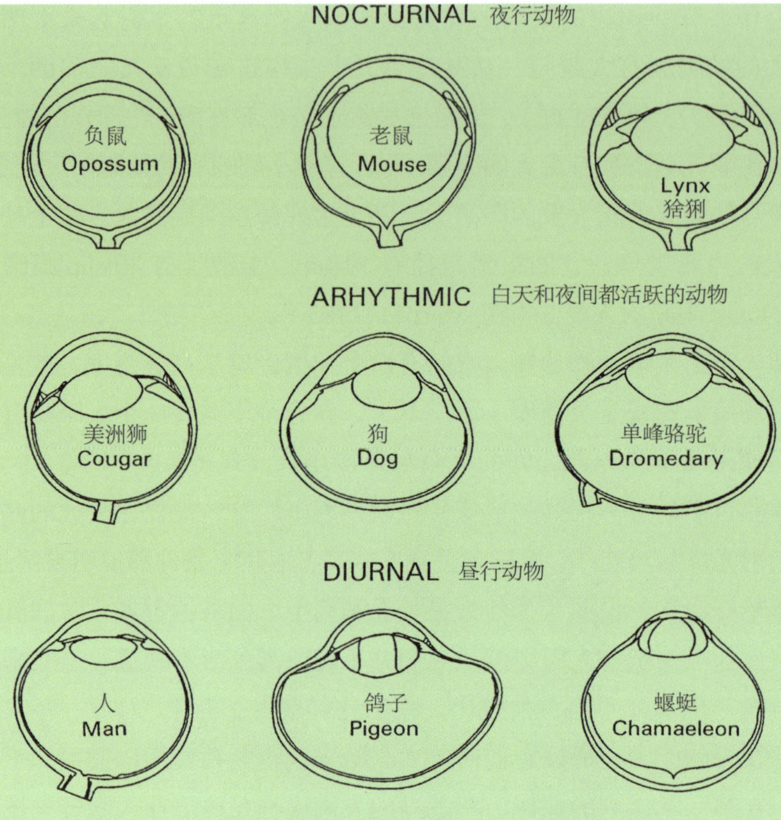

图5.7 陆生动物生活习性的差异导致的眼睛形态各有不同（图示眼睛并不是在一个缩放比例下）
通常夜行动物的晶状体比较大，相反昼行动物的晶状体最小。对于白天和夜间都很活跃的动物，其眼睛介于上面两种眼睛之间。Walls（1941）

个非常小的焦距，如果此时再有一个很大的孔径，那么这双眼睛将有非常强的聚光能力（图像的亮度正比于（D/f）^{2}，其中 D 是孔径，f 是焦距）。在摄影术语中，相比于人类的 f 数 2.0，家鼠就有一个 f 数为 0.9 的眼睛。由上面的计算，老鼠眼睛的成像亮度接近于人眼的 5 倍。总的来说，角膜的折光能力对昼行动物的眼睛更加重要，而晶状体对于夜行动物更加重要。

海豹这类的动物也需要球形的晶状体，但是它们有不一样的理由。它们面临的问题是：一旦进入水里，角膜的光学作用便不复存在。所以它们需要一个更加强大的晶状体，这就是像鱼一样的球形的晶状体（图 5.8）。然而它们并不是完全的水生动物，当它们回到陆地上的时候，重新恢复功

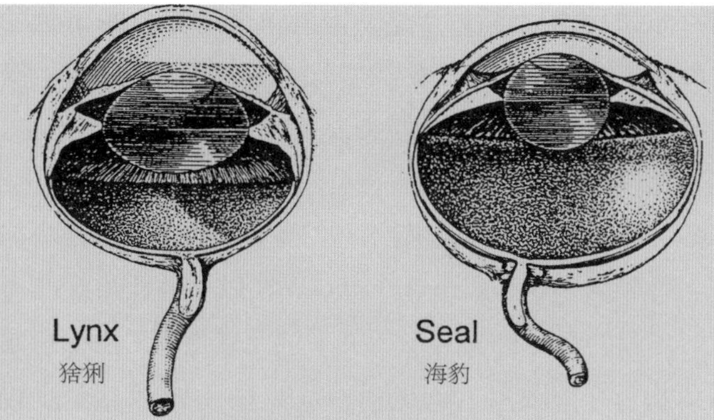

图 5.8 回到海中时海豹眼睛的形状变化

海豹（*Seal*）的眼睛有着很平的角膜和球形的晶状体，和鱼类的眼睛相似（图 4.8）。而对于它们的陆上近亲，比如猞猁（*Lynx*），却有着圆形的角膜和折射能力很弱的晶状体。图片来自 D. W. Soemmerring （1818） De Oculorum Hominis Animaliumque。Vandenhoek 和 Rupreut，GÖttingen。图示均为左眼的下部半球剖面。

能的角膜会让它们变得近视。对此的一个解决办法就是使用一个平的，并且有很小折射能力的角膜，与猞猁的比较显示，海豹也正是这么做的。（图 5.6b）多亏了拉平的角膜和狭缝一样的瞳孔，斑海豹在水中和陆地上有着差不多的视力，至少在白天是这样（Hanke 和 Dehnhardt，2009）。这也可能是为什么小海豹看起来这么讨人喜欢的原因。它们的眼睛就像透明的湖水，当然这并不是因为它们纯洁的心灵，而是因为它们的角膜是平的。

眼睛的调节工具——晶状体

鱼类的晶状体无法形变，调焦的唯一有效的办法就是将晶状体相对视网膜前后移动，就像照相机一般。哺乳动物、鸟类和爬行动物的晶状体是可以形变的，因此可以改变焦距。在哺乳动物中，围绕晶状体的弹性囊的松弛将会导致晶状体表面隆起，这将会减小曲面的半径进而增强晶状体的折射能力。矛盾的是，弹性囊的放松导致聚焦，但它竟然是由睫状肌紧张而造成的，因此当肌肉舒张的时候眼睛的焦距会增加（折射能力变弱，译者注）。对于年轻人来说，晶状体的前表面半径可以在 10mm 到 5mm 之间变化，后表面的变化却很少有人提到。上述形变的结果就是眼睛折光能力的增强到 8.6 屈光度。假设眼睛的晶状体不能调节，那么这只眼睛等价于拥有一个 0.116m 的焦距，其效果是使得眼睛聚焦在 11.6cm 远的地方。但遗憾的是，晶状体的弹性随着年龄的增长或多或少有些下降，对于大多数人来说，晶状体将在人 55 岁的时候失去全部折光能力。

在鸟类和爬虫类中情况稍微有些复杂。一布吕克氏肌肉（*Brücke's muscle*）在睫状肌收缩时将其向里拉，从而使晶状体变形并增加其折光能力，但是克兰普顿肌肉（*Crampton's muscle*）以一种使角膜曲率变小的方式来牵拉它。角膜的牵拉机制对于鸟类来说尤其重要。而变色龙通过聚焦机制来判断猎物与它的距离（Harkness，1977），并且这个过程调整得很快（Ott 和 Schaeffel，1996）。值得注意的是，变色龙的晶状体在松弛时有着负的屈光度，意味着折射率分布和那种“中心折射率高”的分布大不相同。这使得角膜和晶状体的组合光学系统具有非常长的焦距和相应的放大图像。这种眼睛的特征和变色龙的生活方式有关。比如它们需要在树丛中找到昆虫，这就需要眼睛具有灵活性和敏锐的中心凹，最好还能是炮塔形状的构造。

另一种调整眼睛的方法既不需要移动也不需要使晶状体变形，在马或鱼类（软骨鱼类）中可以发现它们。这种机制被称为“斜面视网膜机制”，它的原理是：视网膜的上半部分总是成物体中比较低（近）部分的像，同时视网膜的下部总是成远距离物体的像。这样就要求视网膜的上部需要比视网膜的下部更加远离节点（即视网膜是一个斜面，译者注），这也就造成了视网膜的表面是球面和斜面的叠加。对于这种斜面的视网膜存在着很多争议，因为实验证明不同深度的物体在视网膜位置差异要比以前的资料所示小得多（Sivak，1976）。但不可否认的是，近视是广泛存在于在陆地觅食的鸟类当中的，因为它们需要让它们的视网膜成近距离的陆地像。这些鸟类在进化中也确实产生了调整视网膜以及焦平面的相对位置的能力（Schaeffel 等，1988）。另外一个通过结构调整焦距的例子可以在果蝠中找到，它们的视网膜是由一系列圆锥形状的突起组成的，这样可以确保相邻的局部区域离晶状体的距离不同（从而可以分辨深度，译者注），这样就可以同时对不同位置的物体成像。更多关于眼睛调节的知识可以在 Ott（2006）中找到。

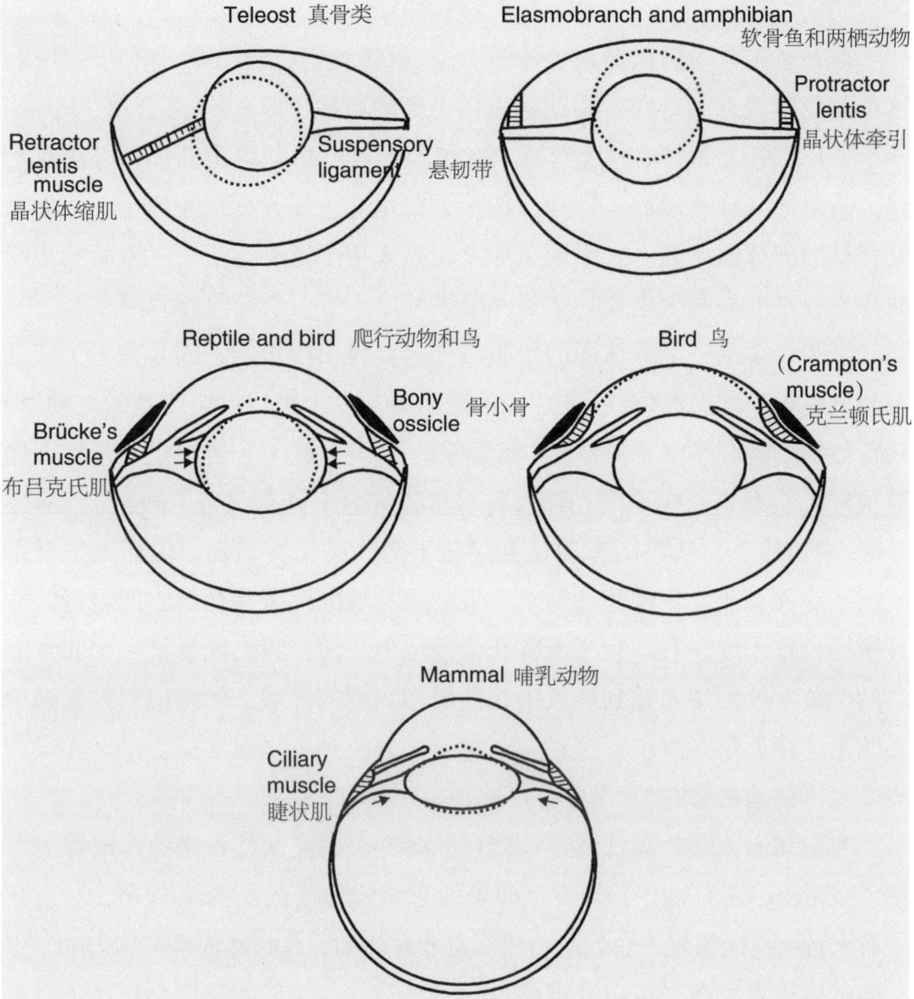

图 5.9　脊椎动物的变焦机制

虚线表示肌肉收缩后的位置。对真骨鱼类来说，肌肉收缩将导致整个晶状体向视网膜移动，其目的是为了聚焦比较远的物体。对于软骨鱼和两栖类动物而言，晶状体会向视网膜外移，动来聚焦近处的物体。对于爬行类动物和鸟类，布吕克氏肌（*Brucke's muscle*）通过睫状肌拉伸晶状体产生形变。在鸟类中，克兰顿氏肌（*Crampton muscles*）拉伸晶状体，使得眼睛的曲率半径变小。哺乳动物的晶状体也可以发生形变，但是形变是通过眼周的弹性囊状组织完成的：睫状肌收缩将导致晶状体的舒张，使得它们变形。同理，对于爬行动物和鸟类，以及哺乳动物，上述的晶状体形变也都可以使得近处的物体聚焦成像。

角膜与球差矫正

球差矫正并不仅仅是晶状体的工作。就像我们在第四章了解到的那样，这也是角膜遇到的难题。即随着垂轴距离的增加（即光线入射比较“偏”，译者注），光线会产生过度弯折。在角膜上进行球差矫正的一种方法是把这个折射面变成非球面：即边缘的地方曲率低（屈光度也相应小），而靠近光轴的部分曲率高。人眼矫正球差正是采用了这种方法——人眼的边缘曲率半径是中心曲率半径的 2 倍，最终可以产生一个椭圆形的像点。

当然，采用一个非球面的角膜结构是要付出代价的。因为丧失了从远古承袭而来的球面对称性，非球面的眼睛只有一个可以矫正像差的光轴（即只有光线沿光轴方向入射时像差才能得到矫正，译者注）。当然在这条轴上像质很好，然而当光线不沿光轴入射时角膜折射率分布就会“倾斜”（即不对称，译者注），从而图像质量会显著下降。灵长类动物，包括人类就是使用了这种方法。在这些动物中，视觉最灵敏的区域是在中心凹附近，并且视场只有 1 度左右。为了能够充分使用中心凹，我们配备了一个非常复杂的调节系统，用来找到场景中我们最感兴趣的区域，然后把它聚焦到中心凹上（详见第九章）。这种矫正球差的方法并不是很常见，甚至在灵长类中也不是处处皆有。

我们知道人眼的晶状体在消除球差时和鱼的晶状体采用的是同样的方法（Millodot 和 Sivak，1979），即采取有一定梯度的折射率分布，毕竟，二者来自同样的祖先，它们的角膜都是非球面的，晶状体都是不均匀的。更有趣的事情发生在老鼠以及那些夜行动物身上。它们的球形晶状体（直径很大）迫使角膜也或多或少变成球形（Chaudhuri 等，1983），所以此时角膜对于矫正球差的贡献就很小了。从某种程度来讲这个结果是可以接受的，因为这类动物一般只需要比较大的视场而不对像质有太大的依赖。另外这些动物的晶状体有一个梯度，会过度矫正球差，就像鱼类那样，但比鱼类更甚。所以晶状体不但消除了自己的球差还一并抵消了角膜的球差，并且因为角膜和晶状体都是球形的，就可以在所有视轴保持相同的成像效果。

瞳孔的组成和功能

大多数的陆生脊椎动物有一个非常灵敏的瞳孔，它可以通过感受视网膜上光照的变化而迅速改变半径。这和许多鱼类的情况正好相反，鱼类的瞳孔可能需要几分钟来改变半径，并且这个过程是由光照直接控制的，并不是由视网膜上的神经。

人眼的瞳孔直径可以在 2mm（白天）到 8mm（黑夜）之间改变，由此产生一个最大 16 倍的变化范围，但由于各种各样的原因，实际的变化范围可能只有 10 倍。和周围光照条件相比（大约 10^{10}），这样的敏感度变化范围其实是很小的。看起来人眼瞳孔的调节并不是为了补偿光照，而是为了权衡分辨率和敏感度。在比较亮的光照下瞳孔会限制到达视网膜上的光线锥，当瞳孔达到 2~3mm 时将能提供光学系统所能支撑的最佳分辨率，见图 5.10。

比较小的瞳孔直径会降低像质，因为衍射会降低空间的截止频率（第三章），并且对于瞳孔大于 3mm 的眼睛来讲，球差等像差的影响变成了首要因素，同样会降低像质。当光照水平下降时，因为光子收集不足引起的噪声导致的分辨率下降会比光学上的原因更甚（图 3.11）。这时就需要

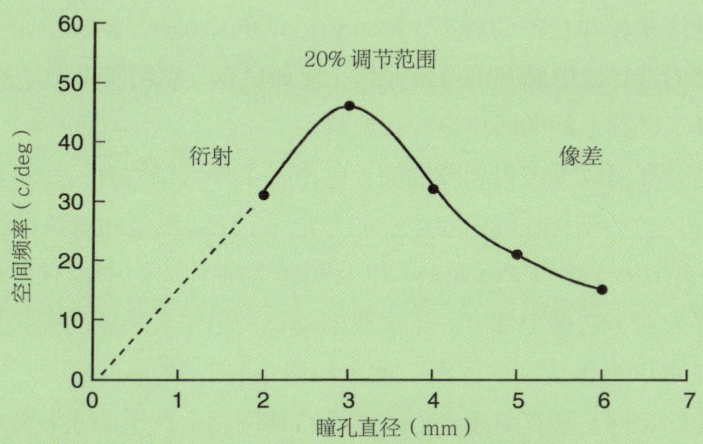

图 5.10　人眼瞳孔大小对于分辨率的影响图

说明对于不同的瞳孔大小，眼睛的空间分辨率有着 20% 的变化范围，这也是很好的衡量分辨率的手段。可以看到，最合适的瞳孔直径是 3mm。数据来自 Charman（1991）。

扩展瞳孔让更多的光进入，其结果就是人们不再会注意到图像锐度的损失（因为这已经不是主要矛盾，译者注）。

夜行动物有着很大的瞳孔，并且它们的眼睛要比我们的眼睛灵敏许多，当然这也就意味着这些动物的眼睛在白天需要保护，以免被大量的光子灼伤。显然圆形瞳孔的肌肉力学使之不方便变形，所以这些动物选择了狭缝形的瞳孔，这样就能非常快速地闭合了。比如猫的眼睛（图 5.11）在黑暗和光亮条件下的瞳孔面积前后变化可以达到 135 倍之多，这个数值是人眼的 10 倍。又比如壁虎的“狭缝”两边有着锯齿形的槽口，当瞳孔闭合时这些槽口“咬合”，只留下一串“针孔”（图 5.11）。和其他夜行动物相比，壁虎的这种机制可以使得进光量的前后变化达到 1000 倍，这样壁虎就可以在白天同样猎食而不损伤视网膜。狭缝形的瞳孔可以是横向的，比如鲨鱼的眼睛；也可以是纵向的，常见于蜥蜴和蛇，以及哺乳动物。哺乳动物中横向的狭缝瞳孔有趋向椭圆的趋势，比如马（图 5.11）以及反刍动物（Walls，1942）。

狭缝形的瞳孔的另一个作用是矫正色差，这是我们在第四章提到的。这种矫正同时用到多焦点的晶状体，即在晶状体不同方位入射的色散光线会有不同的焦点。这样就可以使得所有光线交于一点（图 4.5）。而狭缝即使只有半关着也可以对晶状体的全部光线进行采样，但圆形的瞳孔做不到，从而破坏采样和色差的矫正（Malmström 和 Kröger，2006）。当然这并不是动物们选择狭缝瞳孔的全部原因，比如章鱼，它明明是个“色盲”，却仍然选择了椭圆形的横向狭缝瞳孔形状。

另一种瞳孔可以关闭得比较彻底，它由一个环形结构和一个可膨胀的“盖子”组成。这种结构在浅水鱼类中非常常见（比如鳐鱼和鲶鱼，图 5.11，plate 1），并且在岩狸（*Procavia*）以及鲸鱼等哺乳动物中也有发现。这种结构的好处在于它的上部有一个“遮阳伞”，把来自天空的强光挡住；当然它们还可以当作伪装的假眼。鱿鱼和墨鱼有着 W 形的瞳孔，也许其原因和上述的相同。计算显示它们的瞳孔在视网膜上产生的光照分布要比圆形的瞳孔更均匀。

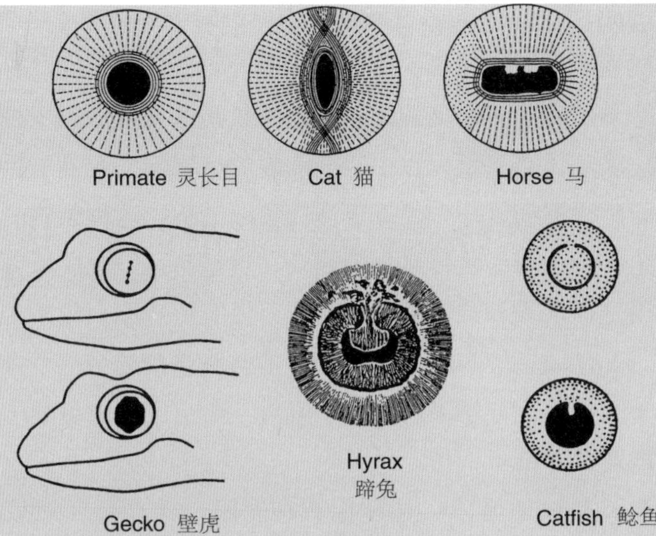

图 5.11 脊椎动物瞳孔的形状

第一排：哺乳动物中圆形和狭缝形状的瞳孔，这就是为什么猫（*Cat*）的瞳孔要比灵长类（*Primate*）的瞳孔更容易闭合。靠近虹膜的肌肉由实线标注，放射状的肌肉由虚线标注。第二排：壁虎（*Gecko*）的瞳孔在白天形成四个针孔的形态。岩狸（*Procavia*）和兔子（*Hyrax*）（，一种小型的沙漠哺乳动物）有着附带“伞盖”的瞳孔。同样，在一些鱼类中也发现了可动的瞳孔，比如鲶鱼（*Plecostomus*）。总结自 Wall（1941）。

分辨率

制约眼睛分辨率的两个重要因素分别是光学系统的质量和视网膜马赛克（*Mosaic*）式嵌合的精细度（就像第三章中讨论的一样）。精神物理学（*Psychophysical*）研究发现，把人眼能分辨的最精细的细节以角分辨率表示，这和由衍射极限设定的截止频率（$\frac{D}{\lambda}$c/rad），及视网膜网格的采样频率（$\frac{f}{2s}$ c/rad）非常相似（即这几个量度是近似等价的）。其中 D 为瞳孔的直径，λ 为波长，f 为焦距，s 为视网膜网格之间的间距。人眼角分辨率接近 60 c/deg (3438 c/rad）。这也就说明，在阳光下的人眼接近了光学所能允许的极限，且这个极限和视网膜马赛克式嵌合的间距有关。

在分辨率方面，我们人类的眼睛至少要比其他的哺乳动物好，但还是略逊于一些猛禽。行为学的数据表明鹰的分辨能力是人眼分辨极限的两倍，约为 160 c/deg。鹰的眼睛与人眼尺寸相似，为什么就能实现如此好的性能？这是因为猛禽类的眼睛和人眼相比有 3 个不同点：第一，鹰眼的瞳孔在白天要比人眼的大，大约为6mm。这就使得衍射极限至少放宽了2~3倍。第二，鹰眼中心凹的感光器更加集中，间距约2μm，而人眼大约是2.5~3μm。第三，鹰眼有一种从光学方面增加眼睛有效的焦距的技巧。由于视网膜材料的折射率要比玻璃体高，所以在中心凹前面的坑状凹陷起到了负透镜的角色，因此在眼睛里形成了一个类似望远镜头的结构。这种结构的原理图见图5.12。经角膜和主要晶状体聚焦的光线在透过负透镜时向后偏移，使得焦距变长，得到一个局部放大的图像。如果没有负透镜，鹰眼的放大率大约为1.45倍（Snyder和Miller，1978）。负透镜修正的另一个好处是它产生了一个大于2的线性分辨率的增益，但对某给定区域成像时中央凹的感光器而言，增益是4倍。

其他哺乳动物的眼睛不一定能像人和鹰眼一样在衍射和采样极限之间具有良好的匹配。很多夜行动物通过大瞳孔来提高灵敏度，而非分辨率。比如连帽鼠（*Hooded rat*）在阳光下瞳孔直径为0.3mm，大约为人眼的10倍（Hughes，1977）。这意味着分辨率约为10 c/deg的衍射极限。但事实上行为学实验显示其只有1 c/deg，比人眼差60倍。这样的结果和光学上的推理差之甚远。马的眼睛几乎是人眼直径的两倍，但其分辨率只有23 c/deg，比人眼差3倍（通过让马分辨灰色背景上的条纹来测定数据，Timney和Keil，1992）。这些“低分辨率眼睛”以及其他一些动物眼睛无法达到衍射极限的原因是多种多样的：可能是光学缺陷，可能是感光器过大，也可能是很多感光器都归一个神经节控制，导致分辨率无法提高。

生态学、分辨率以及神经细胞的分布

虽然这一章的内容和视网膜结构没什么明确的关系，但是脊椎动物视神经细胞的分布还是能告诉我们它们视觉优先级合适的处理方法。例如那些在广阔地面活动的动物，无论是猎豹一样的食肉动物还是像兔子或者有蹄的食草动物，在视网膜中有一个狭窄的水平带，其中分布着密集的视神经。我们称这种分布为：视觉条纹（图5.13）。对于那些活动范围更加“立体”的动物，比如森林里生活的一些动物，它们要么有分布均匀的视神经，要么或多或少有一个视神经比较集中的圆形中央区（Huges，1977）。另

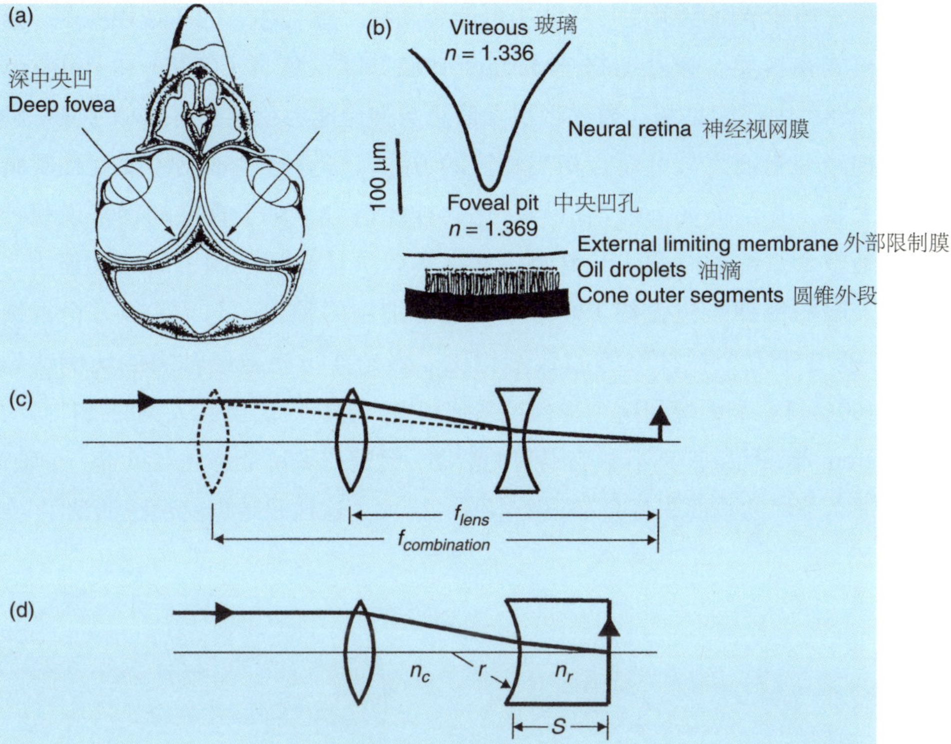

图 5.12　鹰眼中的长焦光学

（a）鹰巨翅鵟头的一部分（*Buteo latissimus*），它显示了在中心线（鸟类典型）和深凹孔视角方向上的眼睛，以及颞的中心凹。（b）中心凹孔及其与视网膜的关系图。在长焦理论中，光学上重要的表面是中心凹孔的球形底部。（c）长焦相机镜头的构造。负（凹）透镜的效果是增加联合焦距，使得其成像特性是前面单个透镜（虚线）的成像特性的组合。（d）如上所述，但改为具有与中央凹孔对应的单个凹面。系统的放大倍数为：$m = 1 + (s/r) \cdot (n_r - n_c) / n_c$ 由 Snyder 和 Miller 重新绘制（1978）。

一个类似的情况是迁徙的鱼类，就像我们在第四章（图 4.9）看到的一样。灵长类动物的视神经细胞集中在视场角仅有 1° 的中心区域上。我们称之为中心凹。在它上面有着众多的视神经细胞，其密度大约为每平方毫米 150×10^3 个。而鼠类视网膜中心凹的视神经密度是 $6 \times 10^3/\text{mm}^2$。鸟类一般会有两个中心凹，一个向外成像，另一个位于视网膜后部（颞区），对鸟类啄食的食物成像。（详见鸽子的视网膜图 5.13）。

神经节细胞密度与环境中可能令动物“感兴趣”的区域相匹配，这种模式在鸟类、哺乳动物（Martin，1985）以及鱼类（Collin 和 Pettigrew，1988）中都能见到。通过将视觉信息与神经能力相匹配，这似乎是一种对神经细胞轴突数量而言相当经济的方法，毕竟这些轴突需要连接眼睛与大脑，并且负责将视觉信号转化为神经信号。对于脊椎动物来说视神经是整个系统的瓶颈（与复眼不同，其瓶颈是光学限制了眼睛的能力）。人眼的视神经包含约 120 万个神经节细胞的轴突，与约 650 万个视锥和 1 亿 2 千万个视杆细胞的数量相比，感光器与视神经轴突的比例达到了 100 ： 1。毫无疑问这个视神经系统相当“拥挤”。虽然人类的视神经大约 2mm 厚，且柔韧到不影响眼睛的活动，但是如果每个感光器负责一个轴突，那么神经的总面积将会和眼睛本身一样大（这样眼睛也就没法活动了）。

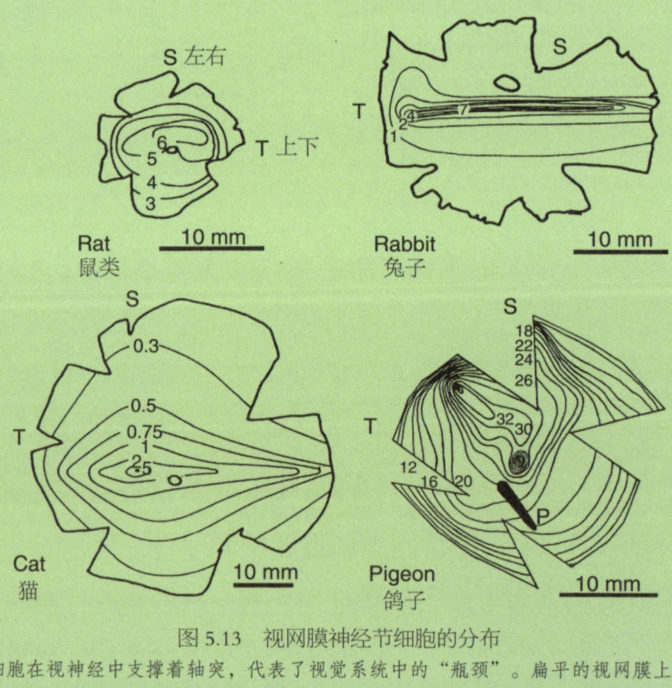

图 5.13　视网膜神经节细胞的分布

神经节细胞在视神经中支撑着轴突，代表了视觉系统中的“瓶颈”。扁平的视网膜上神经节细胞核的密度可达每平方毫米上千个。鼠类有一个近似圆形的中心区域，而兔子有一个线性视觉条纹，对应着地平线。猫的神经节细胞分布大致居中。鸽子有两个不同的中心凹，其神经节细胞密度较高。一个负责沿光轴横向方向，另一个在鸟类啄食时对食物成像。T 和 S 分别代表上下和左右方向。P 表示梳膜（鸟类眼睛中提供营养的结构）的位置。修改自 Hughs（1977）和 Martin（1985）。

脊椎动物的视线方向和双目视场

对于大多数脊椎动物来说，一只眼睛的水平视场角约为170°，而鱼类的稍微更大一些。在于大多数低等的脊椎动物（比如说鱼类，两栖类以及爬行类）中，眼睛长在身体的两侧，两只眼睛视线的夹角大约为70°~90°。这也就意味着这些鱼类在前方的双目视场（双眼都能观察到的地方）比较小，大约是几十度。然而哺乳动物（猫，狗）和鸟类（鹰，猫头鹰）的眼睛正向前方（图5.14）。这使得它们有着很大的正前方双目视场，当然也无法看见后面的物体。对于食肉动物来说这种结构的好处在于：它可以提供更高的分辨率和更好的灵敏度。对本非肉食的灵长类动物来说，双眼中图像的差异形成了立体视觉，毫无疑问这可以帮助它们很好地分辨几米以内的物体。另外，一些被捕食者（老鼠，麻雀，兔子和以谷类为生的鸟类）保留了两侧的眼睛的结构。这就给它们提供了水平方向的视场，可以完整地看到整个天空。对于天敌较少的大型食草动物，它们的眼睛介于上述两种情况之间。详见 Hughes（1977）对于哺乳动物的介绍和 Martin（1999）对于鸟类的陈述。

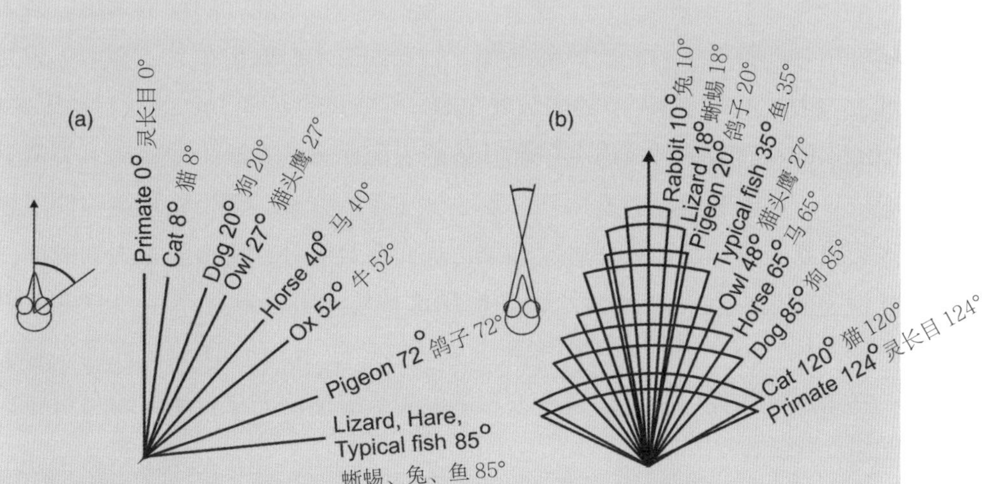

图5.14

（a）不同动物眼睛视轴方向与正前方的夹角。（b）不同动物双目视场的范围。源自（Duke-Elder 1958），Martin（2009），Rochon-Duvigneaud（1943），Walls（1942）。

两栖类动物的眼睛

在所有脊椎动物中，有一些物种在水里和空气中都需要看得清楚。比如飞鱼、滩涂鱼、大多数两栖类、乌龟、潜水鸟类、海豹和水獭等，它们在水里和空气中各度过一段时间。它们是怎样应对潜水和跳出水面时的折射率突变呢？我们现在已经掌握了一些信息：海豹以及很多潜水的鸟类，比如企鹅、岩石潭鱼都比它们的非两栖类亲属拥有一个更平的角膜（图 5.6b 和图 5.8），这样就能最大限度地减小上述突变，但这样一来晶状体就需要做几乎所有的工作，以使得焦点在潜水时没有变化。很平的角膜带来的坏处是它可能会限制视场，并且在边缘带来严重的畸变。苍脂鳚（*Dialommus fuscus*）和大头沼爬鳚（*Mnierpes macrocephalus*）解决这个问题的方法特别有趣（图 5.15a）。它们的每个眼睛有两个平的像护目镜一样呈 135° 的角膜。这个结构可以增加视场并且减小畸变，当然这样结构的代价就是在它们视场的中心会有一个接合点（即图像不是连续的，译者注）。相似的结构在飞鱼（*Cypselurus heterurus*）上也有发现，它们有一个帐篷形状的角膜，由三个几乎平坦的三角形面组成。

针对这个问题的另一个解决方案当然是有一个强大的调节系统，强大到可以弥补折射率瞬间骤降的问题。当我们潜水时我们损失了 40D（屈光度），但通过我们的调节最多弥补 10D，所以我们还有 30D 的缺口待解决。而潜水的鸟类有一种可以变换晶状体前表面曲率的方法，并且比人类的更有效果。鸟类和爬行类有眼周一圈小骨支撑的虹膜，这个结构能够使用强大的睫状肌将晶状体挤压到瞳孔中，从而在对应处创造出非常大的曲率。秋沙鸭和白颊鸭这两种潜水鸭类使用这种技术可以额外产生 80D 和 67D 的屈光度，而不潜水的木鸭和野鸭只能够产生 6D 和 3D 的屈光度。剩下一些潜水的鸟类可能也用这种方法来适应折射率的骤变，水生的乌龟和水蛇也是如此。

来自南美的四眼鱼（*Anableps*）通过同时看水中和水上来解决问题。四眼鱼（*Anableps*）让它的半只眼睛在水上，半只在水下。这种动物的眼睛有两个瞳孔，分别对准两种介质的方向，并且它的晶状体有应对于水上

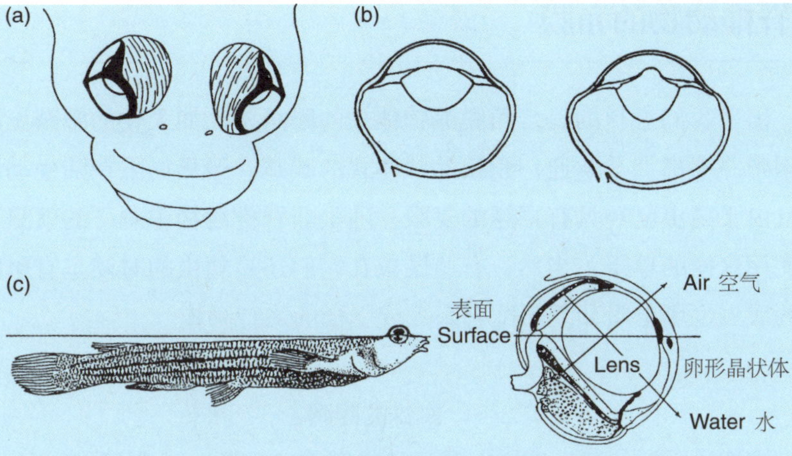

图 5.15

两栖类动物的眼睛（a）大头沼爬鳚（*Mnierpes macrocephalus*）具有护目镜一样的角膜。（b）一种潜水鸭：秋沙鸭的调节方法，是通过挤压晶状体通过虹膜，以产生高曲率。（c）“四眼鱼”（*Anableps*）通过在不同轴线上使用不同曲率的卵形晶状体实现在空气和水中的同时视觉。来自各种资料。

和水下的两种系统。这两种系统来自晶状体的卵形的形状，它的较长的方向对准水中，较短的方向对准空气，因此水下光线的折射要比水上光线更加强烈。而陆地来的光线在经过角膜时有额外的折射，在经过晶状体时折射却比较弱，这两种效果叠加使得两种介质下折射情况差不多。这是一种非常新颖和完美的设计。

这里值得穿插介绍一种无脊椎动物。石鳖（*Chiton*）是一种有八块壳的海洋软体动物，在这些壳中有对明暗敏感的感光器，在大多数种群中这些感光结构是没有专门用途的。但是在海胆石鳖（*Acanthopleura*）和另外一些种群中这一结构进化为了具有晶状体和视网膜的单眼，并且视网膜上带有几十个感光器。晶状体是由矿物质构成的，各向异性给了晶状体两种折射率。根据 Speiser 等人（2011）的调查，这种结构可以给这类动物一个足够清楚的视觉，无论是涨潮还是退潮。这种结构的分辨率还是可以接受的，视场角在两种介质中大约都是 9°，这样可以侦测潜在捕食者的运动，从而反应并钻到地下。

无脊椎动物的角膜

出乎我们意料的是，角膜晶状体式的眼睛（比如人类的眼睛）在动物王国中并不那么受欢迎：角膜晶状体式的眼睛一般只局限在陆生动物中，并且由于昆虫已经具有卓越的复眼，陆生非脊椎动物中剩下的就只有蜘蛛在使用这样的单眼。当然，有些昆虫在它们还是幼虫的时候是有单眼的，有的成虫也用单眼和复眼配合来完成平稳的飞行动作。

蜘蛛的眼睛

蜘蛛和它们的陆生近亲尤其是长奇盲蛛(*Phalangid*)和蝎子(*Scorpiones*)都使用角膜作为主要折射表面结构。它们的远房亲戚螯肢动物鲎（*Limulus*）拥有复眼。可以肯定的是，现代蛛形纲动物的眼睛是复眼通过数量简化的方式进化而来的。真正的蜘蛛应该有 8 只眼睛（有的是 6 只），这些眼睛大致可以分为两类：主眼看向前方，次眼的视场构成一个球面（图 5.16）。这两种眼睛有不同的胚胎学起源，并且它们的感受细胞排列方式也不同。对于主眼来说，感受细胞和大多数非脊椎动物类似：它们的远端（距离晶状体最近）接收微绒毛上的光色素，并且离轴突很近（图 5.16）。而次眼的感受细胞体离晶状体较远，它的微绒毛组成形态学上的轴突。

从光学上来说，蜘蛛的眼睛多种多样。但这些眼睛都非常小，甚至大多数眼睛的直径都不到一毫米，但它们仍能通过成比例扩大的方法使得晶状体比复眼的平面大，这也使得蜘蛛眼睛的潜在分辨率要更好一些。有些蜘蛛确实拥有很高的分辨率，最著名的当属跳蛛（图 5.17-5.19）。在它们中，最引人注目的是小遂莉蛛（*Portia fimbriata*），它的感光器之间的角为 2.4'；这个数值只比人眼大 5 倍，比拥有同等视场角的视力“最好”的昆虫小至少 5 倍。另外，蜻蜓的眼睛也有很好的分辨率和很强的集光能力。在森林中捕食螳螂的净铸蜘蛛（*Dinopis*），其眼睛直径可以达到 1.4mm，甚至可以与小型啮齿类动物相比较（图 5.17 和 5.18）。然而，大多数织网蜘蛛的眼神就不那么好了。它们主眼成的像大多数分辨率比较低，但是它们的次眼有非常奇怪的非聚焦镜头——镜面组合。这个结构已经被确认

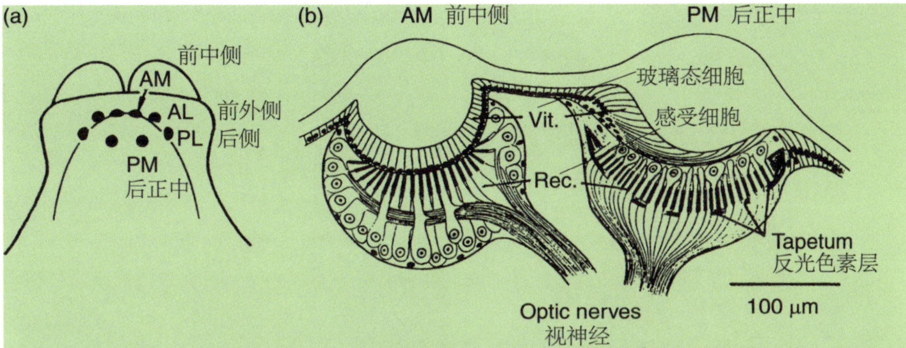

图 5.16　蜘蛛的眼睛

（a）一种叫作家隅蛛（*Tengenaria*）的蜘蛛的四对眼睛。主眼（antero-median，AM）和其他三对次眼的结构不同（antero-lateral, AL；postero-lateral, PL；postero-median, PM）。（b）主眼和次眼的内部结构。在 AM 中含有色素的视杆（图中深色部分）在感受细胞（Rec）的远端，但在 PM 中感受细胞的细胞核在远端（相对于神经束的输出，编者注）。在视网膜前有一层透明的玻璃态细胞（Vit）。PM 有反光的色素层而 AM 没有。详见图 6.9 和 plate 3。

是用于识别太阳和其他来自天空的情况，但是它们具体的工作方式仍然是个谜（Land，1985）。

通过视觉捕猎的蜘蛛，拥有最适合用于光学成像研究（因为结构最简单）的眼睛（图 5.17）。其中包括跳蛛科、狼蛛科、蟹蛛科、巨蟹蛛科和蛛科。在这些种类中，跳蛛毫无疑问拥有最灵敏的视力和最复杂的视觉系统（图 5.19）。它们晚上出来狩猎，且捕捉猎物时像猫抓鸟一般。它们在次眼的引导下向着目标前进，并通过主眼和前外侧的眼睛进行追踪（Zurek 等，2010）。Oscar Drees 从 20 世纪 50 年代就开始研究这些蜘蛛，并且他发现：主眼通常也用来区分猎物和潜在的交配对象，区分的原则通常是腿部几何学结构（Forster，1985）。我们能够预测到的是：跳蛛科需要非常高的辨别能力，它们的眼睛在蜘蛛中最大。在红背蜘蛛（*Phidippus johnsoni*）种群中，其主眼角膜直径有 380 μm，焦距有 767μm（F 数约为 2）（Land，1985）。在小遂莉蛛（Portia fimbriata）和其他物种中，眼睛的焦距通过一种和鹰一样的望远镜结构来增加（图 5.12，Williams 和 McIntyre，1980）。而视角大约为 135° 的次眼，其角膜直径为 300 μm 而焦距只有 254 μm。此外，主眼的感光器密度要大得多，感光器间最小的距离是 2 μm，而次眼为 4.5 μm。这个参数与角分辨率相一致，主眼和次眼分别

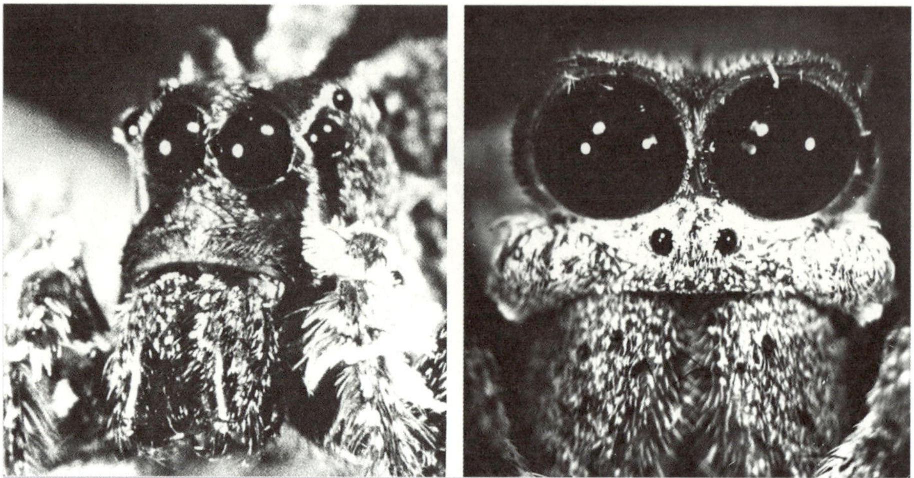

图 5.17

孔蛛（*Portia*）的眼睛（左），一种比任何蜘蛛眼睛分辨率都要高的跳蛛。净铸蜘蛛（食人魔蜘蛛）（*Dinopis*）是一种长着狰狞面目的蜘蛛，有最灵敏的眼睛。对孔蛛（*Portia*）来说，最大的眼睛（直径 0.8mm）是 AM，对净铸蜘蛛（*Dinopis*）来说最大的是 PM（直径 1.3mm）

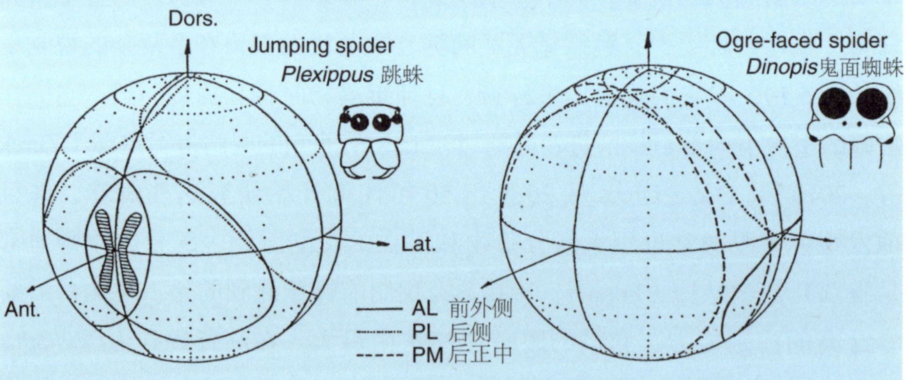

图 5.18

5.17 中蜘蛛的视野分布说明了不同的眼睛有不同的分工。图标显示的是前体的眼睛分布，以及 3 对次眼的视场分布，它们都用来探查猎物的运动。球体的中心是蜘蛛的头部，用球体上的闭合曲线来代表视场。对于跳蛛（左），AL 和 PL 用来探查潜在的猎物，然后由高分辨率的主眼来确认。主眼的视场用阴影表示（这些眼睛视网膜的相关知识见图 5.19a）。在比较暗的时候，净铸蜘蛛（*Dinopis*）的 PM 视场很大，并会努力地收集光信号。净铸蜘蛛（*Dinopis*）一般在丛林上方向下方的指定位置跳跃，Al 和 PL 对蜘蛛的上下方向景物成像，警惕可能存在的捕食者。AM 的视场和 PM 相同。

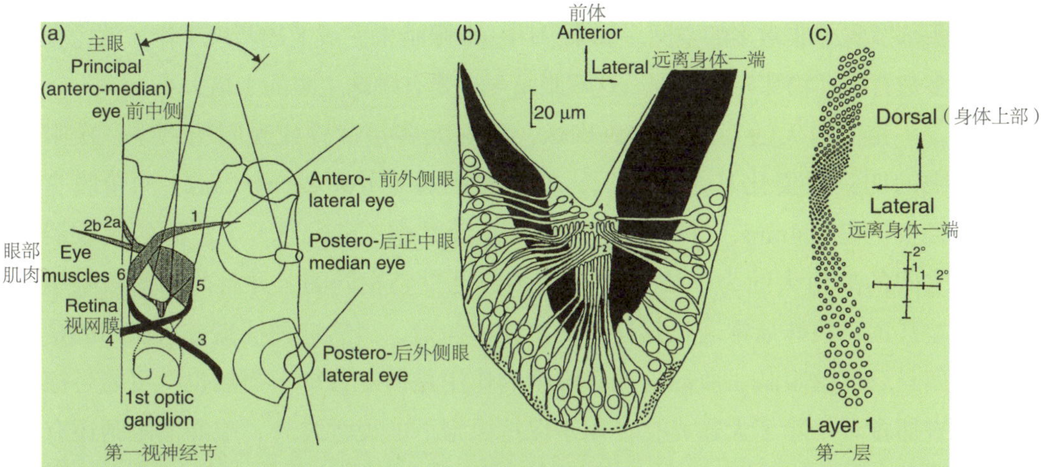

图 5.19　跳蛛的主眼

（a）前体的水平视角图（右侧）展示了一个长管状的主眼和一个很小的次眼。主眼的视网膜由六块肌肉群组成（涂黑的是结构下侧肌肉，阴影是结构上侧肌肉）。（*Lateral*: 远离身体的一端，*Medial*: 靠近身体的一端，*Dorsal*: 身体的上部，*Ventral*: 身体的下部，编者注）这些肌肉使得眼睛可以绕三个轴转动。在水平面上，每个轴可以转动的角度由粗箭头标出（详见第 9 章）。（b）右眼的水平截面，可以看到四层感光器。这个水平截面结构可以抵消色差和失焦。（c）第一层中感光器的分布。中间的高密度分布使得眼睛有一个看物体非常精细的区域。本段内容修改自 Land（1985）。

为 9' 和 1°。主眼主要特点在其他两个地方：第一，它们有很小的视场角（大约 5° 的水平视场和 20° 的垂直视场），但是这建立在它们可以水平、垂直和翻转来“扫描”目标的基础之上。与脊椎动物不同的是，蜘蛛的晶状体是不动的，只有视网膜在动；第二，视网膜前后有四层结构。这使得这些动物拥有优秀的色彩视觉，也使得每一种色素被设置在对应的位置上，以消除轴向色差。这样的结构使处于不同深度的物体都可以很好地在不同平面聚焦，也就代替了那些需要实时对焦的系统（我们也称为“静态对焦”，译者注）。

在这一部分中，最值得我们探索的眼睛是跳蛛的主眼，它可能是所有蜘蛛的眼睛中唯一完整开发了角膜和晶状体功能的眼睛。就像人类的眼睛一样，这种眼睛已经需要考虑接收器的位置甚至衍射极限。但是相比而言，它们的集光能力相对较弱，大致与白天活动的昆虫相当（第三章）。这种眼睛最吸引人的特征之一是它紧凑的光学结构。通过将高分辨率长焦距的眼睛布置在很窄的空间内，同时使用另外的低分辨率眼睛来构成球形视场，跳蛛在它的头部节省了非常多的空间。如果只用一双眼睛来完成上述两项工作（就像大多数脊椎动物那样），那么这双眼睛至少要有跳蛛主眼的十倍大小。

相比白天活动的跳蛛科蜘蛛，狼蛛大多是黄昏或晚间的猎手。次眼中的四只眼要比其余次眼大，如变异熊蛛（*Arotosa variana*）的角膜直径大约是 0.4mm，并且其 F 数为 1 或者更小（plate 3）。它们的接收器之间的夹角大约为 1~2°，这与大多数昆虫是相同的，并且与衍射极限相差甚远。狼蛛通常通过猛扑它的猎物来捕猎，当然这种捕猎方式使用的是四只后部的眼睛。所以这四只眼睛的作用是锁定目标，当然也有可能是探查捕食者。除了大通光孔径用于保持黑暗下的视觉之外，狼蛛的眼睛还有一种反射式结构用于增加感光器的有效焦距（详见第六章）。这种结构由多层薄晶体组成（也有可能是鸟嘌呤），这种晶体在感光器下组成长长的丝带状物质（详见第六章，图 6.9）。总体说来，狼蛛次眼的灵敏度比跳蛛科高出 100 倍以上（详见第三章）。但是狼蛛的主眼却显得很小，也没有反光组织这种结构，并且也不参与到狼蛛捕猎的过程中，虽然它们和辨别方向的功能有关（通过辨别云彩和偏振光）。

净铸蜘蛛（*Dinopis*）拥有蜘蛛中最大的眼睛，也可能是无脊椎动物中最大的单眼（图 5.17）。就像我们之前提到的那样，它们是夜间的捕猎者。它们压住从身体下面经过的动物，并通过厚厚的蜘蛛网来黏住它的猎物——有点儿像拿着三叉戟的角斗士。引发这一系列动作的条件就是视觉。在这里用到的眼睛是后中正眼，它的角膜直径有 1.4 mm，焦距为 0.8 mm，F 数为 0.6（Blest 和 Land，1977）。在这种尺寸下，眼睛的球差被双层晶状体结构抵消了，这种双层晶状体结构是由低折射率的外层以及像鱼眼一样渐变折射率的晶状体核心组成（第四章）。狼蛛眼睛的感光器也很大，白天大约是宽 20μm 长 55μm，在夜晚长度会翻倍。感光器另一个值得一提的特点是它的微绒毛在白天会依附在感光器附近，而到了夜间就会重新填满感受杆束。这种微绒毛在白天保护光色素的方式在节肢动物中很常见。这样做导致这些动物的眼睛非常敏感。相比跳蛛科动物，如红背蜘蛛（*Phidippus*），狼蛛眼睛的敏感程度要高出 2000 倍。虽然对于 1.5° 的视场角来说，狼蛛科的分辨率只有跳蛛的十分之一。

织网捕猎蜘蛛的主眼用来成像，但是分辨率差了一些。它们的次眼却和主眼完全不同。这些蜘蛛的次眼大多有一个折射能力很弱的晶状体，并在视网膜后很远的位置成像，这就使得眼睛又窄又长。然而，在视网膜后面有一层类似于独木舟形状的反光色素层，这个反光层把光反射回来并汇聚在视网膜上，形成一个散射线。值得注意的是，这些次眼不是用来观察物体的，并且它们也没有探查运动的需求。这些眼睛更多被认为是用来判断太阳的方向。在某些种群中，蜘蛛的主眼用来探查阳光的偏振，并由此在看不见太阳的情况下解析出太阳的方向（Görner 和 Claas，1985）。然而，对于来回走动捕食的地面蜘蛛（*Drassodes*）来说，后正中眼睛的色素反射层是“极性的”。所以后正中眼睛就变成了蜘蛛的指南针，蜘蛛通过后正中眼睛找到回巢穴的路。（Dacke 等，1999；Mueller 和 Lanhart，2010）

拥有角膜结构的昆虫的眼睛

昆虫的单眼大致分为两组：完全变形的幼虫眼睛和大多数成虫都有的背眼。在上述两种情况下，角膜都是主要的折射结构。虽然对于大多数无脊椎动物来说，有晶状体可能会更好地成像。

在昆虫的幼虫阶段，单眼是其唯一具有的眼睛。当然，对于不同的昆虫，单眼的复杂性和眼睛的大小也各式各样。苍蝇的幼虫只在头的两侧有少量的光敏细胞。而鳞翅昆虫（*Lepidopteran*）的单眼是有晶状体结构的，并且有像复眼中小眼一样的结构。

鳞翅昆虫（*Lepidopteran*）的每一个单眼都有由 7 个感光器组成的感受杆（图 5.20a）。对于一个单眼来说，要谈分辨率可能会比较困难，但这 12 个感受杆的视场是不交叠的。这就组成了一个 12 个“像素”的画面。这些单眼可以识别颜色，在蝴蝶幼虫的单眼上发现了 3 种不同频谱的感光器。

蚁蛉幼虫（*Euroleon*）脉翅目（*Neuroptera*）在头的两侧各有六只单眼，呈一个炮塔形状（图 5.20b）。与毛虫不同的是，每个单眼都有 40~50 个感光器，感光器之间的角为 5~10°。虽然这样的分辨率不算很高，但是已经足够蚁蛉幼虫来探知猎物，比如在 1cm 内移动的蚂蚁。膜翅目（*Hymnoptera*）幼虫有一双单眼，每只单眼的视场都能覆盖一个半球的区域。

（图 5.20c）。叶蜂（*Perga*）的感受杆由八个感光器组成（比复眼的组成多很多），且彼此相距 20 μm，感光器之间的角大约为 4~6°。这些幼虫是“吃素”的，所以单眼最大的用处就是引导毛虫到达它们寄宿的植物上。然而，叶蜂（*Perga*）的幼虫也跟踪运动的物体，必要时反刍树液来防御。

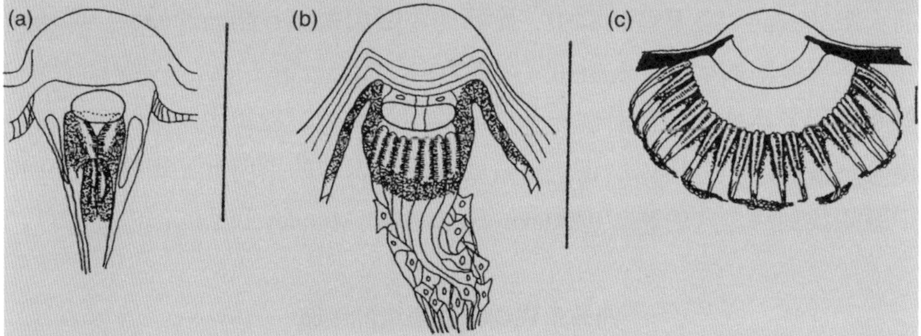

图 5.20

毛虫的单眼（a）鳞翅昆虫（*Lepidopteran*）有最简单的单眼。它每 12 个单眼组成一个类似于复眼中的小眼结构。（b）蚁蛉幼虫（*Euroleon*）有六对单眼，并且有 40~50 个感光器。（c）叶蜂（*Perga*）的一对单眼，看起来更加像通常意义上的眼睛，并且其视场角大约为 5°。比例尺为 0.1mm，引用自多部文献。

虎甲虫（*Cicindela*）拥有令人称赞的单眼。这些动物有着和蚁蛉相同的生活习性：当有猎物进入巢穴附近时会进行伏击（图 5.21）。在虎甲虫头的两侧各有六只单眼，但是有两只单眼要比其他的大。最大的单眼直径大约为 0.2mm，其视网膜包含了 6350 个感光器。感光器之间的角约为 1.8°，其分辨率甚至比许多拥有复眼的成虫要高。说到这里我们就产生了一个疑问：为什么昆虫不在成虫阶段保留如此优异的眼睛？这个问题将在第七章中继续讨论。水甲虫（*Thermonectus*；Acilius，2007）拥有很大且很有趣的单眼（Buschbeck 等，2007；Stowasser 等，2010）。它眼睛的功能和昆虫的行动紧密相连（图 9.14），在第九章中我们将会详细讨论这种眼睛的结构和功能。

会飞的成虫的头部一般有 3 只眼睛。这些单眼和幼虫单眼的区别在于它们有晶状体和视网膜。一些成虫的眼睛甚至有反光组织和可变虹膜。这三只眼睛的每一只大约都有 150° 的视场角，并且有一万多个感光器。综上所述，这应该是非常出色的眼睛，至少会像捕猎的蜘蛛的眼睛那样出色。但是，所有研究这种眼睛光学结构的人都发现这种眼睛一定是失焦的，原因是视网膜过于靠近晶状体(Goodman, 1981)。例如，绿头苍蝇(*Calliphora*) 眼睛的接收器在晶状体后 40~100um 的地方，但是焦距足足有 120μm。昆虫眼睛的这种结构显然不是一种巧合或失误，只有一种可能：这些昆虫背部的眼睛是故意失焦的。

那么这些失焦的眼睛有什么用途呢？如果是一台相机，当它失焦的时候物体的细节将完全记录不到，那么这台相机就没有用了。那么，哪些情况昆虫是不需要细节信息的呢？

对此问题，这几年有许多争论。但是最近的一种说法指出，这些失焦的眼睛是用来感知水平程度的，并且帮助昆虫快速更正飞行的俯仰角和滚动角（Stange，1981）。如果真是如此，那么眼睛失焦就说得通了：图像中如叶子、树枝这种高频分量在失焦的状态下被去掉，使得眼睛可以关注天空和光照的分布及变化。上述说法在生物结构上找到了佐证：

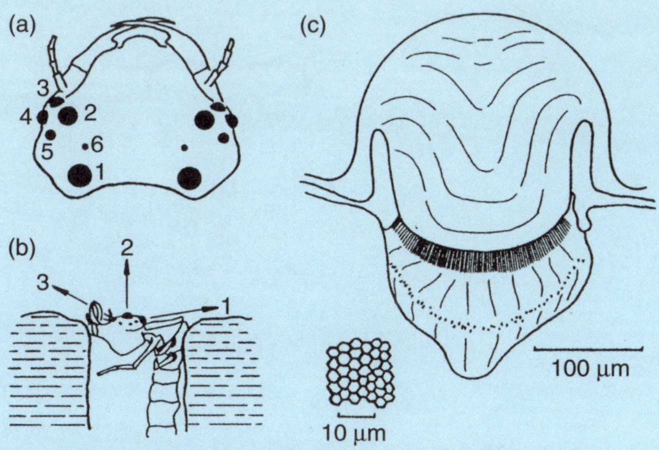

图 5.21　虎甲虫（*Cicindela*）幼虫的眼睛

其眼睛可以称得上是昆虫界最大且分辨率最好的眼睛之一。虎甲虫（*Cicindela*）用这对眼睛来定位猎物，并将猎物拖进它们的巢穴。（a）头部示意图。（b）伏击姿态的幼虫。（c）最大单眼的特写，可以看到角膜和晶状体被角质包裹。小眼之间的角度为 1.8 度。转述自 Friederich（1931）

眼睛的感光器在二级神经源处聚集，并且这些神经源在物理上连接着昆虫的视动系统。

蜻蜓背部的眼睛和其他昆虫的不同，因为它们可以在视网膜上成像。弓蜓（*Hemicrordulia*）和晏蜓（*Aeschna*）中间的背眼是椭圆形的，长轴在水平方向上，且水平方向的曲率也比竖直方向大（Berry 等，2007）。同样，其他眼睛的水平方向参数要比竖直方向的更好。这就好比蜻蜓的单眼是用来做水平探测的。但是，一部分探测发生在每个单眼中，并不是三只眼睛一起完成的。

最后，我们还要介绍一些单眼，这些单眼像是从复眼中通过减少数量的方式进化而来的。其中最奇异的当属同翅目的昆虫鳞虫（*Eriococcus*）：同翅目（*Homoptera*）。这些昆虫的一只单眼占据原来复眼的面积，大约有 500 个接收器，4.7° 接收器之间的角。更奇怪的是，在其他昆虫中有由微绒毛组成的感受杆束，在这些昆虫中变为由类似于脊椎动物中视杆细胞一样的小平板组成。就像 Paulus（1979）研究的一样：进化中很容易产生这种天翻地覆的变化。但是好在进化不会经常玩这样的把戏。

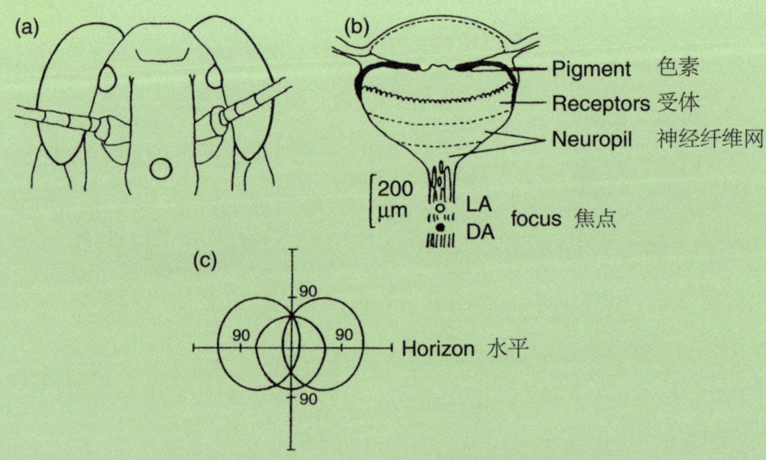

图 5.22　蚱蜢（*Schistocercagregaria*）背部的单眼。

（a）前面和后面的单眼。（b）单眼的结构，上面有布满色素的虹膜，感光器层和布满轴突的神经纤维网。眼睛的焦距要远远大于眼睛的尺寸，所以用它来观察图像的细节是没有用的。（c）三只眼睛的视场，说明了它们调节视野。总结自多部资料。

小结

1. 陆地这种生存环境给动物们提供了一种全新的折射结构——角膜。对于球形角膜来说其节点就在曲面的中心。加上在其后的晶状体，这种结构的焦距是曲率半径的 4 倍。

2. 尺寸大的眼睛当然意味着高分辨率或者是高灵敏度。夜行动物相比昼行动物有更大的晶状体，当然相对应的眼睛尺寸也越大。

3. 大多数陆生脊椎动物有着可变形的晶状体，这就使得它们的眼睛可以聚焦在不同距离的景物上（晶状体的调节作用）。对人类来说角膜的光学能力（1/ 焦距）是晶状体的两倍。

4. 人类的角膜有类似椭圆形的轮廓用以矫正轴向的球差。

5. 人类的瞳孔扩大只会使得进光量增加最多 10 倍。人类瞳孔的主要作用是在灵敏度和分辨率之间做出平衡。然而对于壁虎来讲，像狭缝一样的瞳孔扩大可以使得在视网膜上的亮度变化 1000 倍。

6. 猛禽类（比如鹰）有比任何动物都高的分辨率，甚至比人类的分辨率高上 2~3 倍。

7. 视网膜上的视神经细胞的分布情况可以反映出一定的生态学道理：在平原上生活的动物，比如兔子，会在水平方向上有更多的视神经细胞分布。

8. 对于那些在陆地和水上来回游走的动物来说，角膜折射能力的突变成为一个很大的问题。有些动物通过削弱角膜的折射能力来解决这个问题。有些通过将晶状体挤进一个有小骨的虹膜中来创造一个相当高的曲面。四眼鱼（*Anableps*）有着一种在水上和水下曲率不一样的晶状体。

9. 蜘蛛有着单腔且带角膜的眼睛。跳蛛（*Salticidae*）拥有高分辨率的眼睛而怪面蜘蛛（*Dinopidae*）拥有高灵敏度的眼睛。八眼蜘蛛的八只眼睛分为两种不同的结构种类，并且它们的眼睛根据种类的不同，用处也不同。

10. 很多昆虫的幼虫有着单眼。一些食肉性的幼虫的眼睛分辨率很高，但总体来讲幼虫眼睛的分辨率都比较差。这些单眼在幼虫发育为成虫时被复眼所取代。会飞的昆虫有着不对焦的背部单眼（通常有三只），这三只眼睛提供了一套基于水平检测的飞行稳定系统。

第六章
动物中的镜子
Mirrors in animals

Mirrors seem unlikely things to find in Nature, as living creatures do not produce naturally shiny metals, such as silver or aluminium. Nevertheless, mirrors of various kinds are found performing many functions throughout the animal kingdom. The two most familiar to us are probably the silvery fish that we see in the sea or on the fishmonger's counter, and the eyes of a cat in the headlights of a car. Natural mirrors are not metallic, but are typica cat in the multilayers of material with alternating high and low refractive indices (for example, air and chitin in insects, water and guanine in fish), and they rely for It reflected from the upper their effectiveness on interference between the light reflected from the upper and lower surfaces of each layer(Land,1972).

镜子似乎在自然生物的眼中不太可能找到，因为活体生物不能够造出天然反光的金属，比如银或铝。然而，各种各样的镜子却在动物王国里扮演着多种重要的角色。对我们来说最熟悉的两种就是我们在海里或者鱼贩柜台里看到的银鱼，以及车灯照射下的猫眼。天然的镜子不是金属的，通常由多层高低折射率交替变换的材料构成（比如，昆虫体内的空气和甲壳素，鱼体内的水和鸟嘌呤），并依赖于各层的上表面和下表面反射的光之间的干涉（Land，1972）。我们将在本章节的后面部分探讨这些镜子的光学结构，但是关于干涉的一个有趣且重要的结论是许多天然的镜子都是有色的，这种颜色可以很好地用于多种显示和伪装功能。这一章节不同于其余章节的总体布局，因为它探讨了镜子结构的功能，而非眼睛的。但是这些都与视觉相关，而且在这些眼睛中发现的镜子都使用了相同的反射机制。

眼睛中的镜子

与透镜一样，镜子作为光学元件的价值在于它们改变光束方向的能力。反射定律说明入射光线与法线（直角）相对于表面的角度与由反射光线和法线形成的角度相同（图 6.1a）。重定向光的第一个记录的应用是阿基米德计划保卫锡拉库扎不被罗马舰队侵犯，他设计了一个巨大的镜子系统把太阳光聚集到敌人的帆船上使其着火。相同的性质也使我们能够使用弯曲反射面来形成图像。凸面镜产生缩小的虚像（即图像不能够显示在屏幕上，比如汽车后视镜上的图像），但是凹面镜可以产生可用多种方式捕获的实像（图 6.1b 和 c）。1671 年，牛顿通过他的反射式望远镜，成为第一个探索这些图像形成的能力的人，并且从那时起，凹面镜一直是大型高倍天文望远镜的最优成像系统，因为它们相比于大型透镜更容易构建。奇怪的是，在动物的眼睛中只有两个很好的凹面反射镜成像的例子：扇贝和深海鱼。

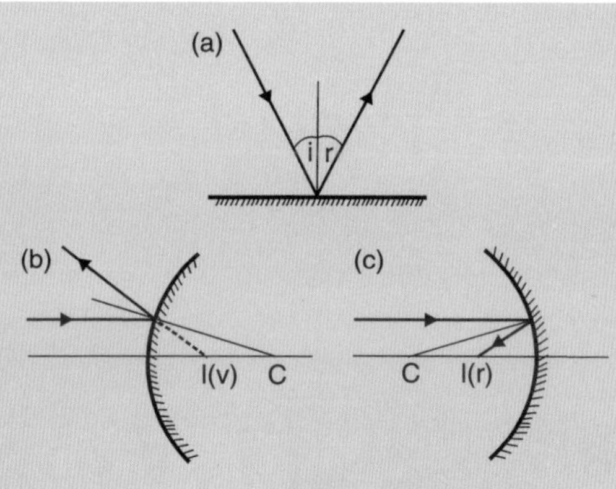

图 6.1

（a）用于反射面（类似镜子）的反射定律。反射角 r 等于入射角 i。（b）一个凸面反射镜，（比如汽车后视镜）在镜子后面的 $I(v)$ 处产生远处物体的直立虚像。$I(v)$ 位于曲率中心 C 和镜面之间的中间位置。（c）一个凹面反射镜（比如剃须镜）在 $I(r)$ 处产生远处物体的倒置实像。$I(r)$ 位于曲率中心 C 和镜面的中间位置。

扇贝眼睛中的图像形成反射镜

双壳类软体动物不像是那种会在光学甚至视觉方面标新立异的生物。但人们错了，许多种类已经进化出了光学结构，不是用任何复杂的感官去“看”，而是探知捕食者的靠近。赤贝（*Area*，*pectunculus*）在贝壳开口处周围的覆盖物里有最基本但高效的复眼（Nilsson，1994），这与昆虫和甲壳类动物的复眼相比是完全独立的发展脉络（图 7.2c）。梳属扇贝（*Pecten*）

和它的近亲为了相同的目的，已经进化出了独特的凹面反射镜眼睛（Land，1965）。

扇贝有 60~100 个相当美丽的小眼（1mm）在覆盖物的触角之间窥探，用以保护两个壳之间的缝隙（图 6.2a，plate 1）。很少有人知道它们的存在，因为此部分不能食用，通常会被鱼贩子扔掉。扇贝眼睛的一个切片简图（图 6.2b）表明它很像鱼眼。它有一个单室，所以更像相机型眼睛而不是复眼；在它后面有一个厚厚的双层视网膜，填充了透镜和眼睛后面的空间（图 6.2b

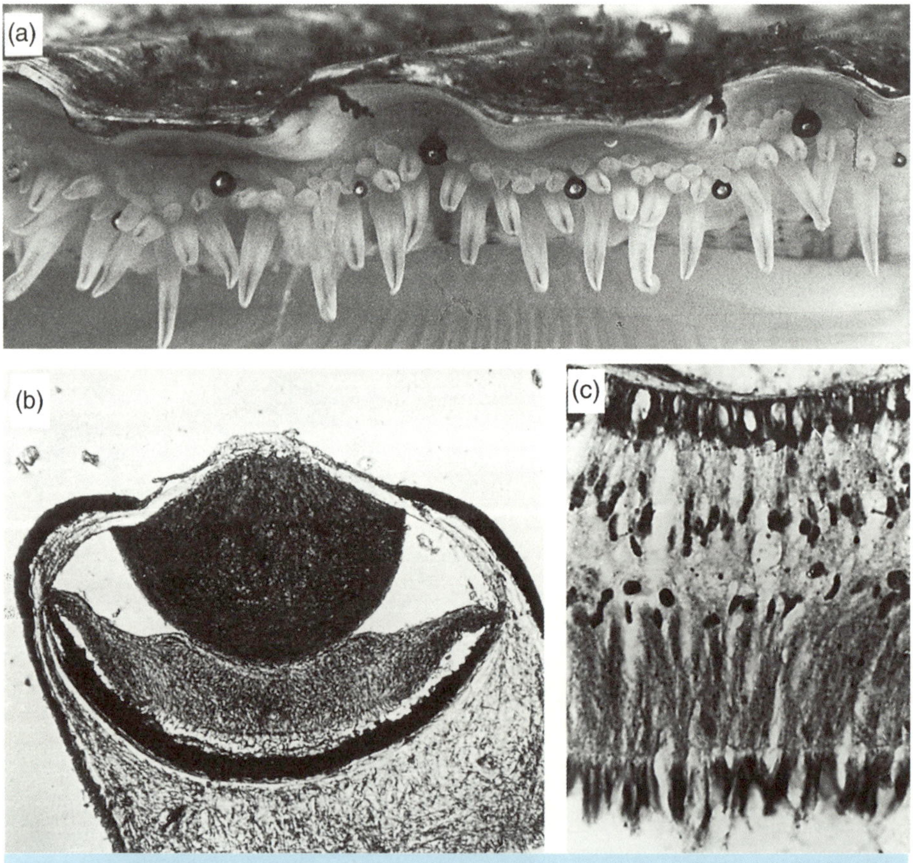

图 6.2 扇贝的眼睛

扇贝的眼睛。（a）许多排列在壳上的眼睛在覆盖物的触角之间窥探。（b）一个展示了大“透镜”的眼睛冰冻切片，透镜下方是一个较厚的视网膜，视网膜占据了透镜和眼睛后面半球之间整个空间，其排列在反射层银膜上。眼睛直径为 1mm。（c）视网膜的银染部分显示了个别位于末梢上方和近端下方的感光层。顶部的黑色结构是远端细胞的睫状肌感光层，底部的那些是细胞的微绒毛膜。

和 c）。对该部分鱼眼的解释存在一个问题，即透镜和视网膜之间没有空间，若这是一个有着马修森式（*Matthiessen*）镜头的鱼眼，应该有至少 1.5 镜头半径的空间使得会聚光线聚焦（鱼眼镜头的焦距约为 2.5 镜头半径，见第四章）。事实证明，“透镜”呈果冻状，均匀反射率低，由此产生的焦距将使焦点移到眼睛后面很远的地方（图 6.4a）。它就没法和带有鱼眼透镜的眼睛一样工作。一个更加重要的发现是，当你通过解剖显微镜观察扇贝的眼睛时，将会看到一幅通过显微镜观察的自己的倒像！（图 6.3）正是这个发现最终解决了光学方面的谜团。扇贝眼睛的后面呈一个精确的球形，并且与一个绿色反射镜排列在一起，由其银色的表面得名“银膜”（*Argentea*）。扇贝看到的图像由这个反射镜形成，附带透镜的少量帮助（图 6.4a）。图像位置的计算表明，它刚好落在透镜背面下方视网膜部分；这是感光器外部远端层感光部分占据的区域。因此这是依靠镜子而非透镜的眼睛。

凹面镜相对于物体在反射面的同一边成像（图 6.1c），如果它们是球形的，焦距则等于曲率半径 r 的一半，即：

$$f = r/2 \tag{6-1}$$

这意味着远处物体的像将落在镜子前曲率半径一半的位置。在扇贝中，它会距离镜子稍近一点，因为透镜已经轻微聚光。对于更近的物体，计算图像位置的正确方程（类似于对于折射面的方程 5-5）是：

$$1/v + 1/u = 1/f \tag{6-2}$$

在这里，u 和 v 是物距和像距。在这种情况下的物、像和焦距都在反射面的同一边，因此它们在符号约定上都为正。这个公式对于扇贝不是特别实用，当潜在的捕食者在一米开外或更远，扇贝就会关闭外壳，对于眼睛来说，一米的尺寸几乎无限大。

有人可能会问，为什么这种眼睛总共就一个透镜？这种透镜似乎确实有种功能，与其前表面奇怪的圆顶形状有关。就像球形的折射面一样，凹面镜也存在球形像差（在距轴线一定距离处对光的过度聚焦）。这种情况在天文望远镜中的常规解决方式是，通过使用一片额外的“施密特改正镜”，镜片复杂的轮廓操纵着进入反射器的光束，从而在中心附近的轴线处有更

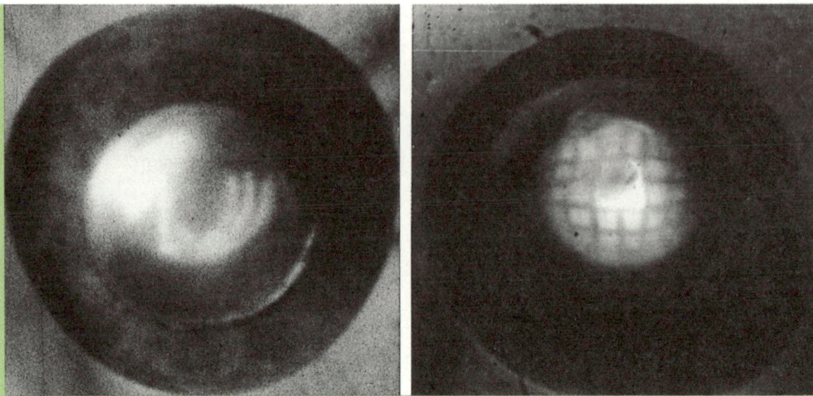

图 6.3　扇贝眼睛的图像

左：作者的自画像（MFL），他用手托住显微镜物镜以拍摄眼球。右：3mm 的正方形网格，距离眼睛 15mm。

多的聚焦能力，而在周边处的聚焦能力更少。如果为扇贝透镜制作一个轮廓，使它能够实现同样的矫正，那么看起来就会很像真正镜头的轮廓（图 6.4b），即中心位置曲率高，向外逐渐变低（Land，1965）。

早在 1938 年，神经生理学先驱 H.K.Hartline 就已经记录了离开扇贝视网膜两个感光层（图 6.2c）的神经单纤维的表现。他发现远端层（图像形成的地方）只对光变暗有响应，而近端层（镜子附近没有图像的区域）只对光变亮有响应。很久以后，在 20 世纪 50 到 60 年代，电子显微技术开始发展，人们发现细胞的两层感光区域在解剖学上大不相同：远端细胞的感光结构由张开的纤毛构成，但是近端层微绒毛的排列与其他软体动物和节肢动物感光层非常相似。扇贝确实喜欢朝着更亮或者更暗的环境游去，这可能是通过近端细胞提供的微弱的方向信息来实现，但是它们更让人印象深刻的行为是当它们看到远处有物体移动时会关闭外壳。这些行为在沙底游泳的动物中最为常见。由于远距离的物体没有直接的投影，这个反应肯定是自身视网膜上图像的变化导致的。可以肯定的是，当一个黑暗物体的前沿或光亮物体的后沿越过视网膜，远端视网膜细胞将受到刺激，给出响应。

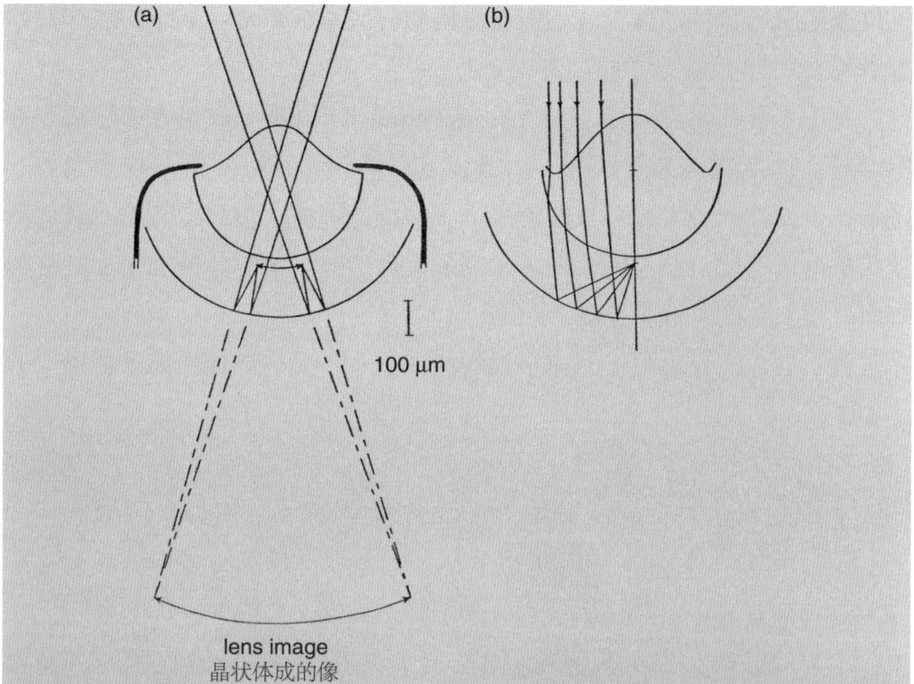

图 6.4

（a）扇贝眼睛的图像形成。晶状体的光功率非常小，自身形成一个“深卧”图像。反射银膜在晶状体下方（即在远端受体细胞纤毛区域）形成了一幅图像（图 6.2c）。（b）圆顶形晶状体的功能可能是修正镜子的球面像差。该图显示了一个结构前段的透镜轮廓，它将所有的平行光线牵引到焦点处。除了透镜最边缘的在生物体中被色素覆盖的部分，该轮廓与真实透镜的轮廓非常相似，原理与反射望远镜中的施密特改正镜的原理相似。

胸翼鱼属（*Dolichopteryx*）的阶梯反射镜眼睛

在第四章中，我们讨论了一些深海鱼类是如何进化出两双眼睛的，“正常”的那双眼睛朝着平面，辅助眼朝下，以探测下方黑暗水域中的发光物体。最近，人们发现了一种特别不寻常的辅助眼，其光学系统不是一个透镜或者镜头平板（第四章，图 4.11），而是一个独特设计的凹面镜（Wagner 等，2009）。长头胸翼鱼（*Dolichopteryx longipes*）是一种少见的双眼中层鱼，每双眼睛较大的那只朝上，较小的那只朝下（图 6.5a 和 b）。辅助眼是那只较大的眼的憩室，但是相较主眼来说，它使用镜子来成像。不同于扇贝银膜，这不是一个简单的“前端镀银”镜，而是由不同的反射血小板组成

(可能是由鸟嘌呤晶体)。这些血小板与衬底形成角度，从结构底部开始按常规方式自上而下增加(图 6.5c)。

制作一个提供良好的广角(在这种情况下约 48°)成像效果的镜子并不容易。球形表面如果没有一个透镜进行矫正，将有严重的球面像差。抛物线平面在光轴上某一点能得到一幅极好的图像，但是远离这一点后图像质量迅速退化。单一的表面无法完成这项工作。胸翼鱼的镜子通过阶梯表面，很大程度上解决了这个问题。

引入更多的自由度——血小板的可变角——允许图像质量朝着更广的

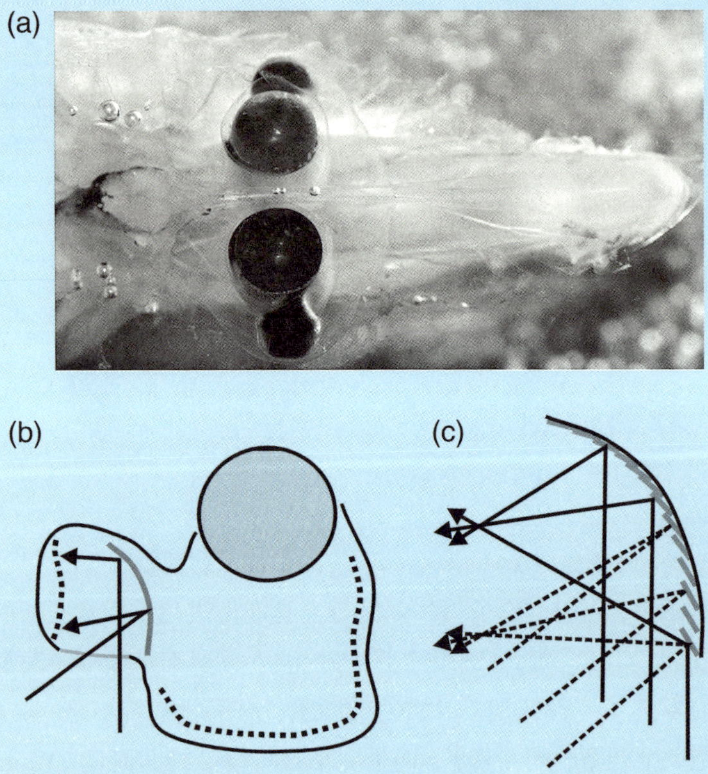

图 6.5　胸翼鱼属长吻银鲛(*Spookfish*)的两双眼睛

(a)从上面俯视，可以看到长吻银鲛的主眼朝上，辅助眼朝两侧。主眼的透镜直径为 3~4mm。(由 Ron Douglas 摄影)。(b)通过示意横截面显示主眼和辅助眼的视网膜(点状区域)，以及通过腹侧透明窗口接收光的镜子。辅助眼有一个向下指向约 48 的视场。(c)镜子有一个整体凹陷的轮廓，但是由随着背衬膜角度逐渐变大的晶体栈构成。镜面元件的倾斜使得它可以产生广角的聚焦图像。该图基于 Wagner 等人的工作(2009)。

角度优化，这不是用任何单平面就能完成的。阶梯反射表面在鱼类中很常见，主要出现在反光色素层（*Tapeta*）（图 6.8）以及银鱼的鳞片上（图 6.17c）。然而，胸翼鱼的眼睛是唯一已知的将这种表面用于成像的例子，也确实是在脊椎动物中唯一通过镜子形成图像的。

其他镜眼

尽管具有紧凑性和高聚光力的优点，这种镜型设计还不是很普遍，它有一个非常严重的缺陷：会不可避免地产生一个低对比度的图像。在镜片返回一个聚焦的图像之前，到达图像的光（在扇贝眼中）已经未聚焦地穿过了视网膜。与一个类似的透镜型眼睛相比，它将图像的对比度大约降低了一半，就好像是透过一层雾在看东西。

也有许多非常小的眼睛共同组成一个镜子，但是它们中任意一个都不能形成一幅质量可以与扇贝眼睛媲美的图像。鸟蛤（*Cardium*）的眼睛由镜片支撑，但是由于它们尺寸小、光感器数量少，使得其只保留了最基本的成像能力而排除了其他一切功能。一些甲壳类动物，尤其是桡足类和介形类动物，头部中间有着由三个杯组成的眼睛，其通常由一个反射镜支撑，并且每个都包含着少量的受体。同样，反射的图像可以为一些光感器视场提供一定方向性，但不是很多。它们中成像最好的可能是介形类动物（*Notodromas*），光线追迹显示一个高质量的图像是在一个横向杯上有着 18 个受体，腹杯上有 9 个受体的视网膜上形成的。

尽管大多数介形类动物是小的双壳水生甲壳类动物，有着可以追溯到寒武纪的完整化石记录，但也有一些异类有着格外发达的镜眼。这些在深海介形类动物的属 *Gigantocypris* 中（横着量为 1cm，而其他大部分介形类动物只有 1mm）被发现。这是 Alistair Hardy 对它们的描述：

> 对眼的背后有着巨大的金属外观反射镜，这使它们看起来像是一辆大型汽车的车前灯；它们透过位于橘色甲壳的玻璃般的窗户观察外界，毫无疑问这些背后的凹面镜代替前面的透镜来进行工作（Hardy，1956）。

Hardy 制作了 *Gigantocypris* 以及其他很多深海动物的水彩速写，毫无疑问，他正确地意识到镜子在光学上的重要性。作为一个成像系统，

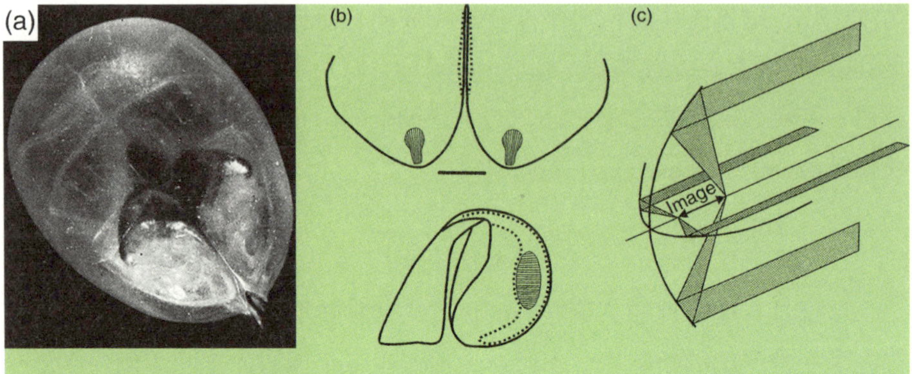

图 6.6

（a）深海巨介动物 *Gigantocypris* 的抛物面形反射眼。这种动物大约 10mm 长。（图片由 M.R.Longbottom 博士提供）

（b）*Gigantocypris* 眼睛的顶视图和侧视图显示出视网膜的主要部分；阴影部分显示了光感器的大概方向。虚线围出了更小的一块视网膜区域。比例尺 1mm。

（c）由（b）中所示的抛物面和圆形轮廓反射镜的不同焦距所导致的散焦线图像。在主视网膜的深部区域，图像中的线条大体与极长的光感器符合（750×25μm）。

Gigantocypris 的眼睛确实非常独特。它的镜面不是球形的，而是抛物面形，视网膜不是通常情况下的平面，而是缩小到更像是一个电灯泡的形状而不像视网膜（图 6.6b）。这些镜面在水平面和垂直面上的曲率是不同的，这意味着一个点光源的图像将是散光的：它将不是一个点，而是与镜面呈直角的一条直线（图 6.6c；Land，1978）。光感器也在该方向拉长，从而有一定能力来分解这些线性图像。所以这一切都表明这些眼睛的功能就是在身体轴的左侧或右侧方向集中尽可能多的光线，而不是产生任何传统意义上的图像。在 1000m 的深度，没有残余任何来自天空的光线（Lythgoe，1979；Denton，1990），因此这些眼睛的功能肯定是协助捕食者追踪这个深度下常见的发光有机体生物，以此协助其捕食。

在深海中的端足目动物 *scypholanceola* 中发现了另一种神奇的镜型眼（图 6.7）。这种罕见的甲壳类动物与 *Gigantocypris* 生活在相似的环境中，而且可能二者眼睛的作用也是类似的。它的镜眼的形状非常奇怪，相对于眼睛来说更像耳朵。每侧都有一对，上面的镜眼是一个半圆椎体，特别像兔子耳廓，指向斜上方，而下面的镜眼更短并且更接近圆柱形，并指向前方。

视网膜是每个反射器底部开放的光感器贴片。人们尝试对这些眼睛建模，发现这些镜眼是高效的光收集器，至少能够显示发光生物体的存在和大致方位。但是，像 *Gigantocypris* 一样，没有产生通常意义上的图像的可能性。

在虾、龙虾及其近亲的叠加复眼中也发现了使用镜子产生图像的眼睛，这将在第八章单独讲解。

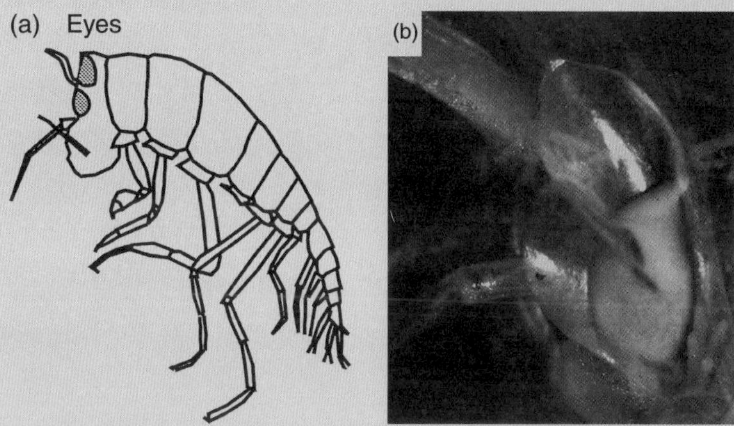

图 6.7

（a）生活在中水区的端足目下亚目生物 *Scypholanceola*。两对眼睛呈点状。

（b）*Scypholanceola* 两队眼睛的耳廓状的反射器。视网膜是在反射器底部的 J 形白色结构。整个眼睛的高度大约 2mm。

反光色素层

许多眼睛在视网膜后面有镜子的结构，但是与扇贝镜子不同的是，它们的功能不是形成图像。这些结构（正确的名字是“反光膜”，原意为银色的地毯）是脊椎动物和节肢动物眼睛的共同特征。它们主要出现在生活于深水区或者夜间活跃的动物身上。它们的功能是反射已经被晶状体聚集的光，并且通过视网膜再把光反射回去，使得视网膜有机会第二次捕捉在第一次错过的光子。因为反光色素层位于透镜的焦平面上，所以它对眼睛的这套光学系统没有影响，反射光只在原照明方向可见，并且其以窄波束返回并通过晶状体（图 6.8a）。

脊椎动物的反光色素层由各种各样的材料构成，均具有很高的折射率。非金属表面反射的入射光的比例和其与周围环境的相对折射率密切相关，比如玻璃在空气中反射性很强，但在水中几乎不反射。因此有人发现鱼眼反光色素层中存在折射率（n）为 1.83 的鸟嘌呤晶体，从猴的反光色素层中存在核黄素，以及在猫的反光色素层中存在包含半胱氨酸锌盐的视杆细胞（图 6.13f）。许多反刍动物具有由胶原质组成的“反光色素纤维层”，其反射性可以从肌肉肌腱的白色光芒看到。在某些硬骨鱼类中，反光色素层由亚微米球体的脂质或黑色素构成。

在明亮的光线下，反光色素层是不需要的，事实上存在一些将反光色素层遮蔽，作为明暗适应过程的一部分的例子。例如，在许多软骨鱼中，包含黑色素的细胞白天在反射面迁移，并在夜里返回（图 6.8b；Walls，1942；Nicol，1989）。软骨鱼反光色素层的另一个特点是其反射面特定的倾斜角度，尤其是在视网膜的边缘，以确保未捕获的反射光通过晶状体离开眼睛（图 6.8a）；如果它散射了太多的光以至于减少了图像的对比度，那么就没有必要拥有反光色素层。

从构造的角度来看，具有反向设计的眼睛似乎是个优点。在脊椎动物

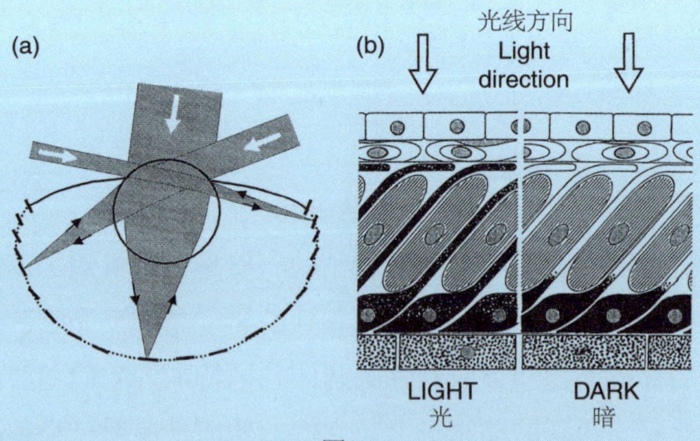

图 6.8

（a）软骨鱼（*Squalus acanthias*）反光色素层上的反射面校准。反射镜总是与成像光线束的中心成直角，这意味着外围的光束只穿过透镜的一部分，所以它们与视网膜平面形成尖锐的角度。注意光线束总是平行于它们入射的方向离开眼睛。

（b）软骨鱼的闭合反光色素层。在暗适应过程中（右图）色素细胞散去，但是在光适应过程中（左图）它们迁移到反射平面（划影线部分）切断反射。视网膜位于图片上方，而光从页面顶部进入。图片均来自 Nicol（1989）。

的视网膜上，光感器在后神经层的视网膜后部（图 4.8），这种奇怪并看似有误导性的设计恰使得单个反射层能够位于视网膜后面，而不受视网膜细胞的轴突穿过的需求的影响。头足类软体动物有着右旋圆形（正向）的视网膜，它们眼睛中的反光色素层也不常见的，与前述观点吻合。然而蜘蛛已经解决了这个问题：许多黄昏蜘蛛（*Crepuscular spiders*）有反光色素层，通常反射绿光，大多由多层鸟嘌呤晶体构成。最漂亮的那些在狼蛛和它们的同类中，它们的反光色素层有一个“栅格”结构，每一排光感器下有条状的反射器（图 6.9，plate 3）。在其他蜘蛛例如巨蟹蛛科（*Huntsmen*）中，光感器轴突只是穿透连续的反光色素层。反光色素层也出现在复眼中，特别是昆虫的折射叠加眼中，如飞蛾，以及基围虾、淡水虾和龙虾等十足甲壳动物的反射叠加眼中。在这些情况下，从光照的方向观察时，会发现眼睛产生了一个特有的发光体。发光的原因和猫或蜘蛛眼睛发光的原理是一样的，即使这些眼睛的基本光学系统差距很大（见第八章）。

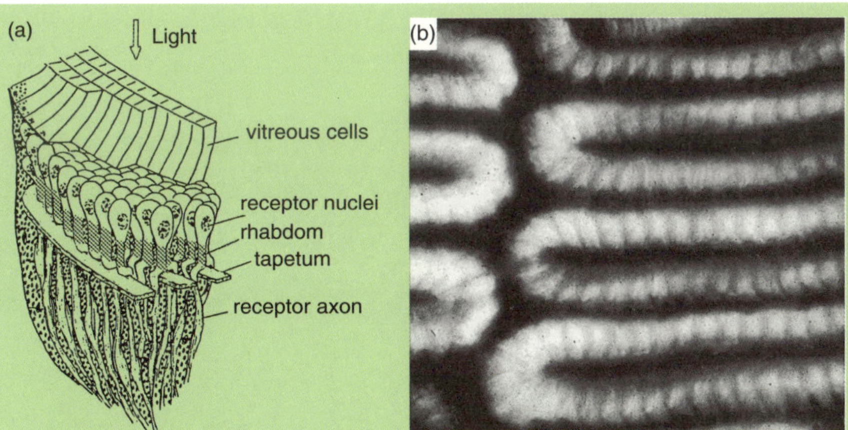

图 6.9 狼蛛科蜘蛛次级眼的反光色素层

（a）狼蛛科蜘蛛的视网膜示意图，其显示了每个受体的视杆（感光）区域如何“坐落”于一条反射层上的（修改自 Baccetti 和 Bedini，1964）。

（b）狼蛛科近亲（*The ctenid Cupiennius salei*）的反光色素层，通过动物眼睛自身的晶状体拍摄。带状反光色素层清晰可见，视网膜中心的“连接”也是如此。反光色素带的每一个小部分对应一个光感器，并且受体间的角度大概为 1°，对应于约 8μm 的物理宽度。另一种狼蛛科反光色素层显示在 plate 3。

蝴蝶眼睛也包含反射镜，但是它们的镜子是一个由微气管几丁质脊形成的小装置（图 6.13b），并且位于每个感杆束（感光结构）的下方。当眼睛从观看方向被照射时，瞬间可以看到眼睛周围变化的颜色。这些镜子的功能，类似于猫和蛾的反光色素层，是将光线重新引回感光器。

反光遮光罩

一些动物在眼睛的外面有镜子，其功能是遮挡阳光直射，避免光在眼内散射。一些浅水鱼，比如鳐鱼，在眼睛顶部有一个色素皮瓣或者鳃盖，作为一个遮光罩（plate 1d）。头足类动物（比如墨鱼）有一个有着相似功能的虹膜。此外，很多其他的鱼类有不同的解决办法，就是使用一个多层镜来代替。这些镜子通常有绿色虹彩，并且尽管它们在不同物种中看起来很相似，但是它们以六种以上不同的方法构成，这也表明了起源的多样性（Lythgoe，1979）。构造这些镜子，使得来自上方的光能够以一个较高的入射角到达虹彩层，以此提供一个极高的反射率，但是来自周围物体的光能以近似垂直（90°）的入射角到达镜子层并只会发生弱反射。因此鱼可以看到外面，但是太阳光却不能进入鱼的眼睛内。

图 6.10

包裹 *Morpho rhetenor* 蝶眼睛中视网膜的乳头阵列。比例尺为 1μm。（扫描电子显微照片由 Pete Vukusic 友情提供）

抗反射层

陆生动物眼角膜的折射率比空气大很多，所以大约 4% 的入射光会在其表面被反射。反射光不仅很难捕捉感受到，也常常被潜伏的食肉动物视为眼睛可见的强光。光学器件的镜头常常会被涂上一层低折射率的材料（通常为氟化镁 MgF_2），其厚度是半波长的奇数倍。这就允许在空气层与玻璃层的界面之间的反射存在一定程度的相消干涉，也因此可以增强光的传播。许多昆虫尤其是鳞翅类昆虫的眼睛已经进化到拥有一项与众不同的本领。它们的每一只眼睛的表层都被覆盖上了一种呈六角状的锥形物，即我们所熟知的眼角膜（图 6.10）。这些锥形物大约 20~230nm 高，彼此相间 180~240nm。它们比光的波长小，所以不会影响光在表面的折射，但是却会影响反射。这些锥形物的存在会导致空气与外皮之间的折射率存在梯度性的变化，有效地消除了相互的影响。对于更高抛物弧度的尖端，反射的减少量几乎为零（Stavenga 等，2006）。这就代表着光的传播可以得到增强，有助于视力，当然也意味着眼睛在太阳光或月光下将不再是一个亮点，提升了动物的伪装性。锥形阵列也同样在一些天蛾的透明羽翼上被发现，正是锥形阵列的作用，使得天蛾们即使在翅膀振动拍打时也几乎没法让人感觉到。

动物身上反射镜的物理光学原理

大自然中发现的反射器并不是金属材质的，而是由一种可以让光在不同复杂度的元素阵列下实现反射或散射的结构组成。如果这些元素的大小与光发生干涉的波长差不多，通常会导致对某些波长的反射被增强，而其他的波长的反射被减弱。随着物体表面被观察角度的不同，最终产生的颜色也不同，从而产生了彩虹色的效果。所产生的颜色据说是结构化的，而不是色素性的。近年来，人们开始用光子化来形容这样的结构。我们可以根据结构的复杂度来进行分类（图 6.11）。通过分析晶体的结构框架，可以将其规律性地归结为一维、二维、三维的结构。

自然界中最普遍的反射器是一维多层次的（图 6.11a）。一维反射器的作用与我们在生活中经常看到的肥皂泡、油膜上色彩鲜艳的反射现象密

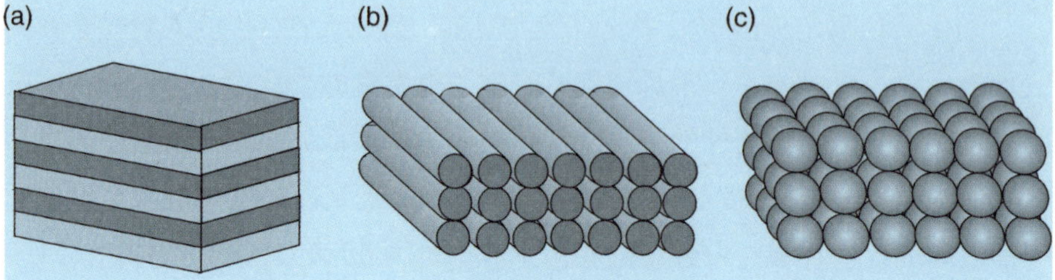

图 6.11　光子结构

（a）一维多层结构是由多层有不同折射率的材料组成。（b）二维的棒阵列（c）三维的球阵列

切相关。我们先来分析一下这类反射。光照在这些薄膜上，一部分在薄膜的上表面反射，一部分在下表面反射。当两反射光相遇时，如果从下表面反射的光与从上表面反射的光同相（即波峰波谷相位一致）则两波相互加强，薄膜看起来很亮，如两个波不同相则薄膜很暗（图 6.12a）。

在肥皂泡中，膜最薄的地方总是黑色的。随着膜厚度的增加，薄膜先变成亮白色，然后会出现一系列的颜色——就是我们所熟知的牛顿色环，但是颜色与彩虹的颜色是不完全一样的，这一系列颜色一开始是非常鲜艳的，然后饱和度渐渐减少直到在膜只有几微米厚的时候变成亮白色。从镜面反射的角度看，这特别有趣，因为它是第一个白色带并提供了一个大光谱范围内的高反射。当然，只有薄膜的厚度是波长的四分之一时这种现象才会发生。

$$nt = \lambda/4 \qquad (6\text{-}3)$$

其中 n 是光的折射率，t 是实际膜的厚度，λ 是波长。这里要处理光学厚度的原因是，当折射率升高时，光的传播传播速度会下降，波长会缩短 n 倍。当间隔的距离在波长级别时，我们就需要考虑膜的光学厚度。为什么一定要是 1/4 个波长呢？有些人可能会认为应该是半个波长，理由是如果下表面的光在出现之前已经两次穿透薄膜，光将会额外增加一个波长的光路差，然后将会与上表面反射的光同相。但是，这里有一个矛盾点！因为有一个难以理解的物理现象，光从光疏到光密介质在上表面的反射，光会自动产生一个半波损失，而下表面的反射波是从光密到光疏介质，不

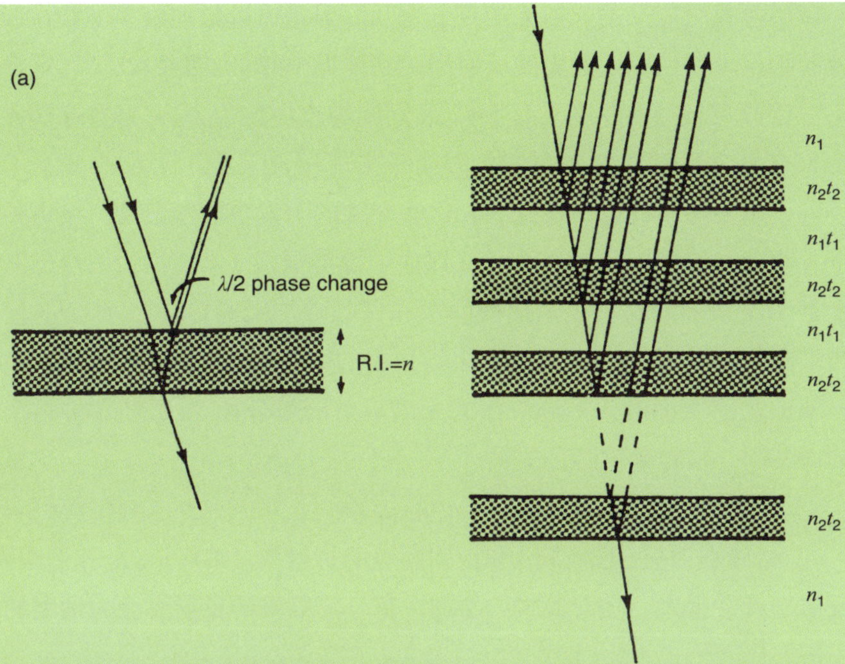

图 6.12

（a）在单层薄膜上的反射，比如肥皂泡或者油膜。两个表面的反射光将构成干涉性。如果薄膜的厚度等于入射光波长的四分之一，则表面看起来明亮。（b）在多层膜的结构中，当各层膜与间隙的光学厚度有四分之一波长时，将会产生最大增强干扰。即 $n_1t_1 = n_2t_2 = \lambda/4$。

会产生半波损失（图 6.12a）。这就意味着如果从下表面反射的光仅传播了半个波长的距离，即薄膜厚度为 $\lambda/4$ 时，会发生相长干涉。当薄膜的厚度趋近于 0 时，上下表面的反射光经过相同的距离，而上表面的光却有半波损失，所以两束反射光发生相消干涉，薄膜看起来很暗。实际中，当薄膜厚度是 $\lambda/4$ 的奇数倍时就会发生相长干涉，是偶数倍时就会发生相消干涉。

在这样子的薄膜干涉中，膜是非常薄的。蓝绿光的波长约为 0.5 μm（500 nm），1/4 的波长大约是 0.125 μm。如果薄膜的主要成分是水（折射率 1.33）那么水膜的厚度大约只有 0.094 μm，比光学显微镜分辨率极限小数倍。

单层薄膜只能反射入射光的百分之几。但是通过增加更多堆叠在表面的薄膜数，可以使得入射光的反射率达到接近 100%（图 6.12b）。这个方法不仅让薄膜自身的厚度只有 $\lambda/4$，膜间间隙也应该为 $\lambda/4$，只有这样才能保证来自每个反射面的光在最上表面时实现相长干涉。图 6.13 显示了几个不同天然多层膜的电子显微图，这些交替的图案都非常清楚。在每种情况下，膜以及膜间间隔都在 0.1μm 以内，都能促成 1/4 波长的干涉反射。图上展示了很多的材料：鱼体内的水和鸟嘌呤（图 6.13a），章鱼的蛋白质与细胞质（图 6.13b），许多昆虫结构中的甲壳素与空气（图 6.13c, d）。

就像之前所说的，不同界面的光能反射的百分比（r）随着折射率的不同而不同，根据菲涅耳公式：

$$r = (n_a - n_b)^2 / (n_a + n_b)^2 \tag{6-4}$$

n_a，n_b 分别为板（或者膜）和板间间隔的折射率。如果 n_a，n_b 相差很大，则反射率就会很大。随着薄膜的增加，整个薄膜堆的反射率会大幅度的提高。把 k 代入公式（6-4）中：

$$R = (n_a^k - n_b^k)^2 / (n_a^k + n_b^k)^2 \tag{6-5}$$

图 6.14a 展示了鸟嘌呤 - 水多层膜的反射率受不同数量的接触面影响的变化。图中也展示了厚膜叠层而不是普通的薄膜的情况（如多卷保鲜膜，或胶带），此情况下光的干涉并没有发生。形成相长干扰显然是值得的：1/4 波长的薄膜堆层在经过大约 20 个接触薄膜面或者 10 个高折射率的截止面之后，其对入射光的反射率能达到 99% 而大于 1/4 波长的厚膜叠层却只有 30% 的反射率。常见的生物材料组合的 1/4 波长下的反射率情况可见图 6.14b。要达到高反射率时薄膜的数量主要与材料的折射率差异有关。

除了高反射率，多层的反射器还有一个重要的特点就是反射光的颜色。多层膜的结构会选择性的增强对波长为薄膜厚度和膜间间隔四倍的光的反射。如果是两倍的话就会出现相消干涉，所以没有波长为薄膜厚度和膜间间隔两倍的光被反射。所以这种结构对光的反射是有选择性的，就不可避免会出现彩色的情况，所以常常会在投影方面存在潜在的应用。通过变化膜间间距，可能会实现在各种类型的伪装中有很高利用价值的白光反射器。

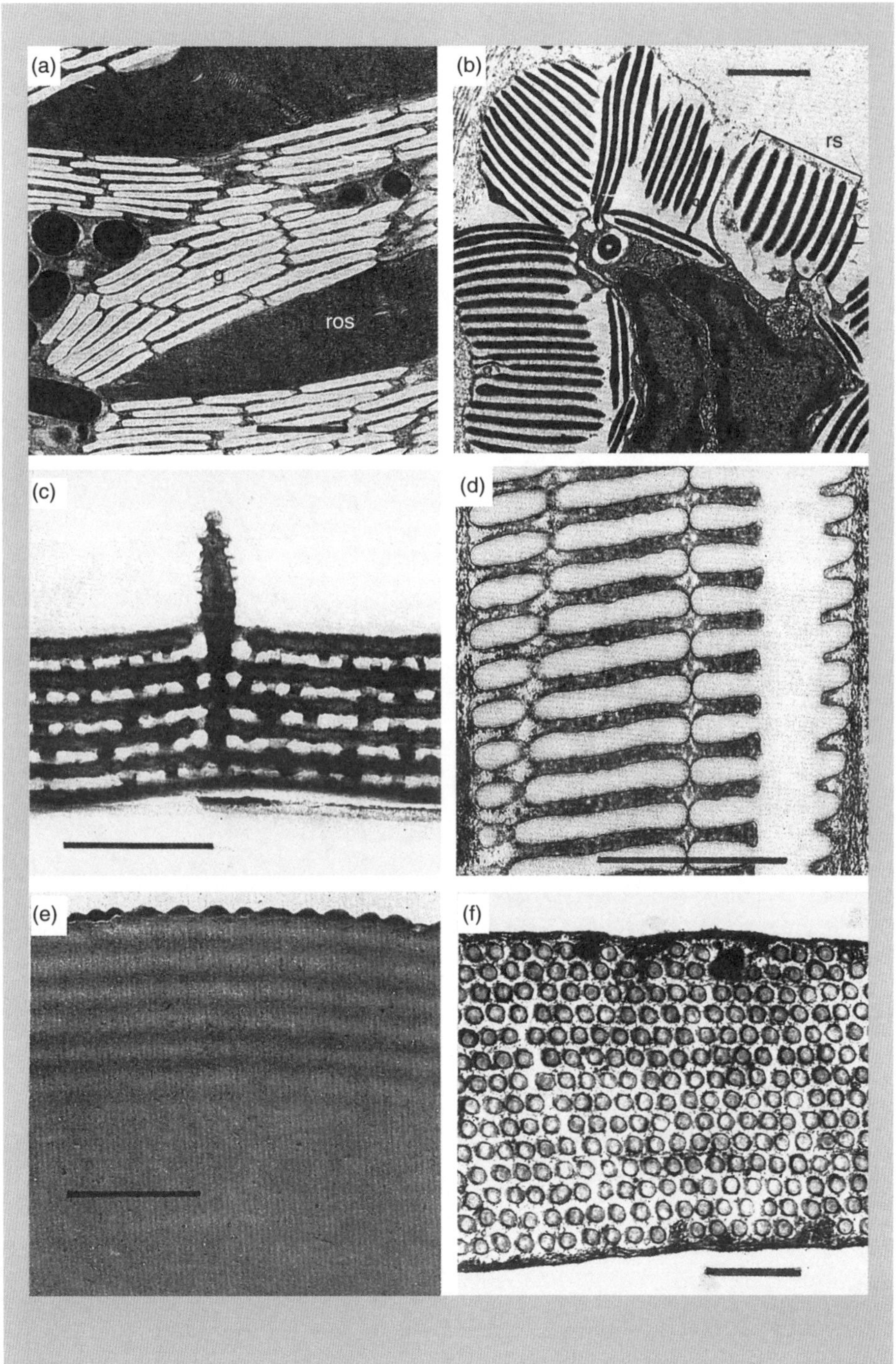
(a)
g
ros
(b)
rs
(c)
(d)
(e)
(f)

图 6.13 自然多层反射镜的电子显微图

（a）海湾凤尾鱼浅湾小鳀的反光色素层的鸟嘌呤晶体多层结构（g）。来自 Nicol（1973）（b）章鱼皮肤内的与蛋白质血小板分离的一个反射细胞的部分。（c）马达加斯加中一种飞蛾色彩鲜艳的羽翼中含有一定剂量的二氧化铀。这使得对橙色光的反射加强。这是一种有 6 个几丁层的多层结构并在其中充满了空气。（d）白孔雀蝶眼内受体细胞后的反光色素层中的几丁质 - 空气多层结构（*Anartia sp*）。反光色素层是由呼吸道扩展而成并反射出蓝色的光。摘自 Miller 和 Berhard（1968）的论文。（e）虻（双翅目：虻科）有一个绿色反射面的眼角膜。不同的层由几种不同密度的甲壳素组成，大概表示不同程度的水合作用。摘自 Miller 和 Berhard（1968）的论文。也可见 plate 3.（f）由多层含锌蛋白组成的猫的反光色素层（见图 6.11b）。其排布与普通多层板的排布差不多。根据 Pedler（1963）的说法，所有情况下的比例尺都约为 1μm，请注意它涵盖了所有情况下的 4~5 个重复单元。

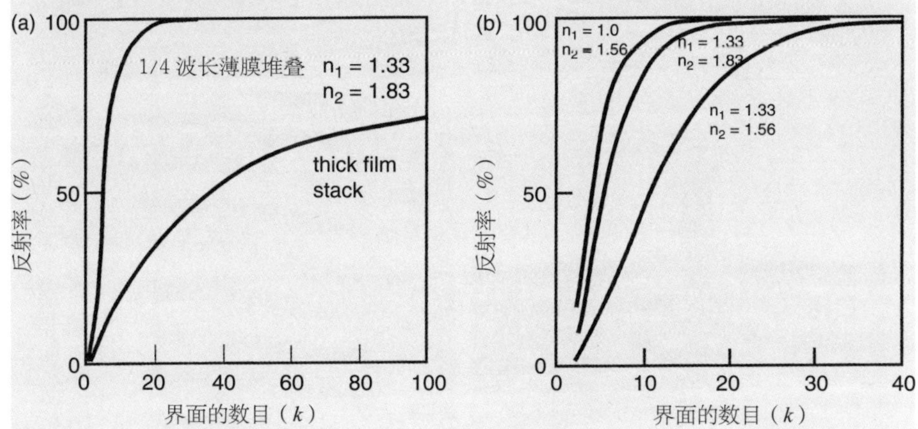

图 6.14 多层反射镜在特定波长下反射率最大时的情况

（a）1/4 波长且材料的折射率为鸟嘌呤和水的折射率的膜叠层在经过 10 个接触面之后能达到 90% 的反射率，而厚膜叠层（$nt>\lambda$）只能达到 20% 的反射率。（b）当接触面数量确定时，1/4 波长的膜叠层的反射率随着膜间成分的折射率的升高而增加。这三条曲线分别是几丁质 - 空气膜叠层（左边，图 6.13c 和 d），鸟嘌呤 - 水膜叠层（中间，见图 6.13a），蛋白质或几丁质 - 水膜叠层（右边，见图 6.13b）以上图取自 Land（1792）。

术语“结构彩色”常常用来形容那些通过光的干涉来产生颜色而不是通过颜料着色的系统。这些系统不仅仅包括多层的反射器，还有常用来产生相当柔和的蓝色和绿色的衍射光栅和散射结构。其他的一些富有层次的彩色的例子在 D. L. Fox（1953）和 H. M. Fox（1960）和 Vevers（1960）的书中以及 Parker（2000）的评述中都有给出。

知识窗 6.1　多层反射器的光谱反射率

有一个非常简单的公式可以计算出一个无限多层 1/4 波长的膜叠层的反射光的光谱分布。这将有助于我们了解一定数量的膜叠层在不同波长下的反射情况。反射率如下：

$$R = 1 - \sqrt{(1 - r/\cos^2\phi)} \tag{6-6}$$

r 是单层薄膜的反射率（见 6.4），ϕ 光在膜间或膜间间隔之间延迟的相位（相位延迟）

$$\phi = 2nd\pi \ / \lambda(\text{radians}) \tag{6-7}$$

不同的常见材料组合制成的无限多层膜的光谱反射率可见图 6.15a。这些曲线之间最明显的区别是光谱带宽，带宽取决于 r，因此导致了高折射率层和低折射率层之间的折射率的不同。一种在虹彩昆虫的翅膀上发现的空气 - 几丁质多层结构能反射一定波长以上的光。这些光的波长几乎是我们在头足类动物如乌贼的皮肤的反射层所发现的水 - 蛋白质，水 - 几丁质结构的三倍长。所以高折射率差异就会相应的产生不饱和的颜色，这个原理可以用来制造各种不同颜色的反射镜。

要对特定层数的膜叠层计算光谱分布比较复杂（Land，1972），但是基本的结论是叠层的层数越少，最高的反射率也就越小，光谱带宽越宽（见图 6.14b），层数越多主峰旁的边带就越多（见图 6.15b）。另外还有两个很重要的结论。第一，随着入射角的改变，反射光的颜色也会改变。在垂直入射时（与表面成直角），通过等式（6-5）可以看出这个 1/4 波长的膜叠层的反射率能达到最大。但是若入射光与法线之间的角度增大，波长会变短。所以虹彩多层结构常常当你变化观看角度时会看到不一样的颜色。第二，反射光色彩的饱和度随高和低折射率层之间的厚度的不同而不同。如果一个的厚度略大于 $\lambda/4$，其他的略小于 $\lambda/4$，且厚度和事 $\lambda/2$，则反射的最大波长与 $\lambda/4$ 膜叠层是一样的，只是带宽更窄。因为这些非理想化的 $\lambda/4$ 膜叠层更容易反射出五彩的光，所以会在投影中有很大的用武之地。

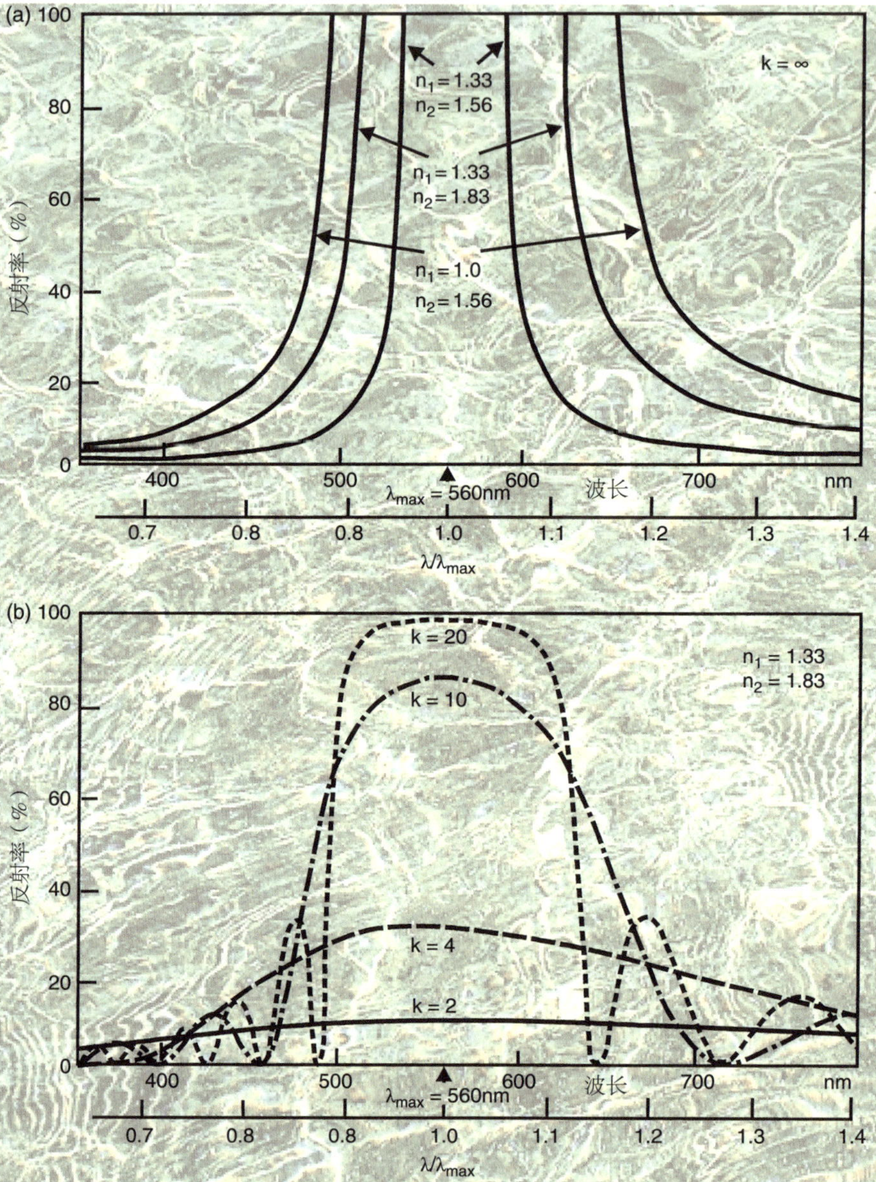

图6.15 1/4波长多层膜反射结构的光谱反射率的分布

（a）无限多层的空气-几丁质（最外部），鸟嘌呤-水（中间），蛋白质-水（最里面）结构的光谱反射率。请注意，请注意随着折射率差异的减小带宽的减少。上面的纵坐标比例表示 $\lambda_{max}=4nt=560$ nm（例如黄绿色的光），下面的纵坐标与 λ_{max} 无关。（b）具有少量接触面的鸟嘌呤-水膜叠层的光谱反射率。随着接触面数（k）增加，最大反射率增加，带宽减小，且光谱的边带数量也增多。以上两图都来自 Land（1972）。

光子反射在除眼睛之外的结构中的应用

展示

多层反射器是增加动物在社交或者性方面显眼程度的理想选择。它们的银色可以反射太阳光，反射的光的颜色可以识别相应的身份。一些如孔雀、天堂鸟、银雉得鸟类就会利用这些多彩的多层反射器来展示自己的魅力。在鸽子、八哥、鸭子的羽毛上也可以发现一些隐藏的虹彩多层结构。这种鸟类身上的反射器的结构通常是采用二维光子结构（图 6.11b），其角蛋白中嵌入了折射率约为 2 的棒状黑色素。天堂鸟体内的棒状黑色素由氮气膨胀成扁平型，而且氮气可以增加其折射率。

多层反射器也在有颜色的鱼的体内有所发现。如 *Dragonet* 的彩色装饰和 *Neon tetra* 身上的蓝色条纹。后者有一个很奇妙的功能就是可以在晚上关闭蓝色条纹，这是由一个未知的但可以降低血小板鸟嘌呤之间的间距的机制造成的，从而使得最大反射率时的光波长变成人眼不可见的紫外线区域（Lythgoe 和 Shand，1989）。澳大利亚的田园里的蜥蜴的身上也会有彩虹色的条纹，通过改变板间间距，条纹的颜色可以很快忽红、忽蓝。毫无疑问这肯定是有一种信号在传递，但是信号的意义我们并不知晓。还有很多其他鱼类和头足类身上反射器的例子，但是这些反射器的功能大部分都是用来隐藏自己而不是用来展示给别人看的。

一些昆虫蝴蝶和飞蛾的彩虹色翅膀尤为引人注目。大部分蝴蝶翅膀的颜色是染料作用的结果，但蓝色的翅膀却是构造出来的，且依赖于光的相长干涉。雄性的大闪蝶有鲜艳的蓝色翅膀，所以很受维多利亚收藏家们的喜爱。这些翅膀都有长脊，从长脊的每一边突出许多由空气隔开的薄板从而形成了 1/4 波长的膜叠层。马达加斯加每天白天飞行的飞蛾的翅膀也非常的鲜艳。在这些物种当中，它们的翅膀的颜色从蓝绿色到黄、红色，再到紫色再到蓝绿色。从结构上来说，虽然中间的空气层依然是 1/4 波长厚，而几丁质层的厚度却从 1/4 波长增加到了 3/4 波长（见图 6.13c）。

其他的一些昆虫身上的反射器还包括诸如虻、鹿蝇、长腿苍蝇的鲜艳眼角膜。这些颜色将会在昆虫死去后消失，因为几丁质会被不同程度的水化作用，且会产生不同的折射率。这个过程是如何作用的仍未可知。

许多蜘蛛，尤其是跳蛛的脸上，身体上，腿上会有银色的鳞片。有报道说，雄性而非雌性的蜘蛛的鳞片可以反射紫外光。这种紫外光可以被雌性蜘蛛看到，从而激励了求偶行为。这些鳞片的结构很特别，两层285 nm后的几丁质中间夹着150 nm后的空气。原理上，这种结构会导致在600 nm橙色光有最大的反射率，在385 nm光时有次大的反射率（Land，2007）。雌性蜘蛛也会使用这种紫外光但却不是反射紫外光。雌性蜘蛛的触须会发出绿色的荧光，来发出求偶信号。（Lim，2007）

简单的多层反射器只有在窄角度范围内才会有强反射。在一些蝴蝶如 *Papilio palinurus* 身上的反射器会形成很小，呈深凹状，横跨5um左右的坑，这就导致了在坑的底部会有黄色光的单反射，边界（蓝色光的反射因为较小的入射角）会有二次反射。这种结构反射出了与叶子颜色相融合的绿色。

图 6.16 *Parides sesostris* 蝴蝶身上部分反射绿光的鳞片的结构

这是一个三维的结构（见图 6.11c），在此结构中，光从球形孔的晶格中产生散射干扰，生成在所有方向看都类似的颜色。比例尺为 1μm（Pete Vukusic 的扫描电子显微照片）

其他的蝴蝶如 Parides sesostris 有三维结构的反射器（图 6.16），这种结构的反射器可以使光照射在所有方向，从而在一个很大的范围内保持同样的颜色（*P.sesostris* 产生绿色）。这种结构是由球形孔形成，常见于金刚石晶格中（Vukusic 和 Sambles，2003）。

反射性的伪装

反射器也可以有与展示自己相反的作用，它可以使得动物遁于无形。在 1960 年的一系列论文里面，Denton 和 Nicol 说明了鱼是如何利用自己银色的边鳞实现伪装，让自己的身影在广阔的海洋中很难被发现（Denton 和 Nicol，1965；Denton，1970）。原理其实很简单，就是当太阳光穿透海面时会发生折射与漫反射，所以光会关于一垂直轴线对称（见图 6.17a）。无论与垂直光束成的任何角度，从南侧来的光束就类似于北侧的，且或多或少与太阳与地面所成角度有关。在这种情况下，一个垂直放置的平面反射镜就会变成隐形，因为从镜面反射的光的强度与透过镜面的光的强度相同（图 6.17b）。这种效果可以从一个银色鱼的照片看出，在这张照片中，我们几乎看不到这条鱼直到垂直的平面镜有所倾斜并反射光。Lythgoe（1979，图 7.1）展示了一个类似的图片，在此图中，我们最能看清楚的特点就只是鱼眼睛的黑色瞳孔。眼睛的瞳孔是不能伪装的，因为如果眼睛要想看到东西就必须吸收光。潜水员偶尔会通报说看到了黑色的斑点，误以为是前一晚没有休息好所致。

为了产生这种反射效果，鱼类得解决两个问题。第一，鱼并不是边缘平整的，它们的身体会有凸出，但只有镜面是完全平坦的时候，才可以形成反射性的伪装。第二镜子必须是白色的，不能是彩色的，就像一个简单的 1/4 波长的由水和鸟嘌呤构成的膜叠层一样。Denton 和 Nicol 说鱼身体凸出的问题可以用一种巧妙的方法解决。虽然大部分鱼的侧边是凸起的，且它们身上的反射板与身体表面并不平行，但是这些反射面可以被适当倾斜，所以可以非常接近于垂直面（图 6.17c）。所以，鱼身体的边缘可以近似于一个光学反射镜，与它们自己的实际体型无关。就像之前所说，我们可以通过调节膜叠层中间各层厚度来得到白光反射器。在鲱鱼身上这很容易做到。不同内部层次范围，多层结构反射的颜色不同，所以大约 1/3 的鳞片是蓝绿色，1/3 是红紫色，1/3 是橙黄色（见 plate 2）。鳞片像屋顶上的瓦一样依次覆盖，不同颜色的反射器一层叠着一层，所以我们从任何角度看都感觉深有三层（图 6.17d，Denton 和 Nicol，1965）。因为多层反射器会令不反射的光束通过，因此每种反射器都能反映出其自身的三分之一的频谱而不受其他两层的影响，最终就得到闪亮的白光反射，就像我们平时看到的柜台里面的鱼一样。只有当银鱼有损伤或者不再新鲜没有了鳞片时，才会重又变成彩色。

许多中水区的鱼，头足类，甲壳类动物身上都有一个额外的用来伪装的器官叫作反照明物，在反照明物中，当我们直接从下方看时，许多用来

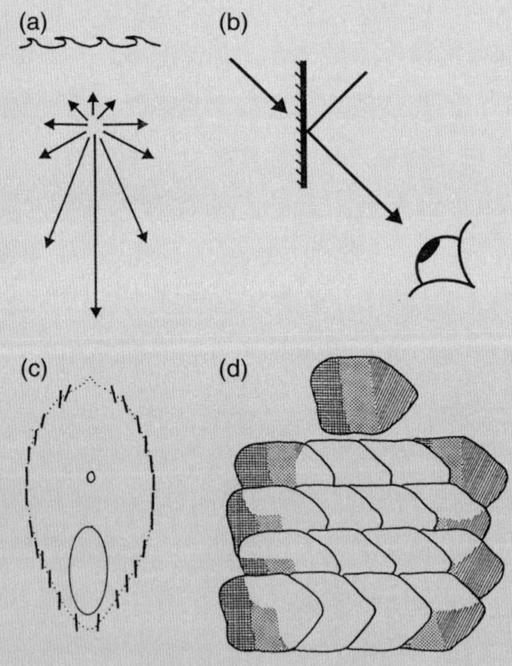

图 6.17 海洋中的反射性伪装

（a）在离垂直面几十米深的地方，光的分布是对称的。（b）一个垂直放置的平面反射镜就会变成隐形，因为从镜面反射的光的强度与透过镜面的光的强度相同。（c）鲱鱼身上平面反射镜的排列方向。请注意这些反射镜所在平面相较于身体表面而言，与垂直反向更加接近。（d）鲱鱼身上反射光的鳞片的交叠情况。每个鳞片都会反射 1/3 不同的光谱段（见 plate 2），鳞片的三次交叠就会产生白色的反射光。以上理论基于 Denton（1970）。

图 6.18

一条海中的银色的鱼，朝向与海面垂直（上图），倾斜后能反射来自上方的光线（下图）。（此图来自 Justin Marchall）

向下发光的光素(也常有多层反射器)被用来伪装它们的身体轮廓(Herring，1994、2002)。

在陆地上，这种反射策略常起不到任何作用因为光是更加定向的。但是也有一种环境有点类似于海洋，就是丛林深处。在丛林中，光会漫反射，而且各个方向的背景相似。一些达纳丁蝴蝶的蛹如来自斯里兰卡的幻紫斑蝶（*Euploea core*）会有亮闪闪的反射金光的角质层（见 plate 2），它可以反射周围的下层林丛的一些细节之处（Steinbrecht，1985）。这是非常完美的伪装，因为光强与纹理都与周围环境非常相似，所以其他物种就看不到它了。

小结

1. 有少部分眼睛会使用凹面镜而不是晶状体来成像。最让人印象深刻的是 Pecten 扇贝的眼睛，每 60~100 双眼睛里面的像提供了一种检测运动的手段。我们在深海中的 *Spookfish Dolichopteryx* 向下瞄准的第二类眼睛里面发现了一种台阶梯形结构的成像反射镜。

2. 深海里的介形虫（*Gigantocypris*）的眼睛里面有抛物线型的反射器。这种反射器灵敏度很高，但是分辨率很差。

3. 脊椎动物（如猫），昆虫和甲壳纲动物的眼睛中常见有反光色素层，它并不能成像，但是却使得透过视网膜的有效光增强了一倍。

4. 一些昆虫特别是鳞翅类昆虫的眼睛上有一层有微小螺纹阵列的自动反光的膜。这层膜会最小化光从空气传播到甲壳素时的折射率。

5. 反射结构可以根据构成特点分为一维（板状）、二维（棒状）、三维（实心或空心球体）这三种。

6. 大部分动物体上的反射器都是运用多层干涉原理。光在膜叠层表面发生反射，如果接触面之间相间 1/4 个波长或者奇数个 1/4 波长值，就会发生相长干涉，达到高反射率。

7. 生物体多层反射器包括鸟嘌呤 - 细胞质（鱼的鳞片）和甲壳素 - 水（昆虫的翅膀）。当折射率相差很大时，就会有最大的光反射率。

8. 因为多层结构反射器的反射率与光的波长有关，所以大部分生物体反射器都是有颜色的。这一现象可以应用于展示自己，比如一些鸟是彩虹色的，一些蝴蝶和飞蛾的翅膀也是彩色的。

9. 海洋中特殊的光学环境使得动物可以利用反射形成一定的伪装。银色的鳞片可以通过反射与周围环境相近强度的光来掩饰鱼的轮廓。

第七章
井置复眼
Apposition compound eyes

Judging from the numbers of individuals that possess them, compound eyes are by far the most popular devices for imaging an animals surroundings. Built as convex structures around the outside of an animals head, they are fundamentally different from the concave structure of single chamber eyes. In spite of this major topological difference, however, the jobs of the two kinds of structure are the same—to break up the incoming light according to its direction of origin (Fig, 7.1).

从拥有复眼的个体数量来看，复眼是目前为止最普遍的成像装置。它是动物头部外侧的凸形结构，与单腔眼的凹形结构有着本质的区别。然而，尽管存在这种拓扑结构的差异，这两种结构的功能是相同的——根据光的原始方向分解入射光（图 7.1）。当然，这两种结构还存在另一个很大的区别：相比于所谓的“简单型”眼睛使用单一的光学系统，复眼使用多个光学系统。然而这并不代表复眼可以形成多个图像。在并置型眼睛中，如大多数白天活动的昆虫的眼睛，每个透镜确实形成一个微小的图像（尽管这不是动物实际看到的）；而在叠加型眼睛中，如夜间活动的昆虫和深水甲壳类动物的眼睛，晶状体透镜（有时候是反射镜）协调工作形成一幅深层图像。由于涉及的光学机制差异巨大，我们把复眼的讨论分为两部分，本章主要讨论并置型眼睛及其变体，下一章讨论叠加型眼睛。

复眼首次出现于寒武纪大爆发时期（见第一章）。伯吉斯页岩（*Burgess Shale*）中的一些独特的动物，如奇虾（*Anomalocaris*），具有很大的凸出的眼睛，尽管平面的结构没有保留下，但从其形状来看，它们一定是复眼（Conway-Morris 1998）。追溯到寒武纪时期，节肢动物亚门甲壳动物门（*Crustacea*）和螯肢动物门（*Chelicerata*）几乎都是复眼，之后出现于泥盆纪（*Devonian*）的第一批昆虫也是如此。从那时至今几乎都保持不变的一种动物是马蹄蟹（鳖类，螯肢动物门），其著名的复眼为视觉生理学家提供了从 20 世纪 30 年代起的最佳研究标本。我们认为更近代的螯肢动物种群，如蝎子和蜘蛛，都已经通过一些进化过程将祖先的复眼转化为现在的简单型眼睛。三叶虫的眼睛化石是所有动物中保存最完好的。三叶虫始于寒武纪，在三亿年之后的二叠纪灭绝。这种节肢动物的外骨骼中的方解石不仅保留了它们眼睛的外部结构，某种程度上也保留了光学元件，使得我们能够窥见五亿年前的视觉系统（Levi-Setti，1993）。本章后面会讨论三叶虫的眼睛（见图 7.21）。

目前为止提到的所有动物都属于节肢动物，它们可能起源于类似蠕虫的祖先，这种祖先已经具有基本的复眼——可能是一组松散的眼窝。之后，节肢动物的眼睛沿着两个不同的谱系独立进化：甲壳动物类和昆虫类、多足动物类和螯肢动物类（Nilsson 和 Kelber 2007）。完全独立于节肢动物的进化谱线外的两个种群也进化出了复眼（图 7.2）。方舟壳（魁蛤属和帽贝 *Pectunculus*）是双壳贝类，在外壳边缘有一系列复眼和普通眼结构，它们的功能与扇贝的镜眼（见第六章）完全相同，即作为探测移动捕食者的“防盗警报”（Nilsson，1994）。与节肢动物复眼不同，这些眼睛无晶状体，感光器的接受角度仅受其周围色素管遮蔽效应的约束。管虫科的管虫是过滤饲料的环节动物，其触角从半埋在泥中的管子伸出，像方舟壳一样，它们需要对接近的捕食者预警。管虫族（*Branchiomma*）中，两只复

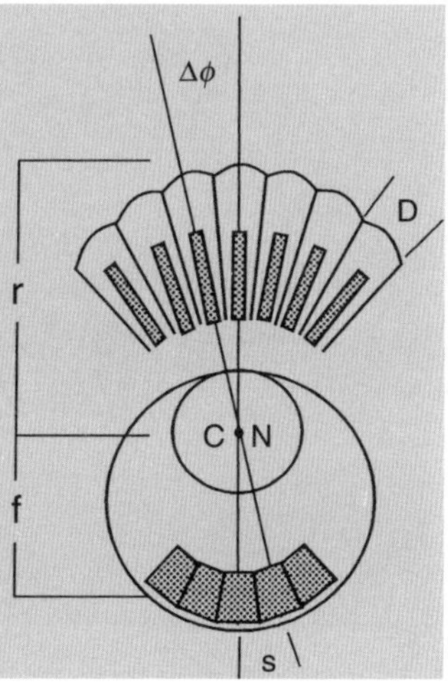

图 7.1 并置眼和普通（相机型）眼功能的相似性

采样角 $\Delta\phi$（内部小眼或内部感光器间角度）在并置眼中为 D/r，在普通眼为 s/f。D 是小平面直径，r 是曲率半径（中心为 C），f 是普通眼的焦距而 s 是感光器间距，N 是普通眼的节点。

眼出现在经过特定改装的触角尖端，虽然它们有镜片，但它们更像魁蛤属的眼睛，而不像节肢动物的眼睛（Nilsson，1994）。

在其他种群中，一些海星在触手的末端有松散的复眼状结构，但它们似乎更像是一种基本类型的杯状眼（*Eye-cups*），而不是一只眼睛。其内部的感光器必然对光有响应，但还无法确定整个结构是否有分辨图像

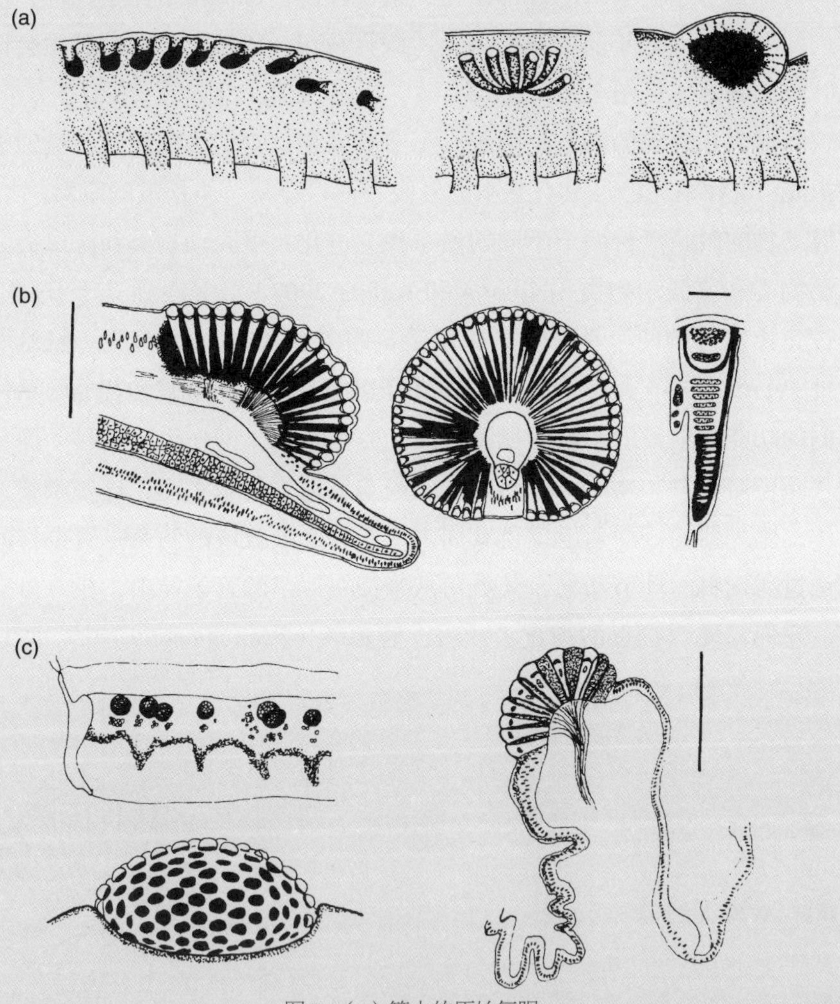

图 7.2（a）管虫的原始复眼

从左起分别是：多毛类动物（*Hypsicomus*）、蠕虫（*Protula*）和缨鳃虫科（*Sabella*）。（b）管虫族（*Branchiomma*）发育良好的复眼。纵向切面图、横向切面图（比例尺均为 100μm）以及以一堆纤毛状圆盘为接收部分的单个单元（比例尺为 10μm）。（c）双壳类软体动物魁蛤属的外壳眼，右侧的独眼截面（比例尺为 100μm），来自 Land（1981）。

的能力。令人感兴趣的是，在某些燧足海星（*Brittle stars*）的有壳的背部触手吸盘里也发现了一组有趣的透镜状方解石结构阵列（Aizenberg 等，2001），但同样无法确定它们是否具有感光器功能。海胆具有分布式的表层感光性，每个棘状突起的遮蔽效应将每个区域的可视角度限制在 10° 以内，从而可以检测到黑暗物体（Yerramilli 和 Johnsen，2010）。还有其他具有小眼点阵列的动物：淡水扁虫（*Polycelis*），其头部周围有约 30 个小眼点的线状分布；石鳖（甲胄壳软体动物）的外壳凹槽中嵌有许多感光器，在某些物种中甚至有小型透镜眼（Speiser 等，2011）。虽然在石鳖中，这些结构对光线明暗甚至其他物体的移动都很敏感，但尚不清楚这些结构是否能够提供对周围环境中光线分布的统一视图。

小历史：关于并置以及神经中枢上的叠加

昆虫复眼的切面太小，用肉眼无法分辨，因而直到 17 世纪显微镜的发明之后，复眼才被正确描述。从罗伯特·胡克（Robert Hooke）1665 年的著作《显微图谱》（*Micrographia*）中的第一幅作品“*The Grey Drone Fly*”（可能是一只公苍蝇）到 1891 年西格蒙德·埃克纳的基本上现代的描述，研究复眼功能的过程花费了两个多世纪的时间。第一个观察昆虫眼睛的光学阵列的人是列文虎克（Antoni van Leeuwenhoek），他的观察结果引起了一场直到 20 世纪 60 年代才解决的争议。下面的引用来自 Wehner（1981），一封列文虎克给伦敦皇家学院（*The Royal Society of London*）的信（于 1965 年公开）中的内容：

> 去年夏天，我用显微镜观察了昆虫的角膜。如同通常观察小样品时的做法，角膜被放在与目镜距离较远处。然后，在保持蜡烛的火焰能照射入角膜的距离范围内，我将蜡烛的火焰上下移动。通过显微镜，我观察到燃烧火焰的倒像：不是一个单一的图像，而是几百个图像。尽管尺寸很小，但我能观察到这些图像的移动。

很明显，尽管从眼睛的几何形状来看，成像应该是正立的（图 7.1），但是眼睛的每个面（至少在并置型眼睛中）确实产生了倒置的图像（参见

第八章，图 8.2）。那么，昆虫看到的是什么？每个镜头下方的感光器（通常是 8 个）究竟是能分辨出倒置的图像，还是只给出了其小眼视场中的平均光强？（复眼以小眼为基本单位，小眼由晶状体、感光器以及其他相关结构组成，见图 7.3）。

答案取决于动物。到 19 世纪 70 年代，组织学研究表明，在大多数并置眼中，每个小眼中的八个感光器细胞形成一个单一的放射状结构，称为感杆束（希腊语为杆状，见图 7.3 和 7.4）。很久以后，在 20 世纪 50 年代，这种材料被发现是由覆盖大量长而窄的微绒毛的感光膜构成的，但直到 1891 年埃克纳（Exner）写他的专著时才确定感杆束是对光敏感的结构。每个小眼的光学原理如下：列文虎克（Leeuwenhoek）看到的倒置图像集中在感杆束的末端，由于其折射率稍高于周围环境，因此感杆束是光导体，使得进入其末端的光线向下传播，经过全内反射被捕获；进入感杆束末端的图像中的任何空间信息都会丢失，并被光导内的多次反射所扰乱，因此感杆束本身就像一个光电池，它可以平均所有进入它的光线。从几何上来看，感杆束的视场由其末端对角膜透镜节点处的角度所决定（见图 7.6），而在典型的并置眼中，该接受角度（$\Delta\rho$）大致与小眼轴心之间的角度（小眼间角 $\Delta\Phi$）相同。因此，一个感杆束的视场与邻者的视场邻接（或“并置”，因此得名），从而产生由相邻视场的拼接而成的整幅正立的图像。

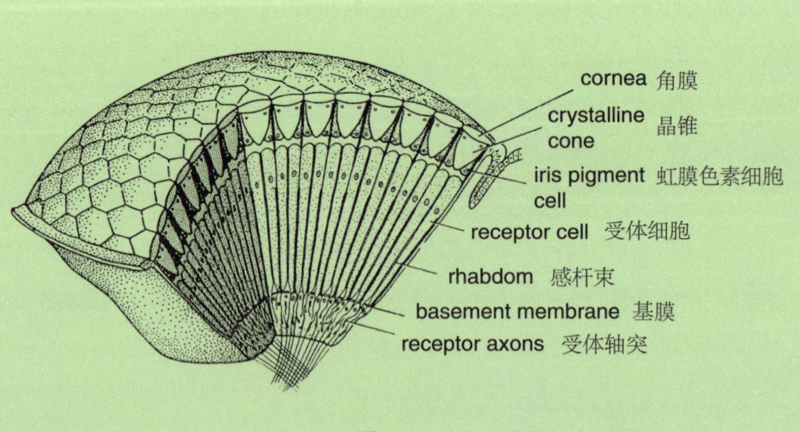

图 7.3
并置眼的基本结构，显示了其以小眼为基本的构造，修改自 Duke-Elder（1958，图 134）。

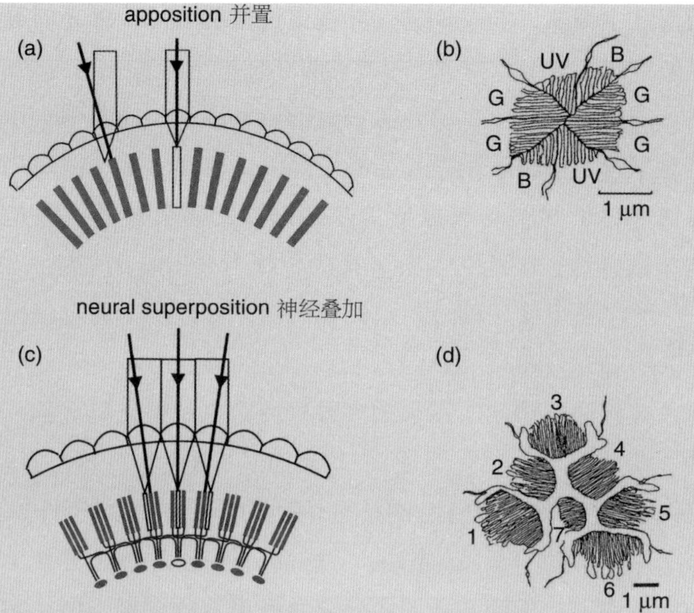

图 7.4 并置眼（a，b）和神经叠加眼（c，d）光学方面的比较

（a）在并置眼中，每个感杆束（阴影线）从略微不同的方向（箭头）感受光线。（b）虽然其由 8 个感光器构成，但它们具有融合结构，只能充当单个光导。UV、B 和 G 表示在工蜂眼睛的小眼中对紫外、蓝色和绿色响应的感光器。

在神经叠加眼中，单一方向的光由相邻小眼中不同的感杆束成像。（c）所有对相同点成像的感光器中的轴突在第一突触层中聚集在一起，使得这里的图像具有与在普通并置眼中相同的结构。（d）部分显示了从苍蝇中分离出的感杆（见图 7.10c）。如（c）所示，6 个外部感杆束（1~6）将轴突送到不同的相邻层状的“弹药筒”中。中间的一对（7 在 8 之上）绕过薄层，直接进入下一个神经节（髓质）。

尽管那 8 个对感杆束有贡献的感光器共享相同的视野，但提供的信息并不同。图 7.4b 中蜜蜂感杆束横截面上的 UV、B 和 G 指示了细胞响应最高的频谱区域。大多数昆虫与我们一样都具有三原色视觉，但它们的可见光谱与我们相比波长总体偏短（Menzel，1979；Chittka，1996）。一些蝴蝶和蜻蜓具有四原色视觉，相当难以置信的是只有 22 个小眼的水蚤（*Daphnia*）也是如此。其他甲壳动物大都是二原色或三原色的。雀尾螳螂虾（口足目）是一个特例，它的眼睛在特定的条带上有 12 个视觉色素（见第九章和 plate 4）。蜜蜂感杆束的第二个特征（图 7.4b）是微绒毛成正交排列。20 世纪 40 年代以来，Karl von Frisch 的工作让人们知悉蜜蜂可以使用天空中偏振光的模式进行导航，这种能力源于感光器分子在微绒毛上的排列方式（见第二章）。微绒毛的圆柱形形状在几何方面的结果是，视紫质分子的光敏发色团与每个微绒毛的长轴平行，而非垂直。这又意味着感光器对平行于该轴的偏振光的响应最高。事实上蜜蜂能使用眼睛背部特殊的区域（POL 区域）来分析天空的偏振；其余眼睛的感光器被扭曲以消除偏振敏感性，因此它不会干扰颜色视觉（Rossel，1989；Wehner，1987）。一些昆虫也使用偏振视觉，如水虫（仰泳蝽）通过偏振光线来探测水面（Schwind，1983，1991）。

上述并置光学的描述适用于大多数昼夜昆虫和甲壳类动物（蜜蜂、蚱蜢、水蚤、螃蟹等），但并不适用于真正的（双翼）苍蝇。自从 1879 年格林纳赫观察到苍蝇中的感光器具有单独的不影响共同感杆束的感光结构（感杆）时，人们怀疑苍蝇实际上能够分解列文虎克图像。在苍蝇小眼透镜的焦平面上，感杆末梢彼此分离并形成特征图案（图 7.4d，也可见图 7.10c），该图案将图像分解成七个部分（有 8 个感光器，但中央的一个在另一个之上）。这引出了一个明显的问题：如果确实发生了这种情况，这七个分离的倒置图像如何融合在一起形成整体的直立图像？ Kuno Kirschfeld 终于在 1967 年解决了这个难题。事实证明，小眼内相邻感杆束视场之间的角度（苍蝇的约 1.5°）与相邻的小眼轴之间的角度相同。此外，一只苍蝇小眼中的六个外围感杆中的视野在苍蝇周围的空间中与邻近小眼的中央视野对齐（图 7.4c），因此空间中每个点都可被七个相邻的小眼中的感杆束看到。这种复杂且看似多余的设计有何作用？为了回答这个问题，我们需要知道观察同一个点的七个感光器的信号会发生什么，其结果最令人惊讶。每个小眼下面新出现的感光器轴突束在各个神经元分散到与相邻小眼对应的第一视神经节（薄层）的附近区域之前经历了 180° 扭曲。神经编织（如图 7.4c 所示）的最终结果是，空间中所“看着”相同点的轴突完成了与薄层中相同细胞的连接。因此，就薄层而言，图像与传统并置眼睛中的完全相同，只是在光子捕捉方面的信号强度强七倍。这个额外信号的一个优点是，它可以在黎明和黄昏时为苍蝇提供短时间的视觉，但它们的捕食者和竞争者的视力不如其敏感，因此在检测小物体方面效率较低。

Kirschfeld 称这种布局为“神经叠加”，因为在光学叠加（第 8 章）中，许多小眼的贡献在最终图像中叠加。有人可能会问，通过增加传统并置眼中感杆束的直径，信号能否变得更强？这样做确实可以，但这意味着同时增加感杆束的接受角（$\Delta\rho$），也意味着整个眼睛分辨率的损失。苍蝇解决方案的美妙之处无疑是它演变的缘由，只要感杆适当对齐，就不会增加感杆束的接受角。自然界强烈地暗示我们，其他昆虫群体（一些甲虫、蠼螋、水虫、大蚊；Nilsson 和 Ro，1994）也有神经叠加之类的东西，但只有在进化后的苍蝇和一些白天活动的蚊子中，我们才知道最近邻的完美布局是可以实现的（Land 等，1999）。

基本光学

第三章和第五章给出的光学理论大多数适用于并置复眼，与相机型的眼睛有一些区别。在本节中，我们再次概述要点，并与其他类型的眼睛进行比较。

成像机制

在并置眼的小眼中成像的结构非常多样（图 7.5）。陆地昆虫如同陆地脊椎动物一样（第 5 章），产生图像最简单的方法是使角膜弯曲（图 7.5a），然后使用普通的球面光学元件（见第 5 章）在正后方形成约 4 个曲率半径的图像。在诸如水虫（仰泳蝽）的水生昆虫中，由于折射率差异的减小，角膜外表面能力甚微（图 7.5b）。它在镜片后部增加了其他两个表面，镜片中心界面异常弯曲，其功能可能是像三叶虫眼睛所演化出来的一样（Levi-Setti，1993）校正球面像差。

马蹄蟹（鲎）主要生活在海中，但在岸上产卵。它有一个平坦的角膜，但在角膜后面有一群指向内部的圆锥形突起，在其近端形成图像（图 7.5）。Exner（1891）发现，在没有任何起光学作用的界面的情况下，这些结构必须起渐变折射率器件的作用，就像鱼的球形马蒂森透镜一样（第 4 章）通过不断弯曲光线来形成图像。他称这些结构为“透镜圆柱体”（*Lens*

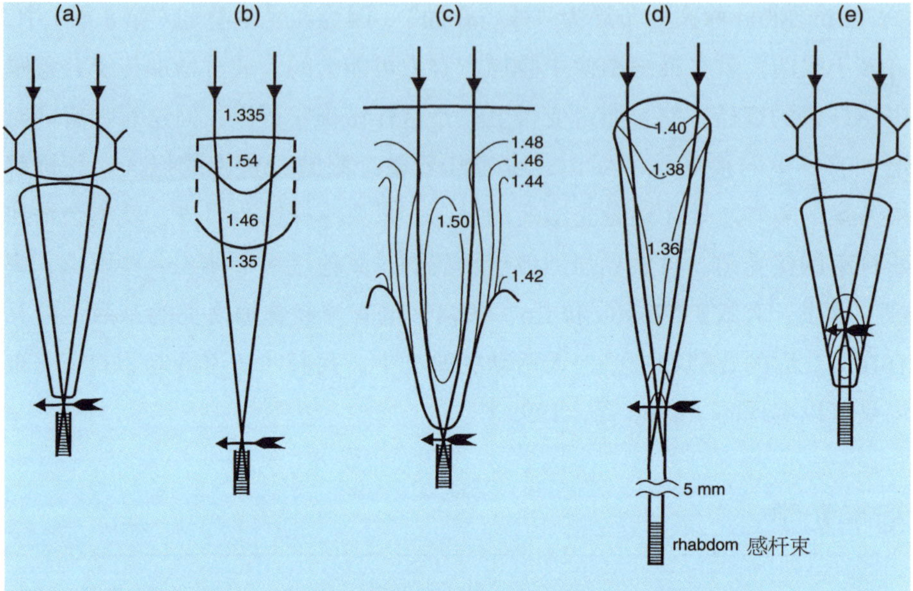

图 7.5 并置眼中图像形成的五种机制

（a）角膜透镜（蜜蜂、苍蝇）。（b）多表面透镜（水虫）。（c）渐变折射率的透镜圆柱体（萤）。（d）有光导的透镜圆柱体（虫戎（*Phronima*），端足目）。（e）透镜 / 透镜圆柱体的无焦组合（蝴蝶）。详情见正文描述。

cylinders），且它们具有内部折射率梯度的这一假设近年来已被反复证实。尤其有趣的是，透镜圆柱体是在海鞘端足目［沙蚤（*Sand-hoppers*）的深海中的近亲］中发现的。其中最令人印象深刻的是虫戎（*Phronima*），它是填戎（*Phronimidae*）科的一种小型深海片脚类动物，它的双眼上部覆盖头部的背面，下部是一个位于腹面的泪滴状结构（见图 7.19a）。上眼有着与萤不同的渐变折射率透镜，它并非直接成像到感杆束尖端，而是聚焦到 15μm 宽，折射率为 1.39 的长光导的入口处（图 7.5b 和 7.19b），它将光从图像 5 mm 处传送到位于下眼视网膜的腹侧旁边的视网膜（Land，1981b）。这种特殊布局的功能似乎是为了伪装，以保持眼睛尽可能透明（Nilsson，1989），其他中等水深的海鞘也有类似的布局。

蝴蝶的眼睛几乎在所有方面都与普通的并置眼相似，不过光学系统与图 7.5a 中略有不同。蜜蜂或蝗虫的眼睛在晶体锥体内成像，而非在感杆束的尖端。圆锥体的近端部分包含一个非常强大的透镜圆柱体，它能使聚焦的光线再次平行，从而使光线以光束的形式到达感杆束（图 7.5e）。这种由于没有外部焦点而被称为无焦点并置的布局与飞蛾的叠加光学系统（第 8 章）有许多共同之处，蝴蝶的眼睛光学系统也与该布局密切相关。

分辨率

正如第三章所讨论的，对任何眼睛而言，大脑看到图像的分辨率取决于眼睛的采样频率（$\mathcal{V}_s$）和由空间截止频率（$\mathcal{V}_{co}$）表示的光学质量。在并置眼中，抽样单位是单个小眼中的感杆束。尽管那八个对各个感杆束有贡献的感光器通常具有不同的光谱和偏振响应，但它们都共享相同的视野。因此，小眼之间的夹角（$\Delta\Phi$）决定了整个图像是如何被采样的（图 7.1），其中 $\mathcal{V}_s$=1/2（$\Delta\Phi$）。（在六角形阵列中，$\Delta\Phi$ 的确切定义可能相当复杂（参见图 7.15），现在我们将其表示为沿着阵列三个轴测量角度的平均值。）蜜蜂眼睛的中心区域夹角 $\Delta\Phi$ 大约为 1.7°。

双翅目的神经叠加眼有一个额外的约束，即感杆尖端的分离度必须与小眼间的角度匹配，即 $\Delta\Phi=s/f$，其中 s 是分离度，f 是小平面透镜的焦距。如果 $\Delta\Phi$ 为 2°（0.035rad），焦距 f 为 70μm，那么尖端的分离度必须为 2.4μm。这并没有给眼睛留下太多空间。因为狭窄的光导（如弹性体）倾向于“泄漏”，即光导自身外部还有相当一部分的光能（图 3.7），所以感杆之间需要有足够的间隙以防止“串扰”。苍蝇的相邻感杆束间隙为 1μm，这意味着感杆本身必须足够窄。它们的远端尖端直径约为 1μm，是动物中最窄的感光器。然而，在其他方面，神经叠加眼大都与其他并置眼有相似的光学性质。

正如在人眼（第五章）中所期望的那样，并置眼粗略地展现了单个感杆束的接受角（$\Delta\rho$）与小眼间角度的匹配，其论点是没有任何个体感杆束可以解析比 $\Delta\rho$ 更精细的细节，所以这个角度要比小眼视野中点的方向都要小。正如其他眼睛，几何（光线）光学和物理（波）光学都对 $\Delta\rho$ 有贡献（图 7.6）。几何上 $\Delta\rho_{ray}$ 是感杆束尖端在小平面透镜节点处所成的角度，即感杆束直径除以焦距（d/f rad）。对蜜蜂而言典型值是直径 2μm，焦距 60μm，使得 $\Delta\rho_{ray}$=0.033rad，即 1.9°。在波动光学中，图像质量的限制由衍射决定，特别是通过艾里斑所对应的角度来确定，该限制（见第 3 章）由弧度 λ/D 给出。如果波长（λ）为 2.5μm，平面直径（D）为 25μm，那么 $\Delta\rho_{wave}$ 为 0.02rad，或 1.1°。为了确定 $\Delta\rho$ 的最终值，我们需要将 $\Delta\rho_{ray}$ 和 $\Delta\rho_{wave}$ 结合起来。然而方法十分复杂（需要用卷积，将感杆束的波导特性考虑进来，见 van Hateren，1989）。Snyder（1979）给出了一个简单的近似：

$$\Delta\rho^2=\Delta\rho^2_{ray}+\Delta\rho^2_{wave} \tag{7-1}$$

然而，该方程忽略了波导效应，这个效应对于窄的感杆和感杆束来说（Stavega，2003）特别重要，并且往往会高估 $\Delta\rho$。根据 Stavenga 的研究，通常由几何值（图 7.6 中的 $\Delta\rho_{ray}=d/f$）提供更好的近似。

使用对人类起作用的参数，即光截止频率（$1/\Delta\rho$）应该与采样频率（$1/2\Delta\Phi$）相匹配，我们预期 $\Delta\rho$ 与 $\Delta\Phi$ 的比为 1:2。事实上，蜜蜂只有 1:1.3，这是典型的昼出型昆虫的数值（Land，1997）。这意味着并置眼倾向于略微对图像进行降采样，换言之，它们在图像中的对比度水平要比人眼在分辨率极限下所体验的高许多。

虽然衍射对复眼的性能产生了严重的制约（见下一节），但在许多其他方面，它们都是很好的因素。除了衍射之外，光学缺陷往往对眼睛分辨率的影响更大（Land，1981a）。复眼的面晶状体有着极小的焦距，大概

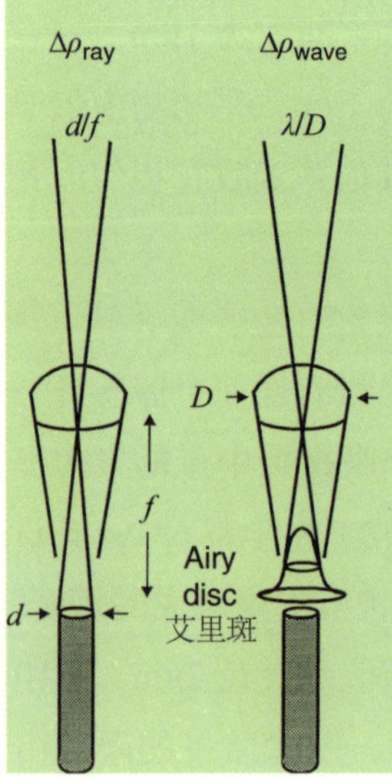

图 7.6

小眼的接受角（$\Delta\rho$）是由 λ/D（右）给出的艾里衍射图样（点扩散函数）和晶状体（左）节点上的视轴（d/f）的几何角宽度的组合得到的。

为 100μm 或更小，这保证了在相机型的眼睛中的球差和色差等缺陷，在复眼中可忽略。同样，视野的景深是巨大的，从昆虫需要看到的那么近景深，延伸到无穷远。

衍射和眼睛的大小

一个光学仪器制造商麦洛克（Henry Mallock）在一个世纪前发表了一篇关于“昆虫视觉和复眼的清晰度”的简短而精彩的论文，他用这些术语描述了昆虫视觉：

> 它们当中最好的眼睛……将给出一幅犹如粗纺羊毛制品一样的图片，并且是在一英尺的距离处观看到的样子（Henry Mallock，1894）。

为什么昆虫视力这么差？正如麦洛克第一次认识到的那样，是衍射的问题。复眼与相机型眼睛的晶状体相比，具有非常小的晶状体。正如我们所看到的，直径为 25μm 的小眼面产生了一个衍射模糊圆（艾里斑），它的角度正好超过 1° 宽，并且不能分辨高于 1c/deg 的空间频率。1° 相当于指甲大小与手臂长度的对比，所以人们可以想象蜜蜂的世界是由那样大小的像素组成的。就我们自己的视力的灵敏度（大约 60 c/deg）而言，这根本不是很好。

马洛克的论文继续讨论一个具有人类分辨力的复眼应有的样子，他得出了惊人的结论：它的直径大于 20m，比房子都大（图 7.7A）。原因显而易见。人眼能达到 60 c/deg 的分辨率，因为它们在日光下的瞳孔直径为 2mm，是蜜蜂晶状体直径的 80 倍。如果蜜蜂要具有相同的分辨率，衍射要求其所有晶状体都满足这个直径，如果要利用场景中所有的细节，它们需要以 0.5' 的角度间隔开，与我们的中央凹的感光器相同。在球形眼中，小眼间角（$\Delta\Phi$）是眼睛中心的一个晶状体直径所朝向的角度（D/r 弧度，r 为眼睛半径，见图 7.1），给出 $r=D/\Delta\Phi$。当 $\Delta\Phi = 0.5'$（0.000145rad），$D = 2$ mm 时，曲率半径为 13.8 m，直径为曲率半径的 2 倍。

Kirschfeld（1976）指出，这个计算有点不公平。人眼的分辨率在离开中央凹后显著地下降，从远离中央凹处的 20° 处，分辨率只有其最大值的十分之一，甚至更少。考虑到这一点，“人类”复眼可以缩小相当大的尺寸，达到不能再缩的 1m 直径（图 7.7b）。然而，这看起来仍然很蠢，也很难驾驭。严重的问题是，由于衍射，复眼陷入了进化的死胡同。对于单晶状体相机型眼睛来说，只有一个晶状体需要被放大以提高分辨率，但是对于复眼来说，所有的眼睛都必须放大，并且数量必须相应地增加。最终的结果是，相机型眼睛的大小随分辨率线性增加，但是复眼大小随着分辨率平方增加。蜻蜓似乎接近了可能的极限，它们的眼睛直径为 8mm 或更多，每只眼睛都有 30000 个面，在它们最灵敏的区域，分辨率大约有 0.25°。与任何直径相同的相机型眼睛相比，结果仍然是差的。

讨论的结果是，并置眼很难提高它的分辨率，它太大了。因此，空间是一个溢价；一点额外的分辨率的提高必须用更少的空间代价换取分辨率，因此，具有不同生活方式的节肢动物拥有不同的视觉优先顺序，这体现在小眼间角的分布上，并且通常是小面（*facet*）尺寸的改变。我们将在讨论复眼的各种生态适应时回到这一点。

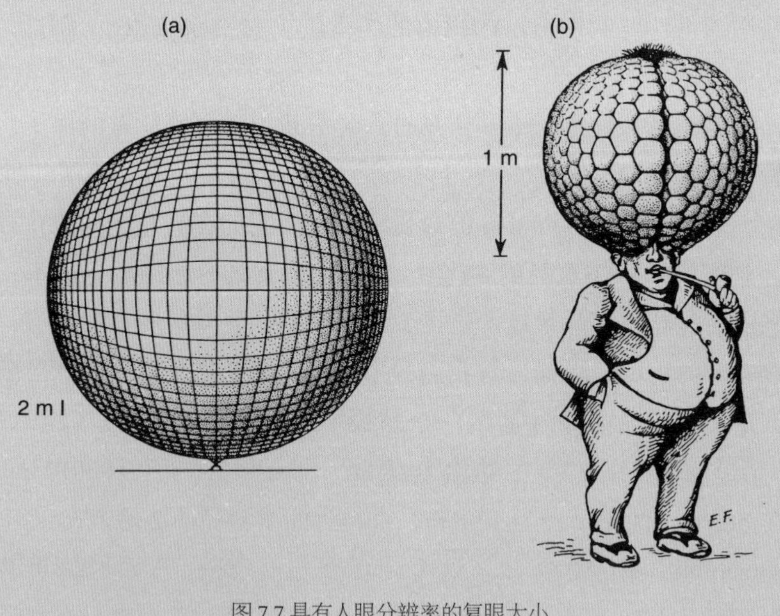

图 7.7 具有人眼分辨率的复眼大小

左图：处处都具有 1' 分辨率的复眼。右图：在中央凹处有 1' 分辨率的复眼，但在人眼中，分辨率随着偏离中央凹而下降。两幅图都来自 Kirschfeld 的数据（1976）。

灵敏度

并置眼的灵敏度与相机型眼睛的计算方法相同。在第三章中导出了灵敏度公式：

$$S = 0.62D^2\Delta\rho^2 P_{\text{abs}} \tag{7-2}$$

其中 D 是晶状体直径，$\Delta\rho$ 是感杆接受角（图 7.6），并且 P_{abs} 是吸收光子的比例，为简单起见，我们假设这里是 1。虽然人眼的 D 比蜜蜂小眼大约大 100 倍左右，但 $\Delta\rho$ 大约小到百分之一（与 1.5° 相比约 0.015°），所以 S 的值在两个物种中非常相似。因此，具有并置眼的昆虫可以操作的照明条件的范围类似于使用其视锥体系统（*Cone system*）的哺乳动物的范围。通过将视杆（*Rod*）的反应聚集在相当大的视网膜区域上，哺乳动物也可以在弱得多的光强下看清东西。这个过程涉及严重的分辨率损失，虽然聚集可能发生在一些节肢动物身上（Warrant 等，1996），但涉及的小眼数目相对较少。

并置眼一般适合日光条件，不像第八章所讨论的叠加眼能够提供更明亮的图像。然而，许多例子都发现了在夜间活动的具有并置眼的动物，其中最令人印象深刻的是巴拿马汗蜂（*Megalopta genalis*；Greiner 等，2004）和印度木匠蜜蜂（*Xylocopatranquebarica*; Somanathan 等，2009）。与相关的昼行蜜蜂相比，这些夜间物种具有许多光学适应方式，能够增加灵敏度，特别是较大的角膜直径和更宽的感杆束。这些结果导致较低的 F 数和更宽的接受角（$\Delta\rho$），并且使用式（7-2）给出了大约 27 倍的整体灵敏度增益。类似的光学适应也被发现在昼间和夜间觅食蚁中（Greiner 等，2007），甚至在同一物种的不同种群之间（Narendra 等，2011）。然而，光增强可以提供的灵敏度的适度增益远小于昏暗的白天和无月亮的夜晚时，相差的 10^5 的因子。并确实已经发现其他因素，比如更长的整合次数和空间聚集（Frederiksen 等，2008）。

在讨论灵敏度时，“适应”可以有两个含义。不同的眼睛可以在进化意义上适应在高照度或低照度的条件下永久工作：白天或黑夜、深海或表面。或者通过可逆和暂时变化的光学解剖，同样的眼睛可以说是光或暗适应。在这两种情况下，式（7-2）是解释变化和差异的关键。图 7.8 显示两个甲壳动物的小眼，美青蟹（*Callinectes*）和浪漂水虱（*Cirolana*）的小眼，以说明在两个极端的照明条件下永久适应的程度。从图中得到的 D 和 $\Delta\rho$ 的值表明，浪漂水虱（*Cirolana*）比美青蟹（*Callinectes*）敏感度高 4000 倍，主要影响来自浪漂水虱（*Cirolana*）的宽感杆接受角，这是由大的感杆直径引起的。在分辨率方面，高灵敏度的成本非常大——浪漂水虱（*Cirolana*）中的 $\Delta\rho$ 约为 47°，浪漂水虱为 2°。与其他类型的眼睛一样，敏感度和分辨率是冲突的，如果要兼顾两种属性，就需要一种令人望而却步的尺寸。

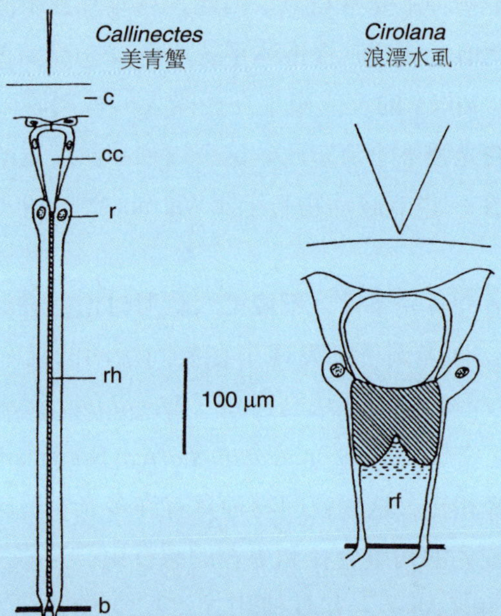

图 7.8 美青蟹（*Callinectes*）和浪漂水虱（*Cirolana*）的小眼

尺寸的差异意味着 *Cirolana* 眼比 *Callinectes* 灵敏 4000 倍。然而，小眼接受角比 *Callinectes* 大 20 倍。(意味着分辨率下降，译者注）c，角膜；cc，晶锥体；r，感光器细胞；rh，感杆；b：基底膜；rf：反射材料。

明暗适应

短时的明暗适应在并置眼睛（*Apposition eyes*）中有许多形式（参见 Autrum，1981）。有些在图 7.9 中进行了说明，其中包括以下内容：（a）在感杆束末端的尖端上方的虹膜机制，这个虹膜机制决定了公式（7-2）中 $\Delta\rho$ 的有效值。对于大蚊科（*Tipulidae*）而言，外部有六个横感受杆、中央有两个感杆束，虹膜切断了外部六个，只剩下中央一对。（b）由大量非常小的色素颗粒组成的“纵瞳”，这些色素颗粒在感杆束的明亮区域直接移到感杆束附近并在黑暗区域远离感杆束，这样做的主要目的是吸收在感杆束外行进的波导光（见图 3.7）。在感杆束中波导光被光线所取代，并且它被依次吸收，以便光线逐渐从感杆束中“流出”。这种机制在更高的双翅目［家蝇（*Houseflies*）等］和蝴蝶中特别重要，它可以在几秒钟内工作。（c）感杆束本身的大小和形状可能会发生变化，通常数小时为一个周期。这种机制可能涉及在黑暗中重新合成感光膜，并在光照下进行隔离。（d）其他光学机制变化包括感杆束靠近或远离晶状体的移动，而在小甲壳动物卤虫的眼睛中，晶状体本身的焦距发生变化，其在黑暗中缩短并且因此增加等式（7-2）中的 $\Delta\rho$。除了这些变化之外，感光器自身也存在电和酶的变化，这些变化改变了传导的增益并增加了黑暗中的响应时间。

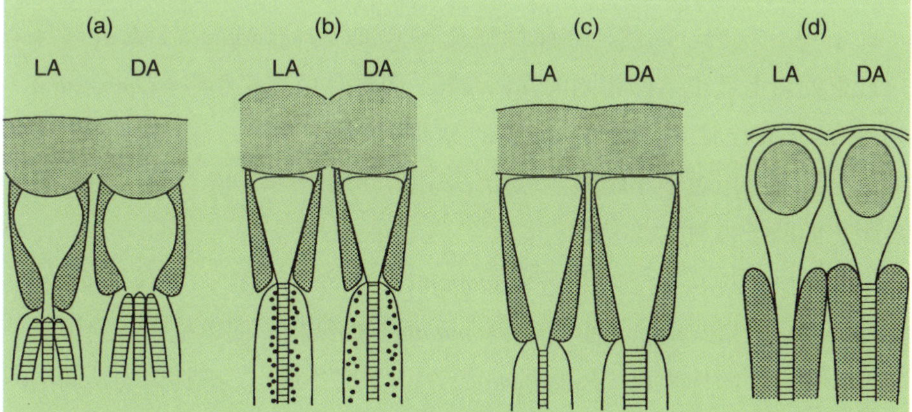

图 7.9 并置小眼（*Apposition ommatidia*）的明暗适应

（a）在感杆束前的瞳孔变化（大蚊科，水虫）。（b）色素颗粒在视网膜细胞（苍蝇，蝴蝶）中的径向迁移。（c）感杆束大小和形状的变化（螃蟹，直翅目昆虫）。（d）晶状体焦距卤虫（*Artemia*）的变化。Nilsson（1989）。

伪瞳孔

在描述并置眼（*Apposition eyes*）的分辨率与物种行为和生态学不同的匹配方式之前，先讨论一种光学上让人相当好奇的被称为伪瞳孔（*Pseudopupil*）的现象。这种光学现象为我们提供了一种功能强大且非侵入式的技术，用于研究复眼分辨率的变化方式。带有浅色并置眼（*Apposition eyes*）的昆虫和甲壳类动物有一个容易看见的黑点，当观察者在这些动物周围转动时，它具有令人震惊的特性——可以在眼睛上移动（图 7.10），好像正在观察。事实上，这是一种与视觉过程本身无关的被动光学现象。无论眼睛的背景颜色如何，因为它从观察者的方向吸收了光子，所以观察者所看向的区域一定看起来很暗。黑斑［伪瞳孔（*Pseudopupil*）］随观察者移动，因为眼睛的不同部分对空间中不同的方向进行成像；它几乎令人难以置信地简单。然而，伪瞳孔（*Pseudopupil*）经常不仅仅是一个黑点，而是还有一个图样，仔细检查后发现这个图样是在每个小平面透镜的焦平面上，在感杆束尖端周围的各种结构的放大和略微模糊的图像。

图 7.11 试图解释这一点。当人们从近距离观察眼睛时，几个感杆束的尖端到眼睛或显微镜这一连通光路上的光线（黑暗的）形成的圆锥体似乎以眼睛的中心为起源。类似地，光线在每个感杆束左边留下的点似乎位于曲率中心左侧。因此，“深伪瞳孔”（*Deep pseudopupil*）具有与每个感杆束的焦平面中结构相同的几何结构，但这是由许多小眼（*Ommatidia*）的叠加组成。使用类似三角形的原理，可以看出，深伪瞳孔（*Deep pseudopupil*）相对于小眼中的原始结构以 r/f（眼半径除以小平面晶状体焦距）的因子被放大。

我们可以从伪瞳孔（*Pseudopupil*）中学到很多东西（Stavenga 1979）。它的形式揭示了小眼（*Ommatidia*）的结构，而不依赖于组织学。例如，在蝴蝶的伪瞳孔（*Pseudopupil*）中（图 7.10b），感杆束尖端周围的色素细胞模式令人印象深刻。伪瞳孔（*Pseudopupil*）的整体形状（无论是沿水平方向还是垂直方向拉长）都表明眼睛的分辨率不对称。例如，垂直拉长的伪瞳孔（*Pseudopupil*）通常意味着垂直方向的曲率半径大于水平方向，这反过来意味着在垂直方向测量角度的小眼（*Ommatidia*）比水平方向更多。这种情况的一个极端例子就出现在鬼蟹（*Ocypode*）中（图 7.10d），但发现了许多昆虫有类似的模式（图 7.10a）。然而，伪瞳孔（*Pseudopupil*）最有用的特征可能是它可以用来测量跨度角。如果一个昆虫的头部旋转了一个角度，并且伪瞳孔（*Pseudopupil*）看起来移过了 b 个小平面，那么

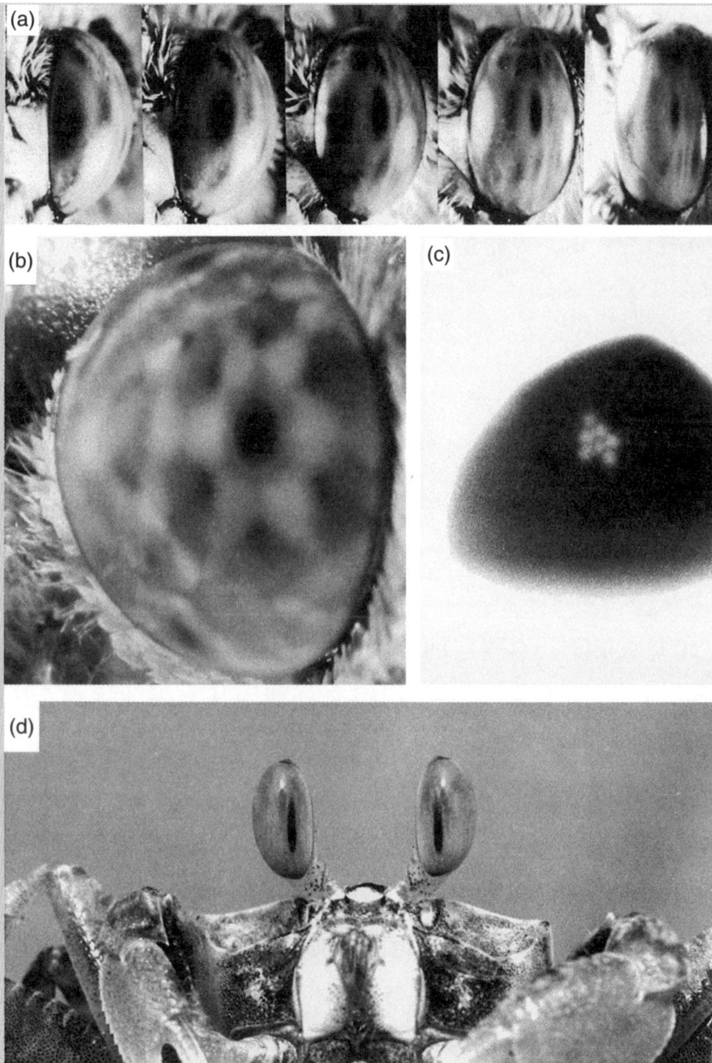

图 7.10 昆虫和甲壳动物眼中伪瞳孔（*Pseudopupil*）的出现

（a）以 20° 的间隔在鞋斑无垫蜂（*Amegilla*）的眼睛周围（左前方）拍摄照片。当头部旋转时，伪瞳孔（*Pseudopupil*）似乎在眼睛周围移动。它的背腹侧伸长，意味着垂直分辨率高于水平分辨率，并且随着前端角度增加，水平分辨率从前向后逐渐减小。（b）具有复杂伪瞳孔（*Pseudopupil*）的澳大利亚草地守卫蝴蝶（*Junonia villida*）的出现，其显示了在小眼（*Ommatidia*）晶状体系统的焦平面中不同类型的色素细胞的排列（见图 7.5e 和 7.11）。中心最黑暗的点是感杆束本身。（c）果蝇的深伪瞳孔（Deep *Pseudopupil*）。其伪瞳孔（*Pseudopupil*）具有与图 7.4d 中的七感杆束结构相同的几何结构，具有相同的特征不对称性。（d）鬼蟹（*Ocypode*）中伪瞳孔（*Pseudopupil*）的极端垂直伸长，与地平线周围垂直分辨率增加有关。

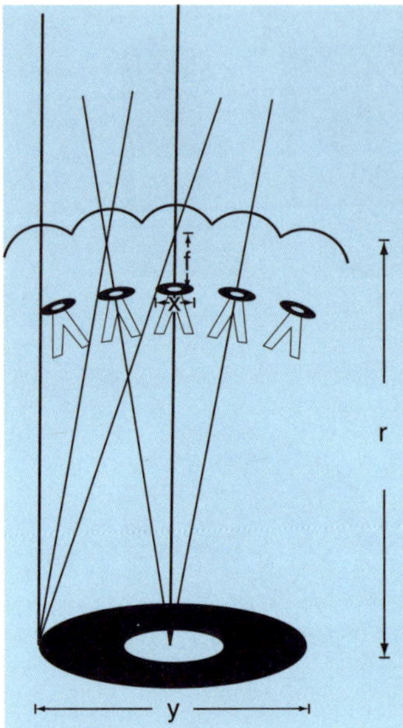

图 7.11 伪瞳孔（*Pseudopupil*）的解释

从外面看，从几个小眼（*Ommatidia*）中心发出的光线看起来是来自位于眼睛曲率中心（局部半径 r）的单个放大的小眼（*Ommatidia*）。其他区域的小眼（*Ommatidia*）的焦平面叠加在相同的深度区域，得出宽度 y 的模式，类似于每个小眼（*Ommatidia*）（宽度 x）。图 7.10b 显示了这种模式的一个很好的例子。

这个跨度角是 a/b 度。不同层面和不同区域的眼球间角度变化可以用这种方式进行映射，揭示眼睛如何组织以充分利用其有限的视力（Horridge，1978）。

眼睛通常很暗，以至于看不到伪瞳孔（*Pseidopupil*）。许多双翅目和膜翅目昆虫就是这种情况。一种有用的技术是尝试获得一种逆向伪瞳孔（*Pseidopupil*）。这种由 Nicholas Franceschini 开创的方法涉及通过头部的光线，照亮感杆束或感杆束的近端。如果它起作用，光会通过导光结构并从感杆束远端出现，从而形成与传统（顺向）伪瞳孔（*Pseidopupil*）相同几何形状的发光图案，并且可以以相同的方式进行开发。在苍蝇中，这种方法效果特别好（图 7.10c），并且非常清楚地显示了感杆束在焦平面上的排列（Franceschini，1975）。

并置设计中的生态变化

正如我们所看到的，并置眼睛（*Apposition eyes*）的光学设计意味着头部表面没有空余空间，需要尽可能有效地使用。这反过来意味着在空间中的小眼（*Ommatidia*）的光轴的配置将匹配动物的视觉需求生态学（Land，1989,1999）。对昆虫和甲壳类动物的并置眼睛（*Apposition eyes*）进行的调查得出的结论是，人们可以很容易地识别出三种主要的视力分布模式。它们是：（1）与在前向运动中遇到的速度流场有关的模式，特别是飞行；（2）与捕食或性相关的“锐带”，这些模式有时会发展成双眼；（3）生活在诸如水面和沙滩等环境中的动物身上的高分辨率带状视觉区域的模式，这些动物几乎所有重要活动都发生在地平线附近。图 7.12 说明了这些情况。

向前飞行模式

当一只动物在世界中移动时，其中的物体似乎以一种已知为速度流场的模式向后移动（在第 9 章中更详细地讨论）。侧面的物体比前面的物体

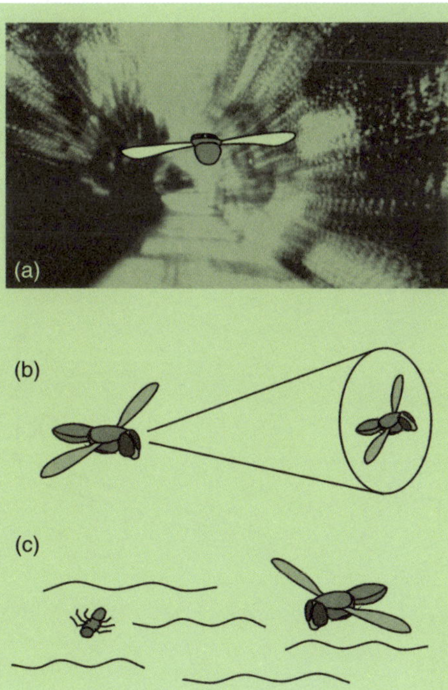

图 7.12 不同复眼分辨率应该存在差异的三个原因

（a）在接近植被向前飞行期间，流场中物体的相对角速度对侧向最大。由此产生模糊的图像与较低的水平分辨率相匹配。（b）求偶行为需要更高的分辨率，这个高分辨率的视觉区域通常在前额区域。（c）在平坦的表面附近，大多数感兴趣的物体都靠近眼睛的视觉区域的等分线，这里通常有一条高垂直分辨率的带状区域。

移动得更快，并且动物的行进方向有一个点（扩展焦点）没有图像运动（见图 9.7）。物体距离物体越远，移动得越慢。图像运动的几何形状如图 7.13 所示，运动位置和距离之间的关系总结如下表达式：

$$\dot{\theta} = V\sin\theta/s \tag{7-3}$$

其中 $\dot{\theta}$ 是视网膜上图像的角速度，V 是动物的实际速度，θ 是特定物体与动物前进方向之间的角度，s 是物体的距离。

很明显，近旁的物体可能会在视网膜上移动太快而导致模糊，并且如果是这种情况，那么在那里使用更少的接收器将是合理的，因为无法获得高分辨率。蝴蝶或蜜蜂花费很多时间飞过树叶，s 的合理值可能为 0.5m，V 约为 2 $m \cdot s^{-1}$。如果 θ 是 90°，则公式（7-3）将视网膜上的速度设为 4rad 或每秒 229°。适应强光的昆虫感光器的典型响应时间为 10ms，这意味着在一个响应时间内图像将移动 229° × 0.01，产生约 2.3° 长的模糊条纹。由此可见，将侧向指向的感光器靠近小于 2°~3° 时会看不清，但如果在眼睛的前方，分辨率可能是不错的。这似乎在实践中得到证实。例如，褐色蝴蝶（*Heteronympha merope*）小眼之间的水平角度从前面的 1.4° 增加到侧

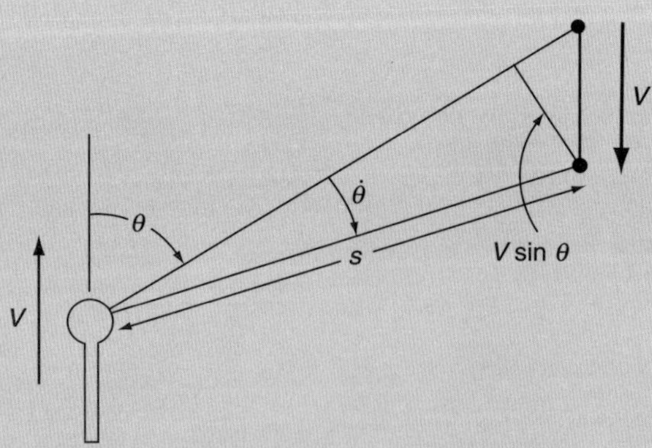

图 7.13 视网膜角速度（流）与距离、角度的关系

以速度 V 移动的动物将以距离前方的角度为 θ 时的角速度在距离 s 处移动穿过其视网膜的物体。从图的几何图形来看，$\dot{\theta}$ 由 $V\sin\theta/s$ 得到。

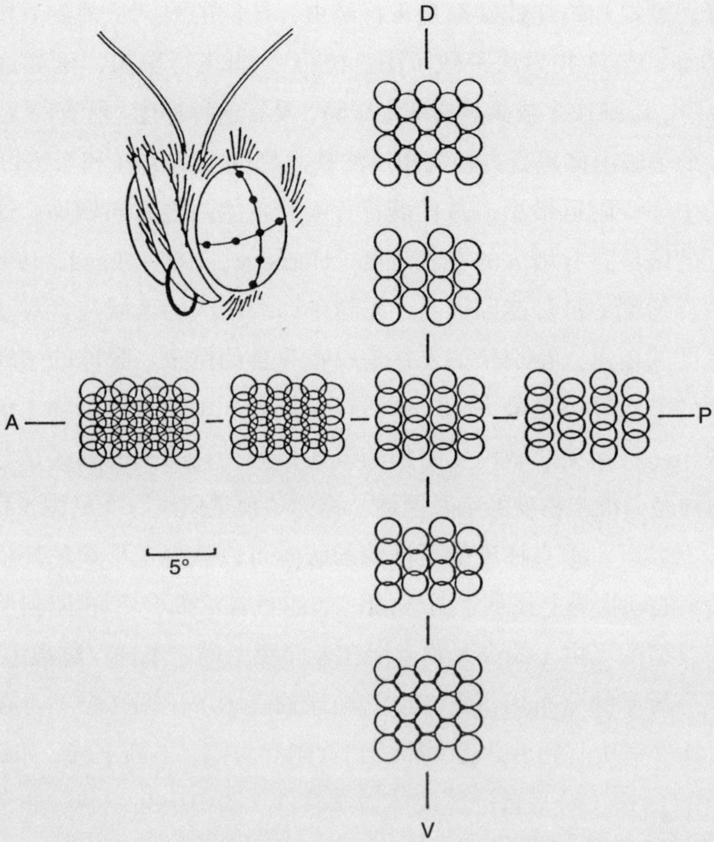

图 7.14 在蝴蝶中单眼的感受野的结构

圆圈表示适应强光的蝴蝶的接受角度（$\Delta\rho$）。在 *Heteronympha* 眼中，这个值几乎为固定值 1.9°。两个趋势很明显。从前面（A）到后面（P），小眼沿轴线方向分离了，因此前部转过 120°，$\Delta\Phi_h$（参见图 7.15）大约变成两倍。从背侧（D）到腹侧（V），小眼轴线聚集在眼球中纬线区域中，然后再次分离。大多数飞行昆虫都会出现这两种趋势。

面的 2.6°（图 7.14）。

在描述锐带时，指明小眼的阵列是有多密集的对周围环境的不同区域进行采样是很有用的（图 7.15a）。这里采用的度量方法是利用每平方度的沿轴线的小眼的数目。这很容易由图 7.15b 中定义的部分小眼内部角度 $\Delta\Phi_h$ 和 $\Delta\Phi_v$ 计算得到（见 Stavenga 1979）。轴线密度是 1/（$2\Delta\Phi_h\Delta\Phi_v$），如果排列是对称的，则为 1/（$\sqrt{3}\Delta\Phi^2/2$）。

蜜蜂、蝴蝶和蚂蚱蚱蜢都是飞行昆虫，他们的眼睛从前到后横向的角度都在增加，与这些想法一致（图 7.10a）。非飞行昆虫，例如许多蚱蜢（*Tettigonid*），眼睛或多或少具有球形眼睛，没有这种梯度。所有的飞行族群，都有另一个单眼内部垂直方向的角度的独立梯度（图 7.14 和 7.16a）；它们在眼睛的中纬线附近最小，并且沿着背侧和腹侧两极方向增加。这导致中纬线附近的区域具有增大的垂直敏度（Horridge，1978；Land，1999）。出现这种垂直梯度的最可能原因是，眼睛中纬线周围的区域包含对动物重要的最高密度的信息，特别是如果它是以花为食的昆虫。眼球的中纬线部分对高敏度的需求显然是最大的。生活在开阔景观中的脊椎动物（兔子、猎豹）表现出一种相关的敏锐度增加的模式，但是它采用的形式是与视野相对应的高神经节细胞密度的细长区域，称为“视觉条纹”（见图 5.13，另见 Hughes，1977）。垂直梯度的更极端的版本可以从真正平坦的环境（如海滩和水面）的动物身上找到（图 7.16b），这些在后面会更详细地讨论。

对于典型的飞虫（蝗虫）和生活在表面膜上的“平地”昆虫（水黾），我们将其分辨率的分布用每平方度的椭球轴表示（见图 7.15）。在飞虫的情况中，分辨率从前到后，从中纬线到背侧和腹侧，不断下降，如蝴蝶（图 7.14）。在 Gerris（跨平台计算流体力学软件）图中中纬线条纹非常明显，

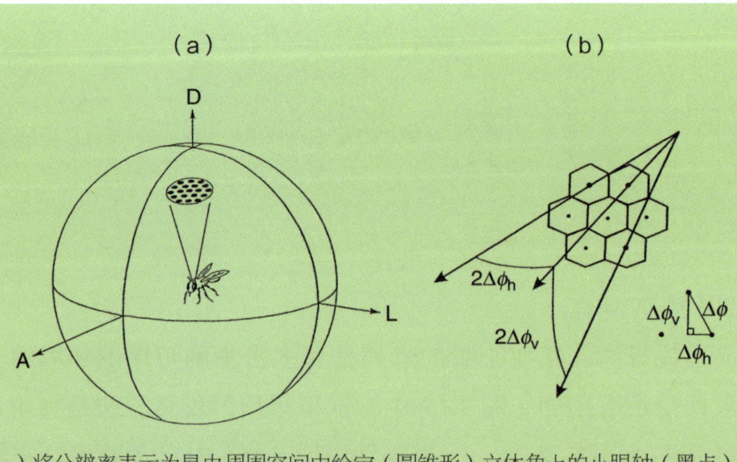

图 7.15（a）将分辨率表示为昆虫周围空间中给定（圆锥形）立体角上的小眼轴（黑点）的数量。在附图中，7.16 和 7.17 等高线表示相等数量的椭球坐标。（b）Stavenga（1979）采用的描述垂直和水平角度不同的阵列中的小眼内角度的方式。这个阵列是蜜蜂 / 蚱蜢类型（它们的六边形），但该系统也适用于双翼飞 / 蝶形阵列（六边形）。

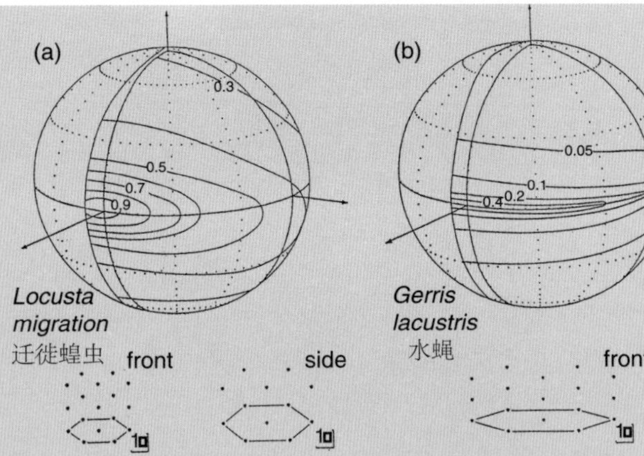

图 7.16 中显示了这两种梯度对蝗虫总密度的综合影响

工蜂蜜蜂、蝴蝶（图 7.14）和雌性丽蝇（*Calliphora*）表现出类似的模式，尽管在雄性苍蝇和雄蜜蜂中，这种模式被改变了以产生与配偶寻获有关的更明显的锐带。

并且插图显示它是由于轴的晶格的极端扭曲造成的，垂直分辨率比水平更大。眼睛上的小平面图案本身不显示这种变形（7.17a 和 b）。

与猎物捕获和交配有关的锐带

许多昆虫和甲壳类动物具有向前或向上指向的高锐度区域，这与捕捉其他昆虫或与雄性对雌性的飞行追踪有关。对于两性都各有其特殊之处的种类（螳螂、蜻蜓、食虫虻，端足类生物（*Hyperiid amphipods*），捕食是唯一的原因，但更常见的是只有雄性具有锐带（黑蝇、食蚜蝇、蜉蝣、雄蜂））用来指引性追求。锐带差异很大，在雄性家蝇和苍蝇（图 7.17a）中，它们可能只涉及两性共有的“前飞”模式的锐带的敏锐度局部增加（见上文）。然而，对于其他昆虫和许多甲壳动物，锐带可能在一只单独的眼中，例如雄性双头蝇的背侧眼睛（图 7.18b），或者端足类生物（*hyperiid amphipods*）的上眼睛（图 7.19）。在这些更极端的双眼中，向上的部分通常是专门用来从天空的亮背景中探测其他小动物，或者对抗海里残留的下降光的反应。

在两性中都伏击猎物的掠食者螳螂（*The prayingMantids*）中发现了前向导向的锐带的好例子。它们的眼睛有大的、双眼重叠的锐带，用来

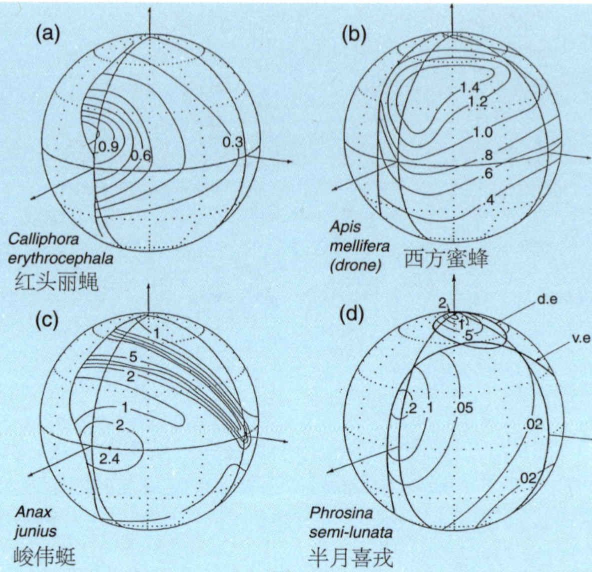

图 7.17

分辨率的分布，表示为每平方度小眼轴的数量（见图 7.15），其中四个节肢动物的锐带与捕获有关（图 7.12b）。（a）雄性苍蝇。在这里，额部锐带似乎是对两性中呈现的“前向飞行”模式的增强（参见图 7-16a）。（b）雄蜂模式与工蜂有很大不同，背部的锐带的轴密度是工蜂眼睛的三倍以上。（c）一些蜻蜓在飞行方向上有一个较弱的锐带，另一条带则位于额背区域，其中轴密度（5 度 -2）高于任何其他昆虫（见图 7.18c）。（d）像蜻蜓一样，水中两足动物喜戎（*Phospina*）具有较高的向上分辨率。这分布在一个分裂出的眼睛的背侧部分（图 7.19c），与较小的腹侧眼相比，它具有非常小的视野。

在潜在的猎物被尖刺的前腿击中之前瞄准它们。螳螂提供了昆虫中唯一已知的示例，其中猎物距离由双眼三角测量确定。紫翅螳螂（*Tenodera australasiae*）的单眼内角度（$\Delta\Phi$）从锐带中心的 0.6° 变化到侧面的 2.5°。单眼面的直径虱形大眼蚤从锐带的 50μm 减小到周围 35μm，但是这比预期的仅考虑由衍射所引起的降低少（Rossel，1979）。在甲壳类动物中，很少有与掠食有关的正面锐带的已知例子，但最好记录在食肉水蚤（*Polyphemus*）中，它使用其单一融合复眼来定位和追踪游动的猎物。

食肉水蚤（*Polyphemus*）的眼有 130 个单眼，包括一个独特的 22 个单眼的锐带，其中单眼内角度小至 2°，这在 0.2mm 的眼中是值得注意的。眼睛的结构也表明偏振光在猎物捕获中被使用。

来自南澳大利亚 *Emu Bay Shale*（515 mya）的寒武纪沉积物中发现的

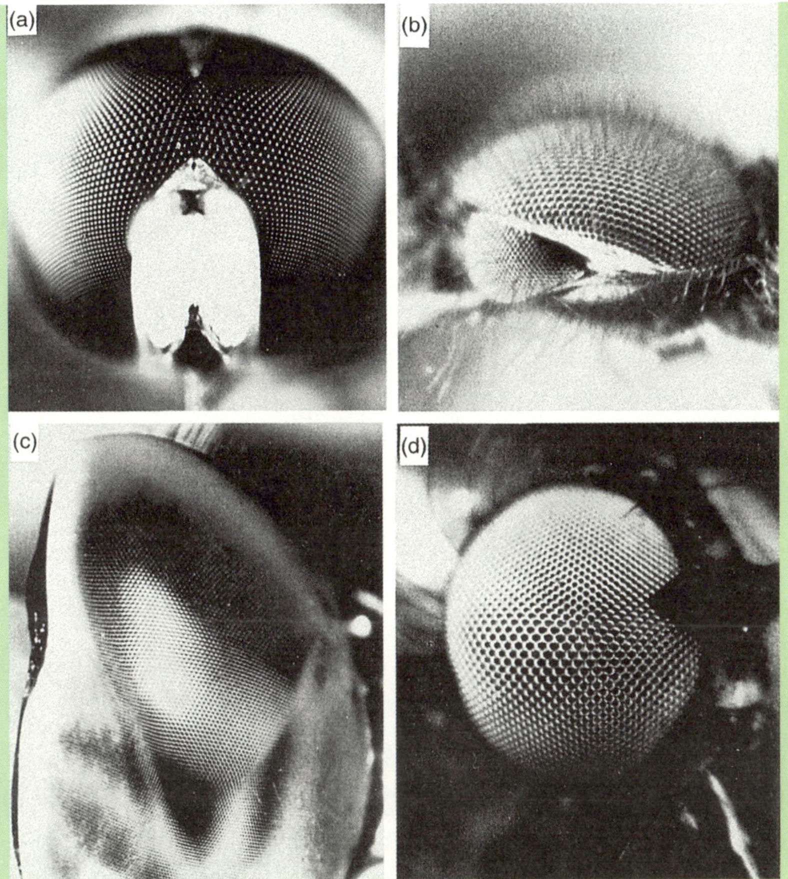

图 7.18 分辨率变化反映在小眼面尺寸上的眼睛

（a）雄性小型食蚜蝇（*Syritta pipiens*），一种小型的蚜虫，其中雄性在背侧具有扩大的小眼面。它用此来“遮蔽”没有这种锐带的女性（见图 9.6）。（b）一只带有分裂型眼睛的雄性双眼虻（*Dilophus sp*），其眼睛上半部分提供了更高的分辨率，以此瞄准和跟踪空中的雌性，雌性完全没有上半部分眼睛。（c）蓝眼晏蜓（*Aeschna multicolor*）眼睛的上部，显示出对应于图 7.17c 中所见的增强分辨率线的放大的小眼面的楔形，这在雌性和雄性中都存在。（照片来自杜鲁门谢尔克）（d）一种华舞虻属（*Hilara sp*）。像水黾（*Gerris*）一样（图 7.16b），这是一种水面捕食昆虫，在赤道面周围有一个高分辨率的大面积区域。（图片由 Jochen Zeil 拍摄。）

一种无名化石，是食肉性节肢动物的一个非常好的例子，其眼睛具有扩大的前向小眼面，最大透镜直径为 150μm，比边缘透镜宽 2.5 倍。小眼面的尺寸表明它是在暗光下捕食的生物（Lee 等，2011）。在许多雄性双翅目苍蝇中，锐带与求偶行为有关，并且通常位于飞行方向上方 20°~30°（图

7.17a）。在丽蝇属（*Calliphora*）中，雄性 $\Delta\Phi$ 为 1.07°，而女性为 1.28°。为衍射情况考虑，雄性小眼面尺寸 37μm，也大于雌性的 29μm。在家蝇和其他某些苍蝇中，在感光器层面上也存在结构上的差异，这表明该区域（被称为“爱情点”）专门用于提高灵敏度。毫无疑问，这是由于高速追捕需要非常快速的响应时间。雄性果蝇在视神经节中也有许多“男性特有的”中间神经元，这无疑与求偶行为相关。

在小型食蚜蝇（*Syritta pipiens*）中，性别差异特别显著。在雄性的锐带中，$\Delta\Phi$ 约为 0.6°，比眼睛其他部位或雌性眼部任何部位小近三倍（图 7.18a）。雄蜂有一个类似的前背侧锐带，其中，小眼球的密度比雌性眼睛的任何地方大三至四倍（图 7.17b）。它们使用这个区域追逐蜂后，并且可能被诱导追逐仅占 0.32° 的弦的假蜂后，远小于小眼的 1.2° 接受角。这意味着求偶（追逐）行为可以由单个感杆束所受光强下降约 6% 所触发。

减小感杆束接受角（$\Delta\rho$，图 7.6），从而小物体能使得成像的感杆束上的信号大幅变化，或者增加可用于感杆束的光子数量，从而减少所检测信号的噪声，通过这两种方法可以增大对小物体的检测能力。任一种行为都需要更大的小眼面直径 D。在大多数例子中，锐带中增加的小眼面直径似乎是“花费”在降低 $\Delta\rho$ 上，但是在一个记录完好的例子中，情况并非如此。雄性白蛉（*blowfly*）具有“亮区”而不是锐带，其 $\Delta\rho$ 与眼睛的其余部分相似，但是通过增大小眼面和感杆束的直径，每个感杆束的光子捕获数增大（van Hateren 等，1989）。与眼睛内其他地方相比，这种增长大约有十倍。目前尚不清楚为什么这只苍蝇采取了这种特殊的进化路线，但人们猜测可能是由于它是在昏暗的条件下进行交配。

这一规则有一个有趣的例外，雄性总是具有锐带。在隐脉头蝇（*Chalarus*）属的头蝇中，雌性在前额背部区域有一个极大的小眼。这些苍蝇寄生于叶蝉（同翅类）中，雌性必须在叶子的下面找到叶蝉来产卵而雄性不需要敏锐的视力。

刚刚讨论过的大多数动物必须在树叶背景下检测它们的猎物或配偶。这是一项非常简单的任务，因为目标通常仅因其运动而与背景不同，而不是因为亮度或纹理等静态特性。然而许多昆虫和甲壳类动物通过使用天空作为背景来简化这个问题，任何不发光的物体都会成为黑点。因此不仅能发现朝上的锐带，还能发现其中一个分量指向天空或在海洋中朝向表面的双眼。

蜻蜓能捕猎其他的飞行昆虫，并且具有不同配置的锐带。许多蜻蜓实际上有两个锐带，一个前向指示，并且可能与前面讨论的前向飞行有关，另一个指向背侧并用于检测猎物（图 7.17c 和 7.18c）。迁徙中快速飞行的蜻蜓（*Aeschnids*）具有最大的眼睛和最令人印象深刻的锐带。绿色达纳（*Anax junius*）一只眼睛中有 28672 个小眼，其具有所有昆虫中最小的小眼间隔角度（背侧锐带为 0.24°）和相应尺寸的小眼面（62μm）。背部锐带采取高分辨率的窄带形式，沿着一个大圆延伸穿过上眼，从前方向上 50°~60°（图 7.17c）。轴密度（每平方度 5 个）是前向锐带的两倍，比雄蝇高 5 倍。背部锐带很容易被看作是一个扩大的小眼面（图 7.18c）。据推测，*Anax*（达纳）的巨大高度条纹用于在空中拖网，在雷达装置上的扫描线接收飞行物时选取对空飞行的昆虫。像蜻蛉科（*Libelluids*）这样的“栖息”蜻蜓从地面或植被上的静止部分检测它们的猎物，而非在空中；然后它们在可拦截区飞行，头部和眼睛独立于主体跟踪猎物（Oldberg 等 2007）。赤蜻有一个背向锐带，敏锐度高但灵敏度低，被低分辨率但高灵敏度的区域包围。这似乎是检测快速移动物体（具有敏感外围），然后用中心锐带固定和追踪它们的理想组合（Labhart 和 Nilsson，1995）。

雄性蚋科蝇有着分离的眼睛，并使用上部来检测天空中可能的伙伴。当雌蝇对着 0.2° 的角度时，它们可以在 0.5m 的距离做到这一点。就像雄峰（*Drone bee*）一样，这只是接受角度的一小部分。双翅目苍蝇（*Bibionid flies*）的眼睛有类似的分离情况（图 7.18b），在背侧眼中具有更大的小眼面和更小的眼球间角［1.6°，相比于 3.7°，迈氏毛蚊（*Bibio marci*）（来自 bibionidae 科的苍蝇）］。上眼睛专门用于检测雌性，下眼周围的条纹运动引起强烈的视动转向反应，昆虫普遍用来防止无意识旋转的视觉行为，但背眼对这种刺激反应迟钝（Zeil，1983）。

在甲壳类动物中，三个中水域的代表种群具有双眼：具有并置眼睛的片脚类动物（*Hyperiid amphipod*）（图 7.19），具有叠加眼睛的鱼类和具有叠加眼睛的糠虾（见第八章）。hyperiid 眼睛呈现出从单眼到各种双眼的中水域物种的表面生物形态（深海甲壳动物、虫戎（*Phronima*）小龙虾如图 7.19 所示），以及最后到深处的片脚类动物（*Cystisoma*）（一只大而透明的动物，眼睛只有向上指向的部分），眼睛解剖学范围非常广泛。这种趋势的逻辑似乎是——动物生活得越深，它越重要的是将尽可能多的光子捕获能力投入到残余的下海光中，因为它需要这种暗淡的背景，即它可以从它所塑造的轮廓中看到潜在的食物。有趣的是，在这种情况下，很多中水域动物以各种方式掩盖了它们的轮廓。端足鱼（*Hyperiid amphipod*）通过使自身透明来做到这一点，而其他诸如磷虾（*Euphausiids*），许多鱼类和一些鱿鱼使用腹部定向的光子来替代由轮廓阻挡的光。在所有的双眼型片脚类动物（*Hyperiid*）中，上部具有比下部更大的小眼面和更小的间隙角。隐巧戎（*Phronima sedentaria*）是一种非凡的动物，它通过从樽海鞘（*Salp*）体内挖空的透明桶保护自己，这可能是最极端的例子了。它的背侧眼内角（$\Delta\Phi$）仅为 0.25°，而腹侧为 10°。有趣的是，背眼中小眼的接受角度大约是 $\Delta\Phi$ 值的 9 倍，这在普通的陆地眼睛中意味着巨大的图像过采样。但是，如果问题的关键在于检测单个点状物体，而不是解析纹理，则可以发现这并不是真正的失配，因为表面对比度损失可以通过后期的神经处理恢复。隐巧戎（*Phronima*）也是独一无二的，因为它由背侧眼睛透镜聚焦的光通过 18μm 宽的光导向腹侧位置的视网膜传送 5mm 距离（图 7.5d 和 7.19b）。喜戎（*Phrosina*）下眼睛的功能和其他可能的双眼片脚类动物（*Hyperiids*）似乎都是用于检测和追踪发光物体，例如发光动物（Land，2000）。

水平锐带

正如我们所看到的，许多飞虫在地平线内有一个垂直锐度增加的区域，这无疑反映了这部分环境的视觉重要性。图 7.16 中蝗虫的视场清楚地显示了这一点。在某些环境中，这个区域甚至更为重要。沙滩和泥滩是很好的例子，许多栖息在其中的螃蟹在眼睛的等温线周围有一个狭窄的垂直锐度带（Zeil 等，1989）。在幽灵蟹（*Ocypode ceratophthalmus*）（图 7.10 d）

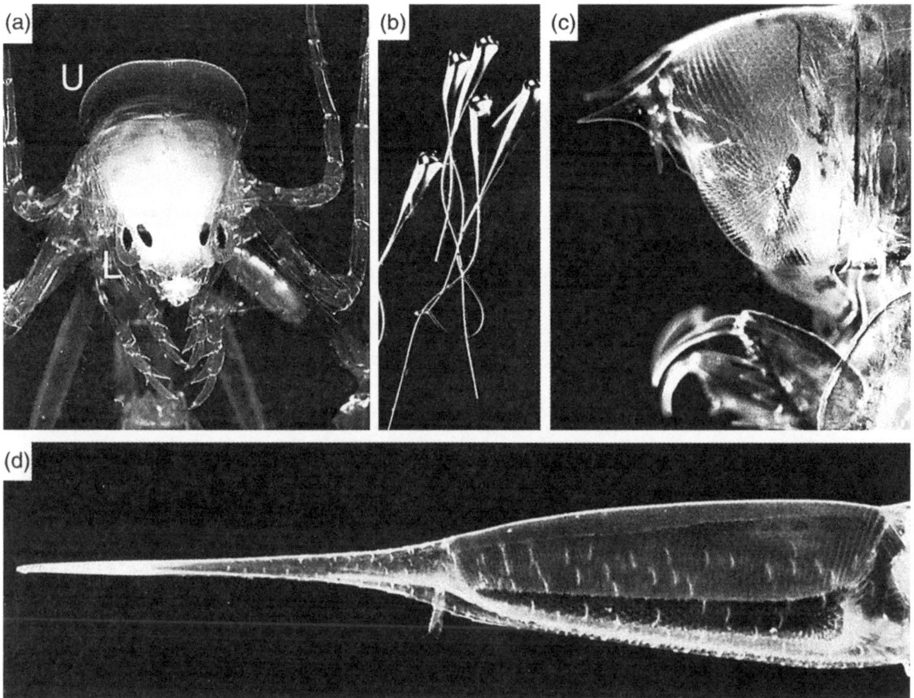

图 7.19 中层水域端足鱼（*Hyperiid amphipods*）有明显的并置眼

（a）从前面拍摄的隐巧戎（*Phronima sedentaria*）的头部。上眼的晶状体覆盖了整个头部，通过 5mm 长的光导将光线传送到靠近下巴的一对点状视网膜上。外层的一对视网膜为小得多的泪珠状下眼服务。（b）从 *Phronima* 的上眼解剖的附有光导的晶状体（见图 7.5d）。（c）半月喜戎（*Phrosina half -lunata*）是隐巧戎（*Phronima*）的一个亲戚，它也有一个分开的眼睛和分开的视网膜，但这两部分并没有分开。眼睛总高度 2.4mm。注意上眼的较大的小眼面。分辨率分布如图 7.17d 所示。在这两个物种中，眼睛都是非常透明的，视网膜被压缩以减少其对潜在捕食者的可见性。（d）异条戎（*Streetsia challengeri*）的圆柱形眼睛。和其他两个物种一样，光学元件是透明的透镜圆柱体，但这里的视网膜呈不对称排列，视网膜是眼睛腹侧区域的黑色腊肠型结构。奇怪的是，眼睛（右）在指向前方的尖峰（左）方向没有视野。这个生物的眼睛有 7mm 长，身体在右边的那一页上，长得有点像虾。

中，这个锐带大约 30° 高，与垂直小眼内角低至 0.5°；相比之下，水平小眼内角是它的四倍大。平坦海滩上的蟹与上岸蟹存在有趣的区别。前者倾向于把高眼睛紧挨在一起，有一个非常明显的赤道带，而后者的眼睛更圆，有一个弱发育的带。Zeil 等人（1989）认为，高眼睛的螃蟹通过从地平线到脚或物体的底部的角度来测量距离（这一策略只会在平坦的表面上起作用），而上岸蟹张开的眼睛使用某种形式的双眼立体视觉。地平线的另一个特征是，在它上面的物体比螃蟹本身更大，因此很可能是掠食者。小提琴蟹（*Uca pugilator*）对地平线上移动的物体有防御反应，但对地平线下有相似的角大小或速度的物体没有反应（Layne，1998）。

飞越水面的昆虫也有类似的狭窄赤道的兴趣区域。*Empid* 苍蝇在池塘表面附近捕猎，再次寻找被困的昆虫，它们有一个水平的锐带，可以通过眼睛周围一个扩大的小眼面区域来识别（图 7.18d）。在这个 15° 高的地区，舞蝇（*Rhamphomyia tephraea*）的垂直小眼内角只有 0.5°，而在其上下方则只有 2°。

水表面本身提供了一个类似的约束视野，对在水表层的猎物进行捕食的水黾（*Gerris*）有一个窄的锐带对这个区域进行成像，如图 7.16b 所示。以地平线为中心，它的高度只有大约 10°，在此范围内，垂直小眼内角在额叶区域只有 0.55°，这接近衍射极限，并且只有 920 个小眼的眼睛令人印象深刻（Dahmen，1991）。仰泳蝽科在某些方面更加卓越。它们就生活在表面薄膜的下面而仰望水面，可以通过两种方式查看潜在的猎物。通过眼睛的腹侧部分（仰泳蝽科倒挂时），它可以透过水面察看猎物的顶部，并且可以从表面的下方看到猎物在水中的底部（图 7.20）。两个视图在矢

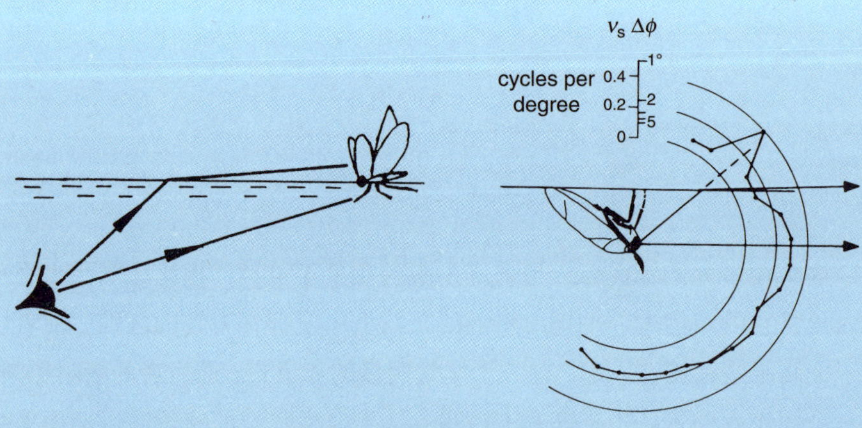

图 7.20 从表面薄膜下方看的视角

左：在表面上方和下方均可看到浮动物体。右边的分辨率分布，在这里表示为仰泳蝽科的眼睛周围的眼球间角（$\Delta\Phi$）和视力（$\mathcal{V}_s = 1/2\Delta\Phi$）。眼睛有两个分辨率较高的区域，对应于水面的上下两个面。

状面上相隔约 30°。事实证明，在仰泳蝽科中实际存在两条锐带，另外还有鰕鳉鱼（见图 4.10），每个条带（*Band*）都对表面的一个视图进行成像（Schwind，1980）。

捻翅虫和三叶虫的异常眼睛

我们通过讨论一种似乎打破了复眼设计所有规则的眼睛结束本章，并且这种眼镜接近于跨越单眼和复眼之间的差距。捻翅虫是黄蜂和其他昆虫的微小寄生虫，其中雄性为了找到配偶而在翅膀上待几个小时。在寄生昆虫（*Xenos peckii*）中，雄性的每只眼睛具有约 50 个晶状体（图 7.21），而相似尺寸的果蝇中有 700 个，但晶状体很大（65μm 直径），在每个眼睛下面有约 100 个“视网膜”感光器（Buschbeck 等，1999）。因此，这种复合结构的每个面与其他并置复眼的小眼完全不同，实际上它本身就是一个完整的小眼（小孔），其视场角约为 30°。在每个孔眼内，感光器间角约为 4°，这与其他类似尺寸的昆虫相当。用这种设计的眼睛出现的问题是许多倒置的图像没有联合起来，这个问题与双翅目神经重叠眼所提出的问题相似（图 7.4c），并且解决方法是相同的：图像需要通过将感光器连接到第一个视神经节的核纤层的轴突部分适当交叉并且重新倒转。Buschbeck 等人（1999）发现，这些交叉确实存在，这种机理就像在传统复合眼中那样被用来产生单个直立图像。对于为什么这些奇怪的昆虫应该进化得如此奇怪目前并没有很明显的生态学原因。虽然我们可以很容易地认为每个小孔都能解析图像，并且这个眼睛中的采样单元是小孔内的单个感杠束，但现有的证据并不支持这一点。Pix 等人（2000）综合研究了这些动物对移动模式的视觉运动反应（见图 4.3），并得出结论，这种行为的抽样单位是整个小孔，而不是单个感光器。如果对于其他行为也是这样（也可能不是）这样，那为什么要用这种设计模式的眼睛呢？谜仍在继续。

这种特殊设计的眼睛看起来很可能曾经出现过，就在眼镜虫属中最为人所知的已灭绝的三叶虫（图 7.21）。像寄生昆虫（*Xenos*）一样，它们的眼睛有少量大的（0.5mm）有些分离的小眼面，被称为“分裂

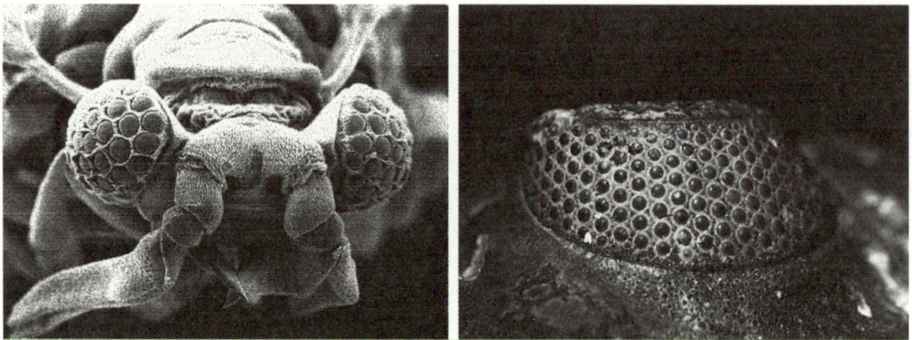

图 7.21 在每个小眼面后面有一个小视网膜

（左）的捻翅虫属的寄生昆虫（*Xenos peckii*）和可能具有相同"眼孔（*Eyelet*）"设计（右）的眼镜虫属三叶虫（*Hollardops mesocristata*）的眼睛。Xenos 的眼睛直径约为 0.3mm（Elke Buschbeck 和 Birgit Ehmer 的扫描电子显微照片）；*Hollardops* 的眼睛长 9mm（由 Pierre Morzadek 鉴定的三叶虫）。注意与图 7.18 所示的传统眼睛相比，眼睛镜片的大小、数量和填充方式的差异。

（*Schizochroa*l）"眼睛，而不是大多数三叶虫的"具有连续角膜覆盖视觉区（*Holochroal*）"眼睛（Levi-Setti，1993）。后者似乎是普通的并置眼，但如果动物生活在接近黑暗的环境中，"分裂"眼（*Schizochroal*）的巨大晶状体只会像传统的复眼一样有意义。更可能的解释是，这些是"眼孔（*Eyelet*）"眼睛，就像捻翅虫的眼睛一样。

小结

1. 并置复眼由一个个小眼组成，其中每个感光器组从其镜头接收到倒像。在传统的并置眼中，每个小眼图中的感杆束并不能解析每幅图像中的细节，而是用作测量空间小区域的平均亮度的检测器，通常大约为 1°。动物看到的整体直立图像是由这些相邻视野形成的马赛克。

2. 在双翅目苍蝇中，情况稍有不同：每个小眼瞳中的倒像由七个独立的感光器解决。然而，这些反应以汇集信号的方式结合在薄片（第一突触层）中，在不失去分辨率的情况下提高灵敏度。就苍蝇而言，整体图像的形式和分辨率与传统并置眼相同。这种安排被称为“神经重叠”。

3. 因为单个小眼面晶状体非常小，它们产生的图像受衍射严重限制，所以最小可分辨角度很少优于 1°。为了改善这一点，需要更大的晶状体以及更多的晶状体，并且眼睛的尺寸大小很快变得不够用。然而，节肢动物确实通过增加局部区域的被扩大的小眼面和更接近的小眼轴来增强分辨率，而牺牲其他地方的分辨率。

4. 通过研究伪瞳孔可以了解并置眼睛对周围环境的感知采样方式：这是当观察者在其周围移动时看起来在眼睛上移动的小黑点。

5. “锐带”在许多飞行昆虫的前侧被发现，位于用翅膀捕获其他昆虫的背部或者背部前侧，用于交配或者捕食；“锐带”也在生活在平坦环境中的节肢动物的视野中的地平线区域被发现，例如海滩上的螃蟹，或者在池塘表面上狩猎的昆虫。

第八章
叠加型眼睛
Superposition eyes

From the outside, apposition and superposition eyes are almost indistin-guishable. Both are convex structures with facets of similar dimensions, and are clearly variants of the same general design. But there the resemblance ends. Internally there are several crucial anatomical differences: the retina is a single sheet, not broken up into discrete ommatidial units as in apposition eyes, and it lies deep in the eye, typically about halfway between the centre of curvature and the cornea.

从外观上看，并置型眼睛和叠加型眼睛几乎难以区分：两者都是凸起的结构并具有相同尺寸的切面——很明显是同种设计的不同变体。然而，相似之处仅止于此。叠加型眼睛在内部结构上与并置型眼睛存在几个重要的差异：其视网膜是单一的片状结构，没有像并置的眼睛那样分解成独立的小眼，它位于眼睛深处，通常位于曲率中心和角膜之间的中点；在视网膜和角膜下方的光学结构之间有一个很小的区域，光线聚焦在这个清晰的区域——相当于相机型眼睛中的玻璃体空间（见图 8.1）。叠加型眼睛的光学系统本身是各种各样的，正如我们将会看到的那样，它们可能是折射镜、反射镜或者是透镜-反射镜的组合，但是粗略地看，它们与并置型眼睛的结构看起来没有太大差别。

最大的差异在于成像机制：所有叠加型眼睛在视网膜附近产生单一的正立图像，这点将其与具有多幅倒置图像的并置型眼睛和同样具有倒置图像的相机型眼睛都区分开。显然，我们正在处理一些与众不同的事情，大约在 19 世纪末，这些图像被成功拍摄到。埃克纳（Exner）在 1891 年的专论中就有一幅，埃尔特林厄姆阁下（H.E. Eltringham）为他的朋友爱德华·波尔顿爵士（Sir Edward Poulton）拍摄了一幅有趣的肖像，名为《萤火虫之眼》，之后转载于伊姆斯（Imms）的《昆虫自然史》（1956）。我们最近尝试在萤火虫眼中重现这种摄影技艺，可以看到其眼中单个正立的图像与并置型眼睛的多个倒置的图像形成鲜明对比，如图 8.2（右）所示。事实证明，为完成上述尝试，需要利用甲虫（如萤火虫），其他昆虫，特别是飞蛾，

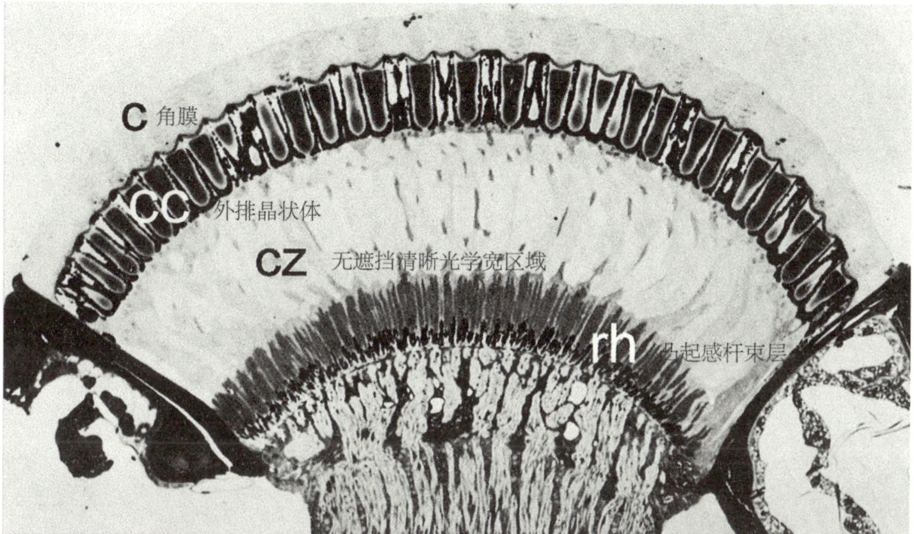

图 8.1 夜间活动的蜣螂（*Onitis westermanni*）的折射型叠加型眼睛的切面图

角膜（c）、外排晶状体（cc）、无遮挡清晰光学宽区域（cz）以及眼睛曲率中心和角膜中点处的凸起感杆束层（*Rhabdom layer*）（rh）。照片由 S. Caveney 博士提供。

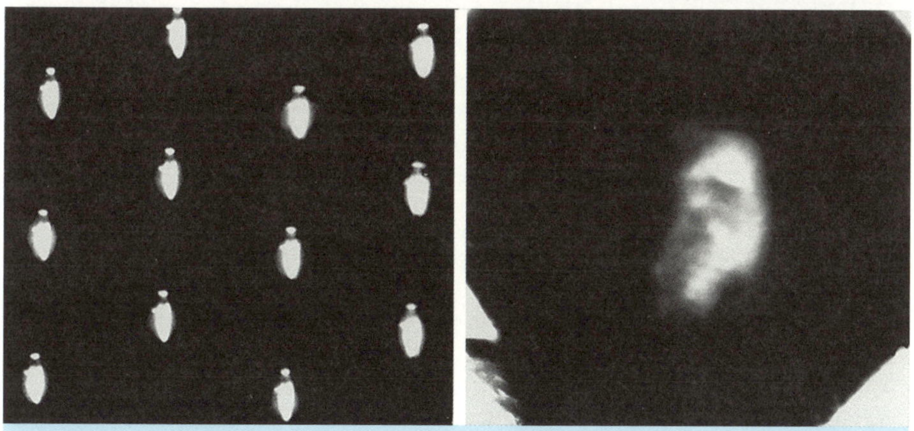

图 8.2 并置型眼和叠加型眼产生的图像

左边是蜡烛火焰通过食虫虻眼睛小眼面产生的多个倒置图像。右边是 19 世纪一位有影响力的自然学家拍摄的通过萤火虫（*Photuris sp*）眼睛的清晰角膜产生的正立图像。两者都是通过置于空气中的角膜及置于生理盐水中的光学器件后面的区域后拍摄。

与甲壳类动物如磷虾（*Euphausiids*）一样具有叠加型眼睛，但是它们产生图像的光学结构未与角膜相连，并且当眼睛为成像进化出晶状体时这些光学结构会退化掉。然而，在甲虫中，这些光学结构与角膜相连，因此在内部结构被移除时仍然存在。

埃克纳发现并阐明了这一卓越的光学理论，他在 19 世纪 80 年代一直研究这个问题，并于 1891 年发表了他的完整发现。埃克纳表明，产生正立图像的唯一方法是光学器件以非常奇怪的方式工作，如图 8.3a 所示。基本上每个元件所要做的不是像传统透镜那样从平行光束形成图像，而是将光线重新导回到元件的轴线上，从而在轴线的同一侧形成另一个平行光束（见图 8.3b）。埃克纳认为，尽管单透镜不能完成这项工作，但是双透镜望远镜（*Two-lens telescope*）可以（当时能利用的最好的技术），这样的结构确实存在于昆虫的叠加型眼中。在 20 世纪 50 年代和 60 年代，埃

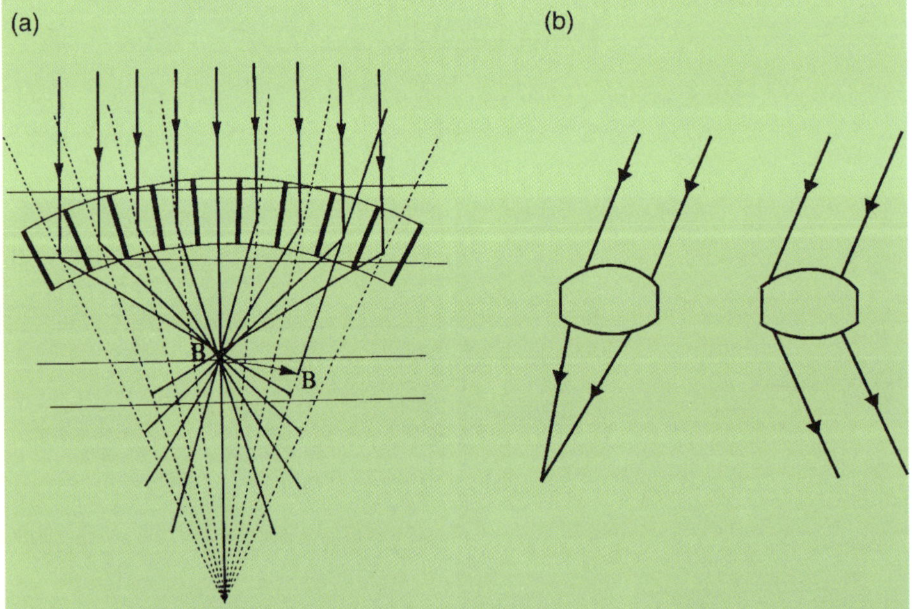

图 8.3

（a）1891 年的埃克纳图解了在叠加型眼睛中产生图像（B-B）所需的光线路径。注意光线必须由每个光学元件弯曲成“狗腿”式（折线型）。（b）通过普通晶状体进行光线折射和通过叠加型眼中的元件进行光线折射。普通透镜无法完成所需的任务。

克纳的想法遇到了困难，当时科学家们使用一种称为干涉显微镜的新仪器，开始寻找高折射率结构，使得埃克纳望远镜成为现实。不幸的是，一些最初的研究是关于小龙虾的眼睛（当然是通过解剖叠加型眼睛的清晰区域），但没有任何东西可以充当透镜或透镜组合。本来应该是光学元件的部分变成了由低折射率胶状物组成的方块形斑点，没有任何光学性能（见图 8.13c）。对于这些眼睛是如何工作的，形成了许多难以信服的理论，但事实证明它们并不是必需的。1975 年，Klaus Vogt 发现小龙虾及其亲系使用的是一种可以与镜子配合使用的系统，而不是透镜。然而，对于埃克纳所关注的所有其他眼睛来说，折射望远镜机制仍然是正确的。后来，在某些结合了折射和反射原理的螃蟹中发现了第三种机制（Nilsson，1988）。

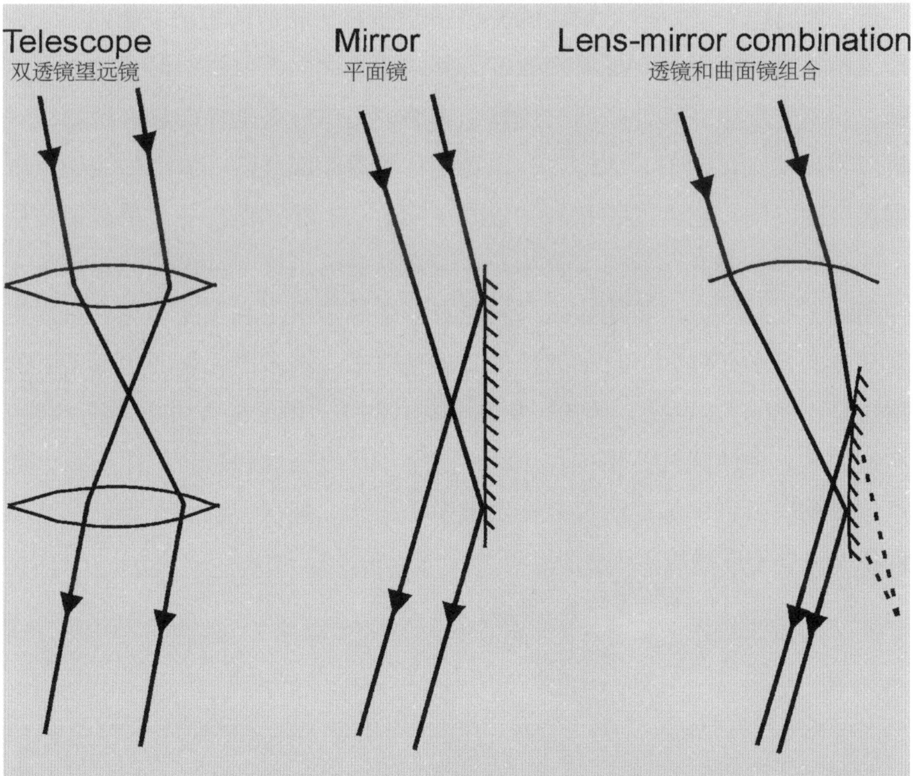

图 8.4

三种可以得到“狗腿式”光线折射（见图 8.3）的布局。左起：双透镜望远镜、平面镜、透镜和曲面镜的组合。对应于三种已知类型的叠加型眼睛中的各部分：折射、反射和抛物线叠加。

这三种实现叠加成像（折射、反射、混合或抛物线型叠加）所需的“狗腿式”折射路径的方法如图 8.4 所示。在接下来的章节中，将依次对它们进行讨论。

折射叠加

望远镜和镜筒

在基于透镜的叠加型眼睛中，光学元件需要作为简单的反转望远镜，将入射光束重新引导回轴上，如图 8.3b 所示。要做到这一点最直接的方法是让两个镜头按其各自焦距的总和分离，并且在它们之间有一个图像平面（图 8.4）。埃克纳认为，即使给定合理的折射率和由组织学得到的结构曲率，甲虫眼睛的每个光学器件仍然没有足够的光线折射能力来实现这一点。他设想出了一个与 Matthiessen 的鱼眼镜头相似的想法（第四章），即该结构内部必须具有折射率梯度。其结果是大多数射线折射会发生在内部，而不是发生在其外表面。这种结构的最简单形式是径向具有抛物线式折射率梯度变化的平头圆柱体，埃克纳称为透镜圆柱体。埃克纳表明，根据长度的不同，它可以像鲎的并置眼（第七章）那样作为一个单透镜使用（图 8.5a），或者作为构成叠加光学所需类型的倒置望远镜的一对透镜来使用（图 8.5b）。虽然埃克纳当时没有办法确定甲虫和蛾是否具有所需折射梯度的光学元件，但自干涉显微镜出现以来，许多研究表明他那精彩的猜想是正确的（Kunze，1979；Nilsson，1989）。图 8.5c 给出了部分测量。有趣的是，透镜圆柱体结构在 20 世纪 70 年代以玻璃和塑料类原材料，通过提供轴向折射率梯度的工艺再次被发明出来。现在它们用于光纤耦合器件以及一些 CD 播放器的镜头。

图 8.5 透镜圆柱体

（a）和（b）。埃克纳所示的透镜圆柱体能够产生一个像在鲎的并置眼中一样的单一倒像，以及像飞蛾和甲虫的叠加型眼睛中一样的“狗腿”光线重定向。实质上，如果（a）中的单透镜结构长度加倍，则会变成（b），使得产生第一个图像的光线再次平行（即重新准直）。值得注意的是，（b）类似于图

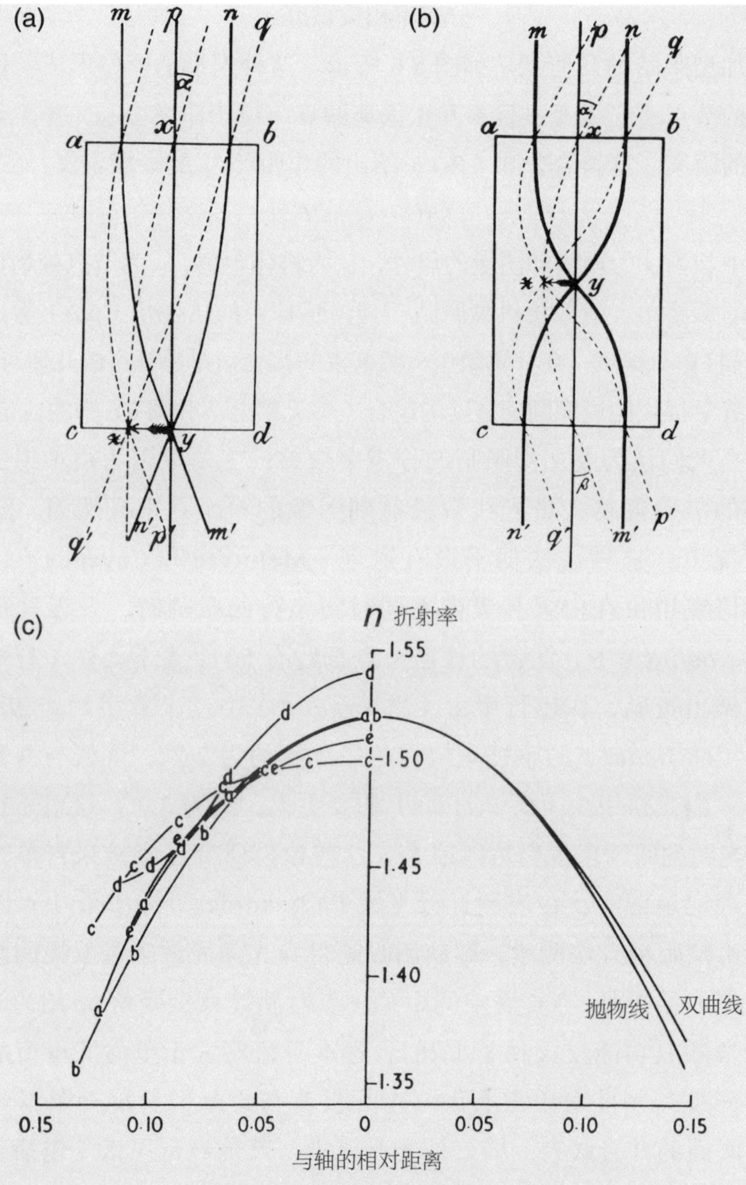

8.4 中的双透镜望远镜。（c）的右边是为了形成（a）和（b）中所示类型的图像，所需要的从透镜圆柱中心到外围的折射率梯度（n）的两种版本。横坐标是轴的径向距离除以焦距的两倍。抛物线和双曲线的割线梯度在它们的光学性质上只有轻微的差别。（c）的左边是通过干涉显微镜对复眼中各种透镜圆柱结构的折射率梯度进行测量的结果（a：磷虾，b：萤火虫，c：飞蛾，d：弄蝶，e：萤）。测量和理论估计的梯度非常吻合。

分辨率和灵敏度

叠加型眼睛的几何光学如图 8.6 所示。这种类型的图像形成特性意味着眼睛的节点（光线经过且不发生偏离的点）位于曲率中心，焦距是中心到图像的距离。这符合公式（3-1）给出的焦距（f）的一般定义：

$$O/U = \alpha = I/f$$

其中 O 和 I 为物体和图像的尺寸，U 为物体距离，α 为节点处物体或图像所对的弧度角。就像相机型眼睛一样，感杆束的接受角（$\Delta\Phi$）为 s/f，其中 s 为感杆束分离度。在并置眼中，感杆束的接受角是感杆束的几何对位（d/f）和由光学提供的模糊圆的宽度的组合（参见第七章和图 7.6 中的讨论）。

过去人们认为叠加型眼睛的分辨率较差，主要是因为很难想象如何以足够的准确度将大量光线束投射到图像的一个点上。然而，除非在极端情况下，这种说法似乎没有道理。McIntyre 和 Caveney（1998）在仔细研究甲虫在白天和黑夜不同时间飞行的眼睛时，发现日行甲虫（*Onitis belial*）中，图像的任何一点都约有 50 个光学元件（有效叠加孔径）做出贡献，在夜行甲虫（*O. aygulus*）中这个数字约为 300。日行甲虫（*O. belial*）的感杆束接受角经计算约为 2.2°，该值与许多并置眼相当。而夜行甲虫（*O. aygulus*）的要更大，约为 3.0°，这对于拥有如此巨大光圈的眼睛来说仍然很惊人。这些建模研究已经被来自单个受体的电生理记录证实。在澳洲日行飞蛾 *Phalanoides tristifica* 中，图像质量一般由检眼镜方法测量，即使用眼睛自身光学元件来查看视网膜和图像（图 8.7）。结果是，当查看空间中某一点时感杆束接受角 $\Delta\rho$ 约为 1.58°，其中光学散点功能仅贡献了 1.28°。这本身仅略大于单面艾里衍射图像的一半宽度。因此对单点有 140 个元件参与贡献的叠加型眼睛与相似尺寸小眼面的并置眼有一样好的光学元件。其他日行飞蛾（包括弄蝶）也凸显出相似的优秀的图像质量。

试图从理论上估计叠加型眼睛的分辨能力并不简单。来自叠加孔径中不同小眼面的光束在图像上传播的光学距离不同（不像在单个大型矫正透镜中的光线），所以一般来说不会对图像的点明显的干涉。因此人们可能会认为，图像质量与单个小眼面的艾里斑直径相比并没有改善。然而，

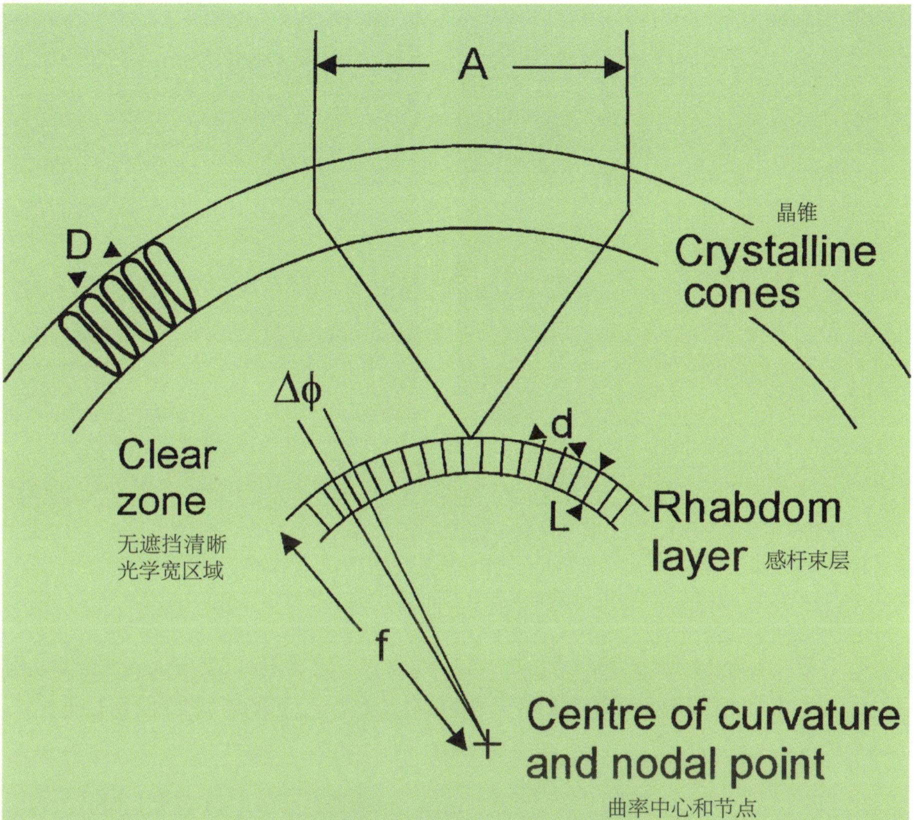

图 8.6 适用于叠加型眼睛的光学定义

A 为叠加瞳孔的直径，D 为小眼面直径（注意在灵敏度公式 3.6 中以 A 代替 D），f 为焦距，d 为感杆束直径，ΔΦ 为接收器之间的角度（约为 d/f），L 为感杆束长度。

Stavenga（2006）指出，叠加瞳孔可以认为是由一系列小眼面的圆环或环带构成的，且每个环与图像的距离相同，因此每个环发出的光都是相干的，这应该能产生比单面艾里光斑窄得多的整体衍射图案。然而测量出来的分辨率并不像预测的那么好，Stavenga 将这种差异归因于聚焦眼睛的光学设计中的固有误差，这有点类似于单透镜眼睛中的球面像差。

叠加型眼睛对尺寸比并置眼更加敏感，这就是它们在动物中最常见的原因，例如夜间活动的飞蛾和萤火虫，或中等水深的海洋甲壳类动物，它们光的状态与表面上的月光相似。为了量化灵敏度差异，我们应该考虑具

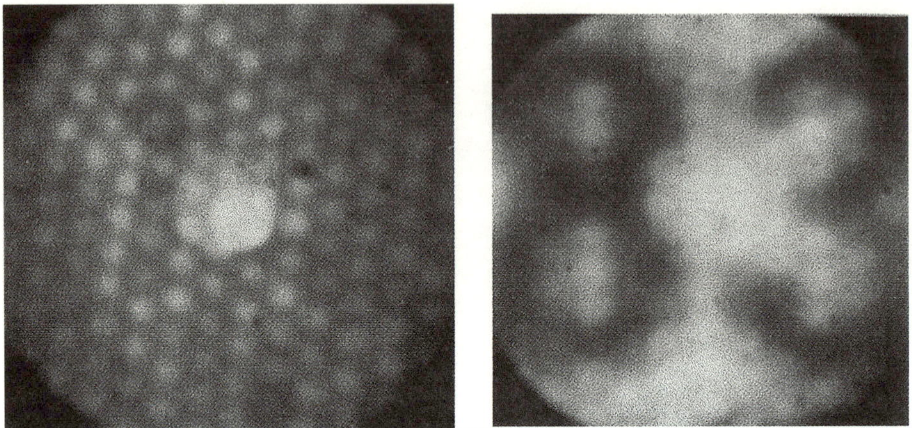

图 8.7 折射叠加型眼睛中的图像质量

左图是利用检眼镜法（Land，1984），通过眼睛自身的光学装置观察到的日行飞蛾（*Phalanoides tristifica*）眼睛的感杆束网格。每个感杆束都被封闭在一个反射套中，因此与周围的棕色色素相比颜色显得较淡。感受体之间的夹角（$\Delta\Phi$）为 1.9°，感杆束的物理分离度为 16μm。右图是飞蛾视野中一个物体在飞蛾视网膜中的图像，这提高了叠加型眼睛的图像质量，数值高达 17°。

有相同尺寸和相同分辨率的眼睛（相同的 $\Delta\Phi$）。计算结果如表 8.1 所示。我们做一个额外的假设，就是叠加型眼睛中的有效瞳孔宽度为 10 个小眼面的宽度，而并置小眼的焦距为 0.1mm，这些数字都是符合实际的。结果叠加型眼睛比相似大小的并置眼敏感 100 倍，而夜间飞蛾和甲虫具有更大的叠加瞳孔，敏感度可能还要提高 10 倍。因为进入叠加瞳孔外部的光线不如中心的有效，所以这些数字有些高估了叠加型眼睛的灵敏度增益，但不会超过两倍。

参数	并置眼	叠加眼
半径（r）	1mm	1mm
感受体之间夹角，或者	2°	2°
小眼之间夹角（$\Delta\Phi$）	0.035rad	0.035rad
焦距（f）	0.1mm	0.5mm
感杆束物理分离度		
（叠加眼：$s=f\Delta\Phi$）	–	17.5μm
感杆束直径		
（叠加眼：$d=s$）	–	17.5μm
（并置眼：$s=f\Delta\rho, \Delta\rho=\Delta\Phi$）	3.5μm	–
光圈		
（并置眼：$D=r\Delta\Phi$）	35μm	–
（叠加眼：A=10 小眼面直径）	–	350μm
敏感度（公式 3.6）		
$S=0.62D^2\Delta\rho^2$ 或 $0.62A^2\Delta\rho^2$	0.93（μm^2）	93（μm^2）

表 8.1 相同大小和分辨率的并置眼和叠加眼的灵敏度计算

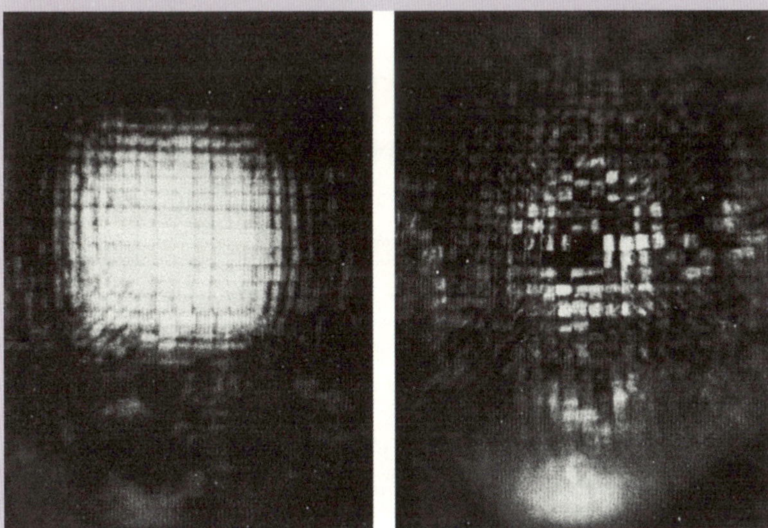

图 8.8

从和照明光束相同的方向观察时，许多叠加型眼睛显示出眼睛发光。平行光被聚焦到视网膜上的一个点上，然后被反光色素层反射回来，通过最初进入的同一叠加瞳孔而出现。左：足对虾（*Leander*）的暗适应反射叠加型眼睛；右：光适应眼，其中瞳孔外区的射线被切断（图 8.9），留下一个小的暗中心伪瞳孔。

光学眼与叠加瞳孔

一些具有反射叠加型眼睛的十足甲壳纲动物和大多数蛾子，在它们的背后有反射层（色素反射层），它的作用与猫眼中的色素反射层相同：将光程加倍通过光感受器，从而改善光子捕获。在一些昼行飞蛾中，反射器也围绕着每个感杆，光学隔离它的邻居。在暗适应的眼睛中，当从与照明光束相同的方向观察时，色素反射层使眼睛发光。在一些昼行蛾子中，发光总是可见的长喙天蛾属（*Macroglossum*，plate 3），其机制与猫眼相似。光学系统在色素反射层上形成一个点光源，或靠近它形成一个点光源，这一点起到光发射器的作用，它再次通过光学系统，成为大致平行的光束。

如果光学元件是好的，也就是说，它们确实把平行的光束带到图像中的一个点上，那么在眼睛表面看到的光斑将具有与进入眼睛的光束相同的直径。这就是叠加瞳孔，即光线对图像上的每个点贡献的眼睛表面的数量（图 8.8）。眼睛发光也可以有效测试图像质量。如果光只能从照明光束方向上的一个很窄的角度（几度）观察到，那么视网膜图像本身必须非常小。另一方面，如果光可以在一个宽的角度上看到（例如许多深海虾），这表明视网膜上有一个大的模糊圆环，或者色素反射层离焦点很远。

明暗适应

大多数叠加型眼睛的高灵敏度意味着它们必须在白天保护它们的视觉色素，因此需要一种将图像亮度降低几个数量级的适应机制。叠加型眼睛中的光适应的主要机制包括色素运动，这能够从叠加瞳孔的外部区域逐渐截止光线（图 8.9）。这种减少可能最终导致光只从一个面到达图像中的一个点，这实质上是并置条件。

眼睛发光（图 8.8）提供了监测光适应和暗适应过程的手段。当光线适应时，穿过透明区域的斜射线被切断（图 8.9），因此光的亮度和贴片的尺寸减小，通常完全消失。在黑暗中，它们慢慢地回升。

在具有折射叠加型眼睛的昆虫中，主要色素运动是初级色素细胞（围绕晶状体周围）和次级色素细胞（从角膜延伸到基底膜；见 Autrum 1981）的纵向向内移动的颗粒。在黑暗中，颗粒聚集在晶锥体之间，随着光照开始，它们在几分钟内向内延伸，占据了大部分透明区域。在许多甲壳纲动物，尤其是具有折射叠加型眼睛的螯虾等十足类动物中，色素也存在于近端色素细胞中的向外运动。在黑暗中，色素被保持在基底膜之下，但是在光中，为了防止光线斜入射，它在感杆束之间移动，从而减少每个杆所能接受的光锥的宽度。

有趣的是，在一些蛾子中色素迁移的触发因素不是由自身感杆束中的光感作用提供的。在黄昏天蛾（*Deilephila*）中，Nilsson 等（1992）发现，在紫外光照射下，每一个晶锥体下的一个区域都会引发色素迁移，但不涉及更深层次的感杆束。然而，在长角蛉（*Ascalaphus*）身上（一种拥有双叠加型眼睛的白天飞行的脉翅目昆虫），色素运动既可以从视锥细胞下面的区域触发，也可以从感杆束本身触发。

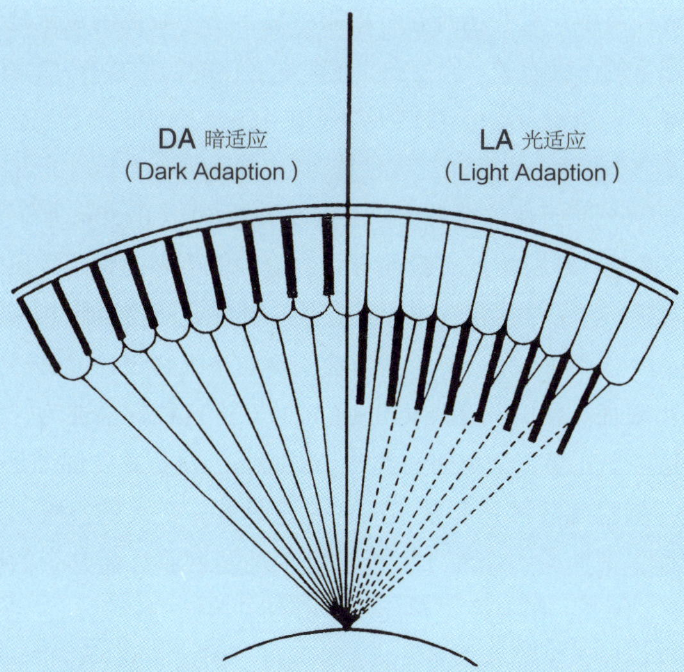

图 8.9 叠加型眼睛中的光适应

最常见的光适应机制包括从晶锥体之间向内迁移暗色素，这逐渐截断了叠加瞳孔外区域的更多倾斜光线，从而减少视网膜上的光通量。

单眼和双眼

在叠加型眼睛中，球面对称引发的主要偏离是罕见的，因为眼睛的几何形状受共享光学器件的限制。然而，在磷虾（*Krill*）中，双裂眼是常见的（图 8.10a 和 b）。这两个组件通常是光学分离的结构，因此每个可以被看作是一个独立的眼睛，具有其自身的对称性。背单眼的焦距通常比腹单眼长，使小眼内角更小：在异形怪虾（*Stylocheiron*）中，背单眼的 $\Delta\Phi$ 最大为 1.2°，而腹侧为 2.6°。与端足类动物一种磷虾属（*Cystisoma*）相比（第七章），在澳大利亚甲壳纲动物（虾）（*Nematobrachion boopis*）中，下眼几乎不存在。在双目磷虾科长线脚磷虾（*Nematoscelis atlantica*）中显示，背单眼总是指向上方，朝向日光，而动物自身则以不同的角度垂直于陆地（Land 1980）。因此，很有可能的是，背单眼的作用是寻找针对下沉光的暗影轮廓，如亚目端足类动物所显示的那样。广角、低分辨率复眼的功能不太清楚，但鉴于它对深渊的黑暗成像，其最可能的作用是检测生物发光物体。

在手磷虾属中，有些物种在背单眼中显示出小眼面的数量减少，这似乎与动物漂浮的深度有关。典型的，在深水居住的物种共有几百个小眼面。长晶手磷虾（*S. elongation*）在白天生活在 180~420m 的水下，它的每一行包含 13~16 个小眼面，但是在近缘柱螯磷虾（*S. affine*）（40~140m 水下）中，这减少到 4~8 个，而在三晶柱螯磷虾（*S. suhmi*）（0~50m 水下）中只有 3 个。这似乎是一种粗略但有效的方式，能确保不同的眼睛提供相似的视网膜照明水平。在一个热带浅水糖虾虾的一种甲壳动物糖虾（*Dioptromysis paucispinosa*）（图 8.10c）中，可以看到叠加型眼睛设计能够最终减少到只有一个小眼面。Nilsson 和 Modlin（1994）将这种虾描述为“携带望远镜”，这是一个几乎完全相似的类比。眼睛是一对：主要部分是传统的叠加型眼睛，但附属区域是非常不同的。它只有一个大的小眼面和一个巨大的晶锥体，下面是一个有 120 个感杆束的视网膜，而其余的眼睛则有 800~900 个。因此，附属眼是单晶状体叠加型眼睛的特例，它是一只简单的眼睛，但它是竖立而不是倒置的光学元件。附属眼起到锐带的作用，感杆轴（$\Delta\Phi$）的最小间隔为 0.64°，在这个小尺寸的眼睛中令人印象深刻。巨大小眼面的 44μm 直径意味着衍射极限远低于眼睛的其余部分，这些部分具有 16μm 的小眼面。这些奇怪的眼睛最奇怪的特征是巨大的小眼面和它的锐带通常指向后面。Nilsson 和 Modlin（1994）发现，眼睛偶尔旋转，引导锐带向前，在那里它们可能被用来对潜在食物或配偶进行更高分辨率的检查。不同于其他双目节肢动物，没有好的理由认为这些特殊的眼睛通常指向上。

具有重叠光学的双裂眼在昆虫中是罕见的。如前所述，长角蛉（*Ascalaphus*）具有双叠加的眼睛。雄性蜉蝣有一对背侧重叠的眼睛（plate 3），它们用以对着天空观察雌性，这种方法类似双生蝇（见图 7.18b）。然而，在两性中都出现的用来负责其他视觉活动的低位眼，是并置型。像磷虾眼睛一样，背单眼的视野很小，并且它适应物种生存的环境：那些栖息在有小缝隙的树林的树冠上的物种，拥有的视野最窄。

蜂鸟天蛾（*Macroglossum stellatarum*），一个惊人的快速飞行昼行花蜜喂食者，似乎克服了经典叠加光学的球形约束（Warrant，等 1999）。它有一个明显的非球面眼，其分辨率有相当大的变化（plate 3）。正如在并置眼（第七章）中经常出现的情况一样，这些并没有反映在小眼面尺寸

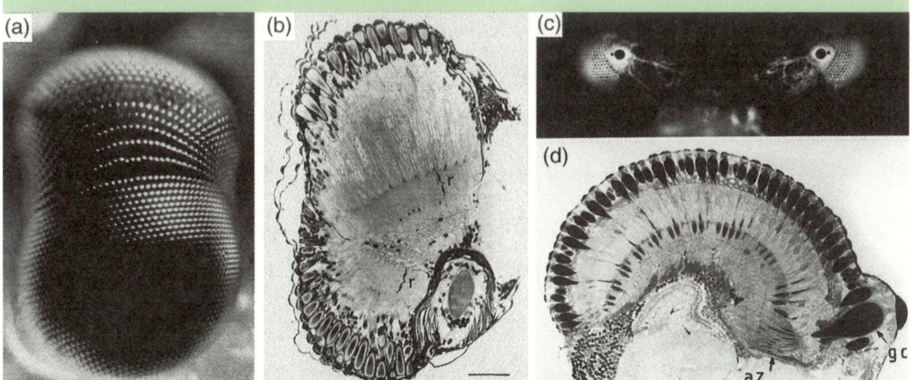

图 8.10 双叠加型眼睛

（a）一只在中层水域栖息的磷虾（*Nematoscelis megalops*），其眼高 2.5mm。（b）长线脚磷虾（*Nematoscelis atlantica*）的眼睛截面，高度 0.9mm。注意两个单独的视网膜（r）和上眼更大的清晰区域。右下角的结构是一个发光体，其功能是通过反向照明来掩饰眼睛的轮廓。（c）从后面看到的糖虾（*Dioptromysis paucispinosa*）的眼睛，显示了一个巨大的晶锥体（44μm）被传统眼睛的晶锥体（16μm）包围。（d）图（c）中眼睛的水平截面显示普通叠加型眼睛（与图 8.1 比较）和巨晶锥体如图 gc，具有其自身的高分辨率视网膜或锐带如图 az。来自 Nilsson 和 Modlin（1994）。

的模式中，而是在视网膜受体的间距和眼睛的焦距的变化中。其效果是产生一个与一个水平条纹相连的前锐带，这与蝴蝶眼睛的分辨模式非常相似（参见图 7.14）。如何实现光学变化而不损害图像质量（整个眼睛都效果出色）尚不清楚，但这可能意味着晶锥体自身的角度放大的眼睛会有系统的变化。到目前为止，这是唯一已知的叠加型眼球，它基本上脱离球形形状，但实际上没有分裂。

叠加与无焦点的并置：蝴蝶的眼睛

蝴蝶和飞蛾在鳞翅目中被归类在一起，无疑是密切相关的。大多数蝴蝶［弄蝶（*Hesperidae*）是例外］的眼睛在大多数方面表现为并置型眼睛。这些蝴蝶的眼睛在紧靠晶状体基部的有长而窄的感杆束，即图中不清晰的区域，以及复杂的伪瞳孔（图 7.10）。另一方面，许多飞蛾具有叠加型眼睛，在图中清晰的区域显示着它们具有宽而深的感杆束和明亮的眼睛。眼睛类型之间的转换在飞蛾物种内部以及飞蛾和蝴蝶之间一定出现过多次。在甲虫中出现了非常相似的情形，其中大部分都具有并置型眼睛，但是大量的夜间和黄昏期活动的群体，包括粪甲虫和萤火虫，都具有叠加光学结构。

如何从一种类型的眼睛转换到另一种眼睛，而不经过一个不起作用的中间介质，这一过程并不太容易。并置型眼睛的结构看起来没什么好商量的——使用简单的晶状体和叠加式双镜头望远镜的光学结构（或等效的镜筒装置）。在蝴蝶的眼睛中，我们确实知道中间介质的答案：它们的并置型眼睛实际上有一个极端形式的叠加光学结构，这个结构中的每个伸缩对中的近端晶状体并没有变弱，而是正如人们猜测的那样，变得非常强大（Nilsson 等，1988）。

工作方式如图 8.11 所示。如在正常叠加型眼睛中一样，在每个晶状体锥体的远端区域中，弯曲角膜和弱透镜圆柱形晶状体的组合使得图像在晶状体锥体内的近端尖端前方约 10μm 处形成。然后尖端处聚焦的光线遇到焦距非常短约 5μm 的晶状体。因此，这个晶状体具有 200000 屈光度的功效（1/*f*，其中 *f* 以米为单位），或者一副老花镜十万倍的功效。这个晶状体是从整体晶状体锥体底部的微小区域中取出薄的冷冻切片，并检查它们的成像特性中发现的。图 8.12a 中，可以看到一个晶状体锥体与翼鳞相对照，从而给出了上面所涉及的结构尺寸的一些想法。令我们高兴的是，锥体的最后 10μm 产生了极好的图像（图 8.12b），从它的大小我们可以计算出这种眼睛中间体的光学能力（Nilsson 等，1988）。第二个晶状体的作用是将由第一（远侧）晶状体聚焦的光线重新带回平行光束（图 8.11b 和 c），就像叠加型眼睛一样。本质区别在于，在叠加型眼睛中，可伸缩晶状体对的放大倍数很少超过 2，在这里它要大得多。在蛱蝶科蝴蝶（*Heteronympha merope*）中，远端和近端晶状体的焦距差异较大，总体放大率为 6.4。

这种高放大倍数有两个重要的后果，如图 8.11 所示。首先是从近端尖端出射的光束与轴线形成的角度比从外部进入小平面的光束大 6.4 倍。与小平面轴成 1° 角的光线以 6.4° 出射，类似地，在角膜宽度为 3° 的光束作

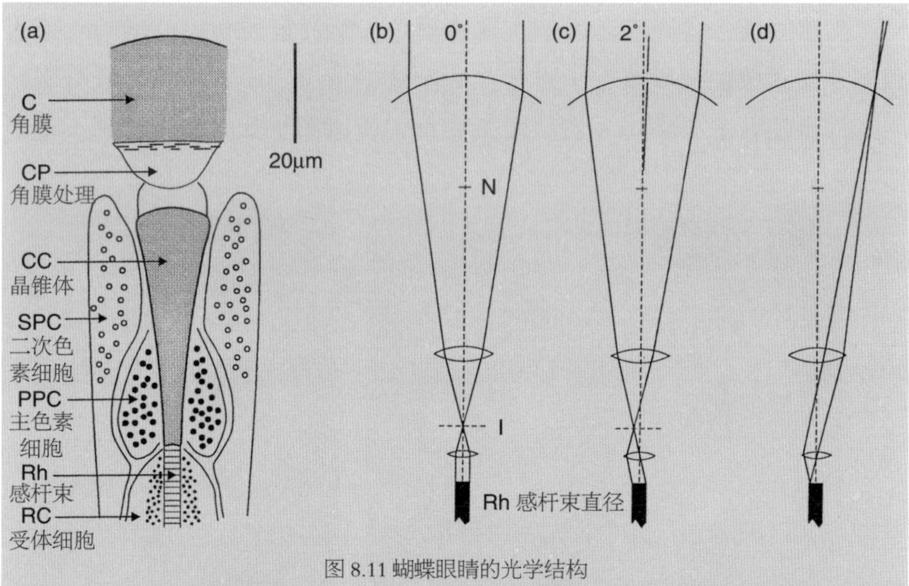

图 8.11 蝴蝶眼睛的光学结构

（a）一只蝴蝶的小单眼的横截面解剖图。C: 角膜; CP: 角膜处理; CC: 晶体锥; SPC: 二次色素细胞; PPC: 主色素细胞; Rh: 感杆束; RC: 受体细胞。（b）眼睛结构简化，几个小型光学结构由三个透镜表示：角膜为表面折射结构（N 处的节点），代表晶状体远端部分的弱透镜，以及晶状体近端的强透镜（见图 8.12 b）。它们的组合效果是产生一个内部焦点（I）和与感杆束直径（Rh）相匹配的平行输出光束的系统。（c）输入光束离轴 2° 的同一个系统。由此产生的输出光束偏离轴线 12.8°，接近感杆束可以通过内反射接受的极限。（d）光学系统具有角膜顶端成像在角膜上的次要特性。这就解释了为什么当通过反射光线观察时，在底部的镜子反射回的角膜（图 8.12c 和 plate 3），可以看到放大的感杆束干涉产生的波导模式。

为 19.2° 宽的光束出现在感杆束中。其意义在于，折射率为 1.36 的感杆束只包含（通过全内反射）22° 宽的光束，这又意味着小眼的接收角度将被限制为略微超过 3°——与感杆壁形成更高角度的光将会逃脱并被周围的色素吸收。因此，在这种眼睛中，小眼接收的角度主要受感杆束的折射率限制，而不是其直径（图 7.6）（如同传统的并置型眼睛）。放大倍数的第二个效果是将离开晶状体基底的光束的直径减小约 9 倍（角放大率 × 折射率）与进入小眼面的倍数相比。进入的光束受小眼面直径限制，通常直径约为 20μm。离开晶状体锥体并进入感杆束的光束被压缩至 2.1μm 的直径，这确实接近蝴蝶感杆束的直径。因此感杆束直径和小平面直径是相关的，并且它们之间的关系决定小眼的有效孔径，当然包括它的灵敏度。光强敏感的蝴蝶通常具有较小的小平面（20μm）和狭窄的感杆束（1.5~2μm），而暮眼蝶（*Melanitis leda*）具有直径 35μm 小眼面和之间 5μm 粗壮小节。

遗憾的是，这件事还远不止这么简单。感杆束的小尺寸意味着衍射和波导模式效应稍微改变了之前几段叙述的情况。由于这种并置型眼睛所做的事情几乎与传统并置型眼睛相反，所以第 7 章中的讨论都不是严

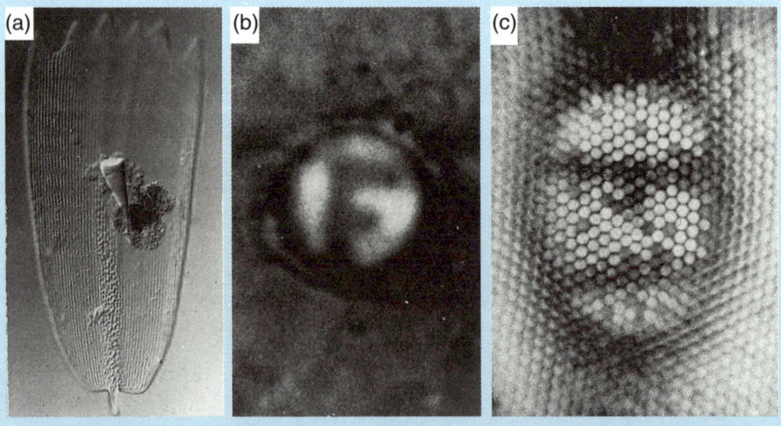

图 8.12 蝴蝶的眼睛

（a）从一只小蓝蝴蝶（毛眼灰蝶，*Zizina labradus*）的眼睛看到的一个单晶状体圆锥体，对着翅膀。锥体长度是 40μm。（b）蛱蝶科蝴蝶（*Heteronympha merope*）晶状体锥体近端 5μm 厚切片产生的字母 F 图像。此时锥体仅有 5μm 宽。（c）在框眼蝶属（*Heteronympha*）的角膜切面中看到的相距 10° 的 2 条线的图像。这些图像来自进入了感杆束的光线，从每个感杆束底部的镜子反射出来，并从感杆束尖端重新出射。

格适用的。这些波动现象的影响在其他地方有详细的讨论（Nilsson 等，1988），在这里我们只会提到一个，即角膜上波导模式的出现。如图 8.11d 所示，正如我们在上一段中看到的那样，小眼面晶状体成像到感杆束尖端处减少了 9 倍。因为光路是可逆的，所以感杆束尖端也是成像的，该像在平面晶状体的平面处放大。因此，如果在感杆束尖端区域存在有趣的光学现象，我们应该在角膜处看到它们的放大版本。事实证明，这是一个非常壮观的方式（plate 3）。在第三章中，我们对波导模式进行了一些讨论，波导模式是由光纤（如感杆束）内聚集的光干涉所产生的模式。这些干涉模式在蝴蝶的各个小眼面看起来都很漂亮。蝴蝶眼睛的另一个特点是使每个感杆束底部的镜像色素反射层（图 6.10d），沿着小眼面的轴线照射的一束窄光束被引导通过感杆束到底部镜面，被反射回感杆束，并且未被吸收的缩小模样从尖端出射。该光束以其模式结构显示在小眼面上。波导模式的干涉图样的出现取决于蝴蝶。所有干涉图样都有最简单的（一阶）图样，它在中间是明亮的，而对边缘是暗淡的。较大的蝴蝶（大部分蛱蝶科）有着更宽的感杆束也显示出更复杂的双叶模式二阶图样（如 plate 3 所示），并且具有最宽感杆束的红细胞性黑素膜具有无法解释的高阶模式。

有趣的是，这些波导模式的干涉图样随着眼睛的明暗适应而改变。如在双翅目苍蝇（第七章）中，蝴蝶在感杆束周围区域有黑色色素，并且它在高光照下与感杆束壁接触（图 7.9b）。这吸收了在感杆束外行进的部分模态光（图 3.7），并且在更高阶模式中存在更多的这种超光谱光。然后这些被吸收而消失，只留下一阶模式。由于高阶模式比一阶模式更宽（在角度扩展中），它们的损失具有减少明亮光线中小眼的接受角度的有益效果，从而提高了视力。暮眼蝶具有最宽的感杆束，其效果是将接受角从 3° 减半到 1.5°（Land 和 Osorio，1990）。

在每个感杆束底部存在一面镜子的另一个后果是，并置图像实际上可以在眼睛表面看到（图 8.12c）。这是因为在小眼面上显示的图案是进入每个感杆束的光的衰减版本，穿过它两次并从其远端重新出现。只有当眼睛从广泛的光源照射时才能看到该图像，并且随着瞳孔结构机制将光从感杆束中流出，它会在几秒钟内消失。

我们所看到的是，蝴蝶的眼睛表现为并置型眼睛，因为进入单一小眼面的光被单一的感杆束接收。它们被称为“无焦点”（*Afocal*），因为光线并不像大多数并置型眼睛那样集中在感杆束尖端，而是以平行光束进入感杆束。然而，在它们的基本光学设计中，这些小眼仍然是由双镜头望远镜结构组成的叠加类型。这使得人们很容易理解不同的鳞翅目组如何设法从昼夜（并置）型的无光眼到夜间（叠加）型。要成为夜行性的蝴蝶，晶状体远端和近端的折射能力必须变得更加平等，受体层移动到更深的位置，使逐渐越来越多的区域对形成图像有帮助。最终得到没有中央盲区的眼睛。

可以看到这样的眼睛仍然存在起源问题。普遍认同，节肢动物祖先的第一只复眼必须是传统的并置焦点型（Nilsson，1989）。蝴蝶的并置型眼睛可以帮助我们理解并置和叠加光学类型之间的关系，但它是从哪里来的？它是否起源于晶状体锥体近端部分折射率逐渐增加的普通并置型眼睛？这种需求对图像形成有没有害的后果？事实上，“无焦点”（*Afocal*）类型的并置型眼睛可以比普通的“焦点”（*Focal*）类型稍微好一些。或者可能是蝴蝶从飞蛾的叠加眼睛中开发出了它们独特的眼睛，这种眼睛已经通过其他途径获得了叠加光学。当然目前问题仍未解决。

反射叠加

大约在1955年和1975年，有一段时期，当时虾和它的近亲看不见东西。在20世纪50年代使用的干涉显微镜表明它们的眼睛中的光学结构并不能产生图像。它们不是具有高折射率和径向梯度的镜筒，而是具有低折射率的正方形结构，由几乎均匀的胶状物制成（图8.13c）。这对于任何类型的光学系统来说都不是很好的基础。1975年，Klaus Vogt研究了小龙虾的眼睛并首先提供了解决这个谜题的方法（1980年Vogt提供了完整的说明）。他发现胶状斑点变成了银色，并且它们根本不是透镜，而是镜盒（图8.13b）。此后不久，在虾体内发现了同样的机制，现在看来，这种反射系统是适用于全体长体十足甲壳动物的——小虾米、对虾、龙虾、小龙虾和歪尾蹲伏龙虾。然而，寄居蟹和真蟹（短尾目）具有并置眼或抛物线叠加眼（见下

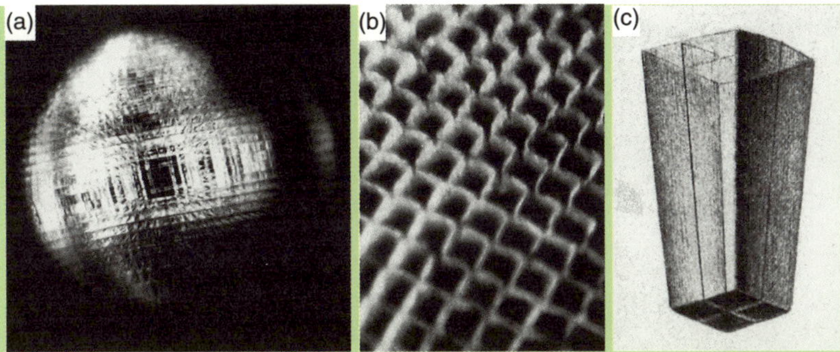

图 8.13 反射叠加型眼睛睛

（a）十足目虾（*Palaemonetes varians*）的眼睛。请注意方形面阵列，银色外观以及在光照适应状态下对图像有贡献的区域的黑暗中心面。（b）活小龙虾眼中镜盒的远端尖端。（c）1879 年 Grenacher 绘制的长臂虾属（*Palaemon squilla*）中的锥形镜盒。该结构沿每个顶层边缘长 63μm 深 30μm。

文）。反射机制不发生在十足目外，即使是十足蜥蜴的姊妹群体，折射叠加型眼睛比十足类虾的眼睛更像蛾眼睛。

实质上，反射叠加机制非常简单。1975 年 Vogt 写道：

> 来自物点的通过不同刻面进入的光线不是像其他叠加型眼睛那样通过折射系统叠加，而是通过由晶锥体的侧面和围绕它们的嘌呤层形成的正交反射平面的径向排列叠加。

如图 8.14 所示，镜子将光线引导至一个共同焦点。镜子都是反射镜，就像折射叠加型眼睛中的望远镜一样（图 8.3b），因此这两种光学元件所表现出的光线弯曲几乎是相同的。然而，当人们试图解决不在图 8.14b 所示理想化中心平面内的光线是如何传播时时，问题出现了。一般来说，倾斜平面上的光线不会只碰到每个镜盒的一面，而是两面。这样的光线会发生什么？它们是否像图 8.14 中单独反射的光线一样，都达到了共同的焦点？

事实证明，面阵列的正方形排列（几乎是十足甲壳动物独一无二的结构）在这里至关重要。原理可以理解为“角落反射器”。角落里的反光镜——两个直角镜（偶尔在理发店和服装店遇到），它们有着令人不安的属性，无论你走到哪里，他们都会继续反映你的形象。图 8.15a 显示了这种特殊属性的原因。从两个反射镜反射的射线必须旋转总共两个直角，这意味着

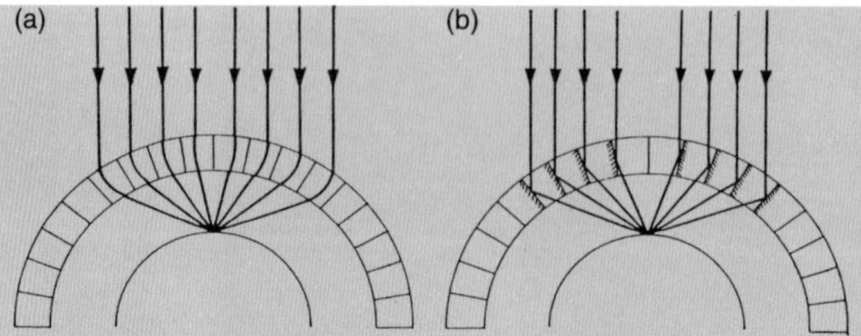

图 8.14
折射（a）和反射（b）叠加型眼睛的射线路径比较。二者都按照图 8.3 的要求重定向光线。

它将平行于其原始方向返回，而不管射线最初与反射镜对成什么角度。换句话说，除了反射光线的轻微横向位移之外，角反射镜表现得好像它是单个总是与入射光线成直角的反射镜一样。这种特性非常有用，例如在船舶和浮标雷达反射器中，它也是使反射叠加成为可能的特性。雷达反射器是三维反射，因此需要三个相互垂直的表面，而不是两个。

首先考虑通过不加入角反射器的反射产生点图像的排列（图 8.15c，左侧）。这包括一系列同心“碟形轮辋”，每个轮辋都倾斜以将光线引导至共同焦点；图 8.14b 是通过该阵列的任何径向截面。这里的问题是，这样的一组条带具有单个轴，并且只有几乎与该轴平行的光线形成图像；其他射线在堆叠周围被混乱地反射。另一种方法是用一组角反射器替代单反射带——置于每个反射镜盒的两侧（图 8.15c，右侧）。这种替代是可能的，因为每个角落的行为就像是一个单一的调向合适的镜子。光线的表现几乎就像它们在碟形阵列中遇到了镜像条一样。然而，角反射器装置的美妙之处在于每个反射镜对的取向不再重要，这与单反射镜阵列中的情况不同。因此，整个结构不再具有单一的轴并且可以用于制造广角眼睛。显然，这种镜盒设计只适用于直角而不是六角形，这就是方形面（图 8.13）。

这些眼睛的各种其他特征对其功能很重要。镜盒必须是宽度的两到三倍，这样才能使得大部分光线都从两个面反射。直线传播的光线被镜盒的未经过抛光的“尾部”截取，Vogt（1980）表明其折射率的降低使得适当的临界角通过清晰区域后继续发生反射。最后，小龙虾的角膜中有一个很

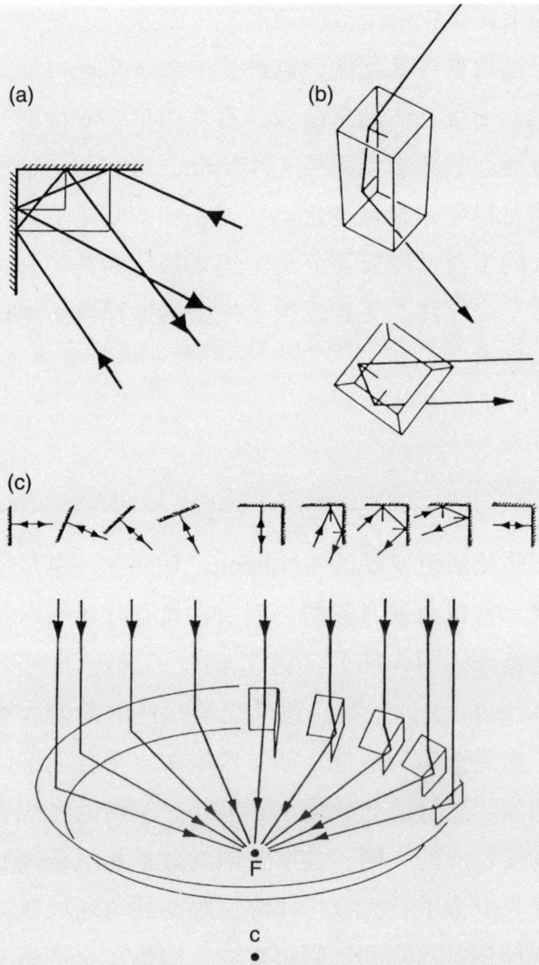

图 8.15

(a)角反射器的原理。无论入射角度如何，入射光线都会通过两个直角反射，并与其原始路径平行。(b)在虾的镜盒中，入射光线和反射光线不在同一水平面上，但沿着结构的轴线（见下文）观察，很容易观察到这是一个角反射器。(c)不在眼睛中心平面的光线的光路（不像图 8.14b）。镜盒用作“角反射器”，其中从两侧反射的光线在与入射光线相同的平面中出现从而达到 F 处的焦点。这是在宽角场中获得清晰图像的条件。有关详细说明，请阅读进一步的结束。C 是眼睛的曲率中心。

薄的镜片。这个镜头将进入镜盒的光线“预聚焦”，从而在视网膜处产生更窄的光束。所有这些特征提供的图像质量通常与折射重叠光学元件的质量相当（Bryceson 和 McIntyre，1983），尽管看起来反射太多或太少的光线会增加视网膜上图像中的出现的杂散光（眩光）。

考虑到十足动物的古老起源，这种反射叠加机制可能是在寒武纪内发生的。有趣的是，十足虾的幼虫阶段具有六边形小眼面的并置眼，其在变形时变成具有方形面的叠加型眼睛（Nilsson，1989）。这种变化强烈地表明，并置的眼睛是祖先，并且进化出反射叠加的眼睛从而使得图像更明亮是为更暗的水底的生存环境所需要的。通常被认为是“高级”十足体的螃蟹将并置眼保留至成年体，无疑反映了螃蟹的沿岸或半地球环境，这些环境光照水平通常较高。

抛物线叠加

最后一种眼睛是最近发现的（Nilsson，1988），也是最难理解的。从演变的角度来看，它也是最有趣的，因为它具有并置眼以及其他两种类型的叠加眼的一些特征（图 8.16）。它首先在一只游泳的螃蟹中发现梭子蟹（*Macropipus Portunus*）的一种。每个光学元件由角膜透镜组成，角膜透镜自身将光聚焦在晶锥体的近端，如并置眼中。平行于锥体轴线的光线进入将锥体连接到深层感杆的光导结构，但是，倾斜的光线会遇到锥体具有反射涂层和抛物线轮廓的一侧。这个镜面的效果是重新调节（平行）部分聚焦的光线，使它们像平行光束一样穿过眼睛的清晰区域，就像其他叠加的眼睛一样。这种相对直接的机制很复杂，因为正交平面（垂直于页面）的光线遇不同的光学元件。对于这些光线，圆锥表现为圆柱形透镜，从而在抛物面镜的表面形成焦点。一样的柱面透镜将射线通过圆锥反射通过它们的反向通道（图 8.16，右），这种机制与折射叠加机制更有共同之处。因此，这种眼睛在并列和叠加机制中使用各种透镜和平面镜，成了大多数复眼的理想祖先。遗憾的是，证据与此相反，迄今在甲壳类动物中发现的这种类型的眼睛都来自十足类的螃蟹（*Brachyuran*）或歪尾寄居蟹，它们都不是其他甲壳类动物的祖先组（Nilsson，1989）。然而，这只眼睛确实证明了混合使用透镜和平面镜的可能性，因此在折射和反射叠加类型之间提供了可行的联系。这很重要，因为这种转变看起来似乎已经发生。例如，

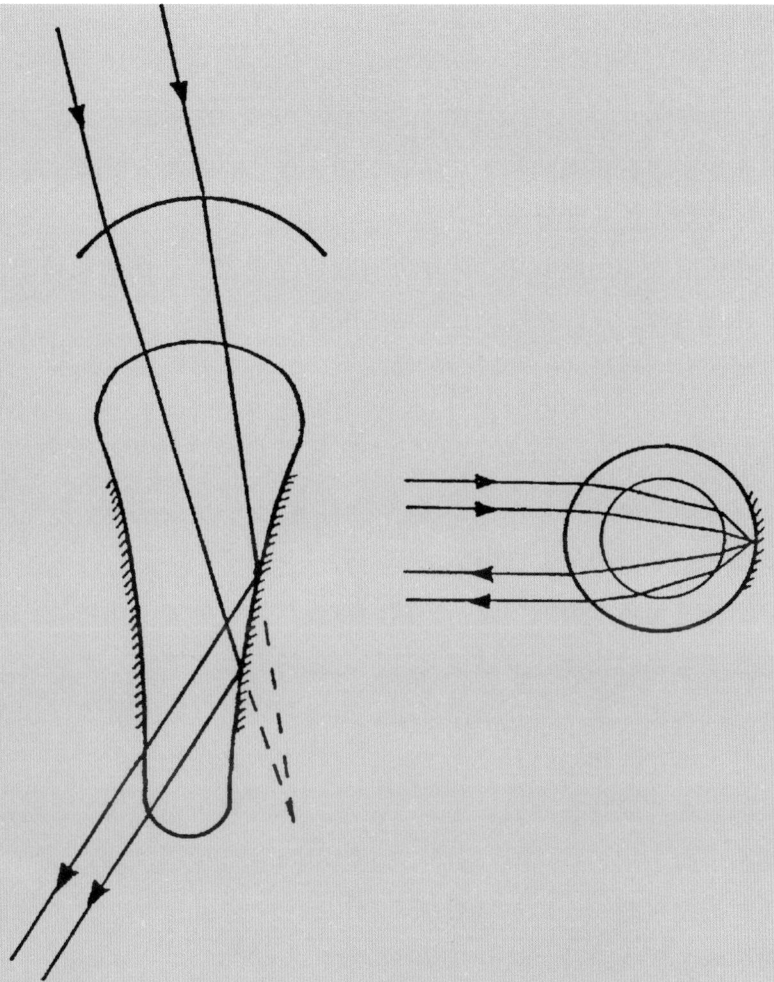

图 8.16 抛物线叠加

左：射线被角膜聚焦到晶锥体底部附近的点。然而，倾斜的光线被锥形的镀银壁拦截，并重新引导回轴上，形成一个有助于叠加图像的光束（见图 8.3 和 8.4）。右：从上方看。在这个平面上，光线更强烈地聚焦到晶锥体的壁上，然后再通过相同的柱面透镜使其平行。在两个平面上，平行输入的光束平行输出。

十足动物虾屈腕虾（*Gennadas*）具有完美的折射性叠加眼，而其祖先的眼睛中可能会有反射镜（Nilsson，1990）。在扇蟹和名叫 *Atalophlebid* 的浮游生物中出现了抛物线叠加的变体，其使用具有抛物锥形边而非圆柱形透镜的方形镜盒。后者提供了昆虫中唯一已知的基于镜像叠加机制的例子。

小结

1. 叠加型眼睛在视网膜上产生真实的、直立的图像，视网膜通过一个清晰的区域与光学元件分离。

2. 在折射叠加型眼睛中，光学元件可以是透镜圆柱体或角膜透镜 / 透镜圆柱体的组合，它们就像倒置的望远镜。

3. 在拥有同样尺寸的小眼面的情况下，分辨率可以和并置眼一样好，而且灵敏度通常比并置眼要高得多。双目在昆虫和甲壳类动物中都有，两只眼睛的分辨率不同。

4. 当叠加的眼睛从观察方向被照亮时，通常会显示出眼睛发光。这是由视网膜后面反射的色素反射层造成的。

5. 蝴蝶有无焦点叠加型眼睛。这一系统与折射叠加密切相关，除了与飞蛾的叠加型眼睛相比，望远镜元件具有更高的放大倍数。光线以平行光束的形式进入感杆束，而不是像普通并置眼那样作为聚焦图像。

6. 虾、小龙虾和龙虾有叠加型眼睛，其中的光学元件不是透镜而是镜子。反射表面与眼睛表面成直角，并形成方形阵列。大多数光线遇到每个方形的两个面，并且这个角反射器结构使得眼睛可以在宽视场上形成图像。

7. 第三种机制——抛物线叠加，利用透镜 / 镜组合形成叠加图像所必需的曲形球道射线路径。这是在某些螃蟹中发现的。

第九章 眼睛的运动

Movements of the eyes

Most of the chapters in this book have been concerned with the ways that eyes produce images, and how these images are sampled by the retina. This approach gives the impression that eyes are static devices which register the scenes in front of them rather like surveillance cameras, recording the positions and motions of objects within a fixed field of view. This, however, is a very misleading picture of the way that eyes deal with the world, because most animals with good eyesight have mobile eyes and images that change moment by moment.

从时空采样

前面都在讨论眼睛合成图像的方式，以及视网膜采集这些图像的途径。这给我们留下了一个印象，即眼睛是一种静态的设备，它只会记录下出现在眼前的场景，而不是像监控摄像头那样，在一个固定的位置记录固定视场下的物体位置及其运动状态。然而，认为眼睛是以这种方式观察世界的印象是错误的，因为大部分视力出众的动物的眼睛都是不停移动的，它们看到的图像每时每刻都在改变。眼睛会因为动物身体的移动而移动，或是因为动物头部的移动而移动，也会因为眼睛本身在转动。人类以及其他大多数动物的眼睛会随着上述三种因素而移动，但是相对不超过几十分之一秒的时间之内，我们眼睛所接收的图像可以说是静止不动的。眼睛并不是简单地被它所连接着的组织拖拽着移动。尤其对于灵长类动物，视觉是一个非常主动的过程；我们的眼睛是主动地观察周围的环境以获取信息，而不只是被动地从外界吸收信息。为了深入探究眼睛的工作机理，我们就需要把眼睛的工作当成一个动态的过程来研究，因此这样的研究既需要考虑时间，也需要考虑空间。在探究眼睛的运动对高等动物的立体视觉所起到的作用之前，我们首先考虑只有最简单视觉系统的动物，研究它们的视觉和行为之间的联系。

视觉指引的最简单形式

视觉器官的进化是伴随着动物对于运动的控制而演变的。动物在移动或转动时，它头部或身体中的感觉器官所感受到的光影会随之而变化，这使得这些感觉器官与运动器官的肌肉组织形成了相互反馈关系，即运动会影响到视觉感觉器官，反之亦然。这种关系表现出了几种形式。在19世纪后期及20世纪初期，对这些的研究达到了高潮并且人们对其进行了分类，特别是Fraenkel和Gunn（1940）的研究影响非常深远，我们在此的讨论也几乎都是以他们撰写的著作为基础。Cathy（1958）和Schone（1984）以及Nilsson（2009）也分别为我们提供了其他有帮助的素材。我们这里讨论的动物行为恰好与第一章里描述的级别1和级别2的视觉任务相对应。

最简单的对身体运动的控制只包括移动时的加速和减速，而这种控制只依靠视觉接收器官就能做到，完全没有光学上的特殊要求。实现控制的途径其实非常直接：如果对周围的环境感到舒适，那显然应该减速甚至停下来；否则应该加速离开去寻找其他更好的环境。对于许多动物而言这其实就意味着寻找凉爽湿润的环境，通常也就是寻找周围阴暗的环境。正动态控制（*orthokinesis*）指控制前向运动，偏动态控制（*klinokinesis*）指控制转向的速度。在这里，转得多往往让动物留在原地，而转得少则意味着动物们继续前进。

一种叫作趋向性的机制则更为复杂，虽然它并不要求光感受器具备感官空间视觉的能力，但是按照第一章里的定义，光感受器应更具有定向性。最简单类型是调转趋性（*klinokinesis*），从背后被保护着的一个单独的光感受器或者一簇接收器，会随着动物前进时头部的运动而左右摆动（图9.1a）。这种过程在蝇幼虫中非常典型。当需要移动到更昏暗的区域，如果头部向右摆动时发现右侧的光强更大，则这时应该更多地转向左侧，以此方式继续进行该过程，直到头部摆动后发现左右的光强一样低。对于其他生物，例如原生眼虫，在转动它们的长眼轴时表现出非常类似的机制。另一种常见的趋向性，叫作趋激性，它能够同时刺激对称分布在头部两边的定向性接收器（图 F9.1b）。这种情况下，它可以非常轻易地感受到头部两边的强度，这样它就可以根据自己的喜好朝着更加昏暗或者更加明亮的一边前行，而就不再需要摆动其头部（负趋激和正趋激）。如果两边的刺激是相同的，这个动物就停止转动。在一次测试趋激性的实验中，屏蔽动物的某一侧接收器之后，它在均匀的光照下仍不停地转向。

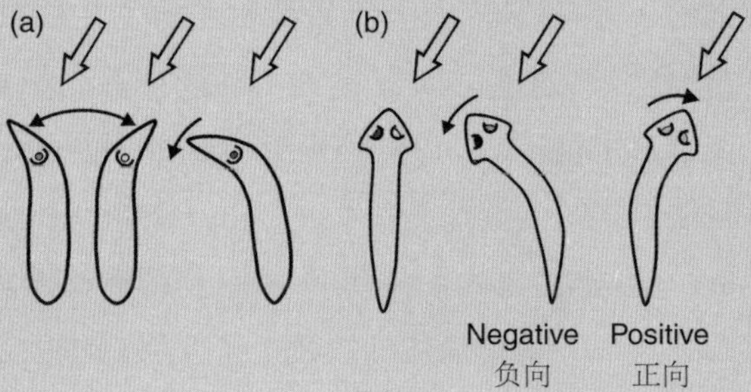

图 9.1

（a）调转趋性（*Klinotaxis*），这个生物体不停地摇摆着它唯一的定向接收器，持续向较昏暗的一边摇摆，（b）趋激性（*Tropotaxis*）一个拥有两个对称的接收器的动物可以直接向比较暗或者较亮的方向转动。

虽然从机制上说，这些类型都有很清晰的定义，但是在实际中却常常很难明确地区分出这两个不同类型的表现。尤其是像扁形虫的趋光性同时包括调转趋性和趋激性两种机制，这与之前简单的结论不符。拥有一对简单的眼睛并不能排除一个动物的运动得更快、更慢或者摆动它的脑袋的可能性。在 20 世纪初的时候这样的疑问就引起了广泛争论，人们逐渐地认识到不能简单地给动物的这些机制下定义，比如“涡虫（*Planaria*）是一种趋激性的动物”这样的定论是不对的。

Fraenkel 和 Gunn 采用趋触性这个词来形容一个比较固定的过程，在这个过程中某个物体（并不一定是光源）在某个特定方向上保持对准，就像眼睛所能看到的一个特定区域一样。在这里，完全就不是我们的领域。能够支持这种行为的眼睛必然具有空间视觉能力：即由原始方向决定周围环境特征的分辨率。我们现在的世界是一个被称为“看”的世界，它的复杂性都有所隐喻（第一章里的视觉任务 3 和 4 的分类）。这时调转趋性这样的概念就失去了其实用性，我们需要一个新的词汇来描述动物识别图像并为自身行动提供信息的几种方式。

空间视觉动物的眼睛运动

人类以及昆虫的眼睛，能够产生高分辨的图像，因而能够识别出周围环境里的物体并定位物体的位置。然而，眼睛移动的同时要想获得这样的信息就会变得困难。这时就会产生运动模糊的问题，眼睛的分辨率越高，模糊造成的问题对图像造成的破坏越严重。因此眼睛的运动并不仅仅只是改变观察周围环境的视角，动物眼睛运动的一个主要问题就是眼睛观察时的稳定性。打个比方，对于人类来说，当人的头部顺时针转动时，通常与之伴随的是眼睛逆时针的转动，因此尽管身体或者头部是在运动的，而且虽然看起来眼睛相对于头部也在运动，但这样却保证了视网膜上的图像的稳定。所以，眼睛的运动主要就是要考虑在改变目光方向的同时保持观察的稳定，这看似很矛盾。产生这个问题的主要原因是光感受器的反应很慢：人类的感光器需要 10ms 甚至更长的时间才能完全适应光强度的变化，这意味着变化快于这个时间的图像都会丢失。就像摄影时保持相机固定很重要，眼睛也是如此。

接下来本章首先回顾一下人类眼睛的运动的本质，并探求人类的眼睛运动对于视觉的贡献。然后，本章会简短地介绍其他动物们眼睛的运动在动物界里是不是有着共同点。如果有，那么下一个问题是：为什么会是这样？最后，本章会讨论一些这些规律之外的例外情况，即有的动物能够用眼睛扫描一般地扫过它所看到的场景，这对于我们人类的眼睛来说是绝对不可能的。为什么它们要这样做？它们又是怎样做到的？

人类怎样获取视觉信息

当我们看一个地方的时候会有这样一种感觉：它们相对于我们的观察点是静止的，而且我们已经非常清晰、高分辨率地看到了它的全貌。如果有什么东西或者什么人在这个场景内运动，我们可以很清楚地看到就在面前发生的这个动作。但我们却很难发现由我们自身移动造成的场景运动：无论是眼睛的移动或是头部的移动还是身体的移动。我们也许会模糊地意识到我们在场景边缘轻微平移："她用眼睛在他身上打量……"，但这只是一个错觉。我们的眼睛在我们意识到之前就用眼睛对观察的场景间断地扫视。这是眼睛简短而快速的运动所引起的，这种运动会传达出每一次观察的中心区域，频率最高能达到每秒三次。我们的眼睛完全不会慢慢游走，而是跳跃式地移动！虽然这样的运动方式早在一个多世纪以前就已经很清楚了，但直到 Alfred Yarbus（1967）在他的著作《眼睛的运动》中列出了一系列著名的眼睛运动插图后，我们才真正认识到这种与直觉相悖的观点的价值。在眼睛的两次扫视之间，视角会保持静止约 300 毫秒，用于获取注视点，如果我们专注的话，这个时间会更长。这种"获取注视点——进行扫视"的机制就是我们观察这个世界的主要方式。

图 9.2 揭示了这种机制在实际中的应用。在实际的任务（图中的人物是先把壶灌满水然后沏茶）中，每次对周围环境的扫视都旨在获取对正在进行的活动有用的信息。因此目光会随着任务的进展而发生改变，首先会集中在水壶上，然后是水池，水壶盖子，水龙头最后集中到水流上。注意这并不是一个"随机的过程"。在这个场景的背后，负责眼球运动的大脑区域"知道"整个大脑要执行的运动行为对它的需求。日常生活中有关眼睛运动更进一步的例子可以参考《观看与行动》（Land 和 Tatler，2009）。

虽然这个问题很有趣，我们并不会在这里讨论为什么我们看不到自己每一次眼睛的扫视。一个多世纪以来，这个问题一直没有得到解决。我们要关注的是我们为什么最初会形成这种"扫视——获取注视点"的机制。首先我们会想到的是视网膜中间的中央凹，为了向我们提供每个不同场景的高分辨率的信息，这么小的尺寸（从角度上说，只有大约 1°，在手臂长度上小指甲盖的一半）就需要不断重新调整方向。这对于灵长类动物的视觉很重要，但我们也需要注意大多数的脊椎动物虽然没有中央凹，仍然使用着同样的机制。在 Gordon Walls 著名的著作《脊椎动物之眼》这本书里，首次指出我们早期的鱼类祖先为了在运动时也能保证视觉固定而进化出了这种机制，因此它们在看周围环境时不会有运动模糊。

它们最早的（眼睛运动）产生是由于需要在视网膜上保持一个固定的图像，而不是因为需要对周遭环境进行扫描。（Walls,1962,62 页）

在非常早期的脊椎动物家族里进化出了眼庭前反射和光动态反射，用于在头部运动时使眼部趋于稳定（见图 9.2b，图 9.3，知识窗 9.1）。然而，当动物在环境中移动时，仅仅使眼部稳定是不够的；眼睛需要不断地重新

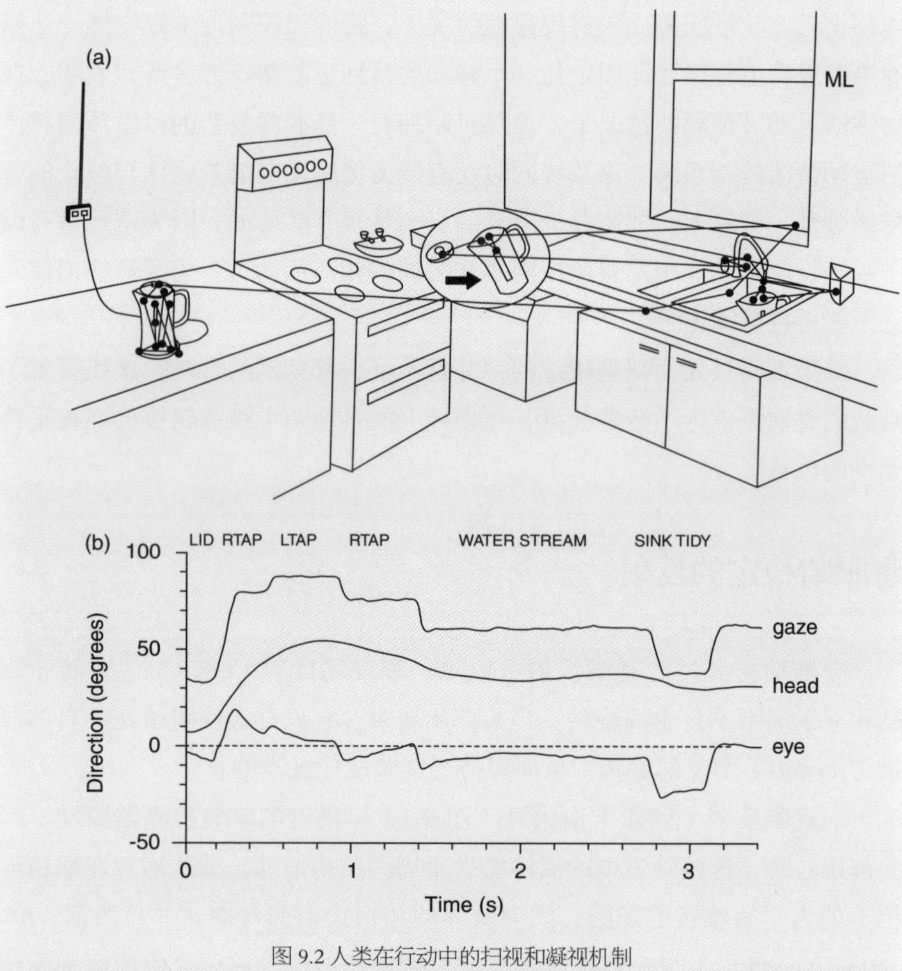

图 9.2 人类在行动中的扫视和凝视机制

（a）这些记录显示了作者制作的把壶灌满水后煮茶这个行为，第一步的 25 个凝视点。图中的点是凝视点，线是扫视的路径。根据 Land 等（1999）（b）头部和眼睛的运动在固定凝视点间的作用。这些记录显示了针对图 9.2a 从水壶盖到水池中一系列的凝视点中眼睛相对于头部的水平旋转（眼睛部分），头部在空间的旋转（头的部分），和视线在空间中的旋转（视线 = 头部 + 眼睛）。注意到眼球记录包括了快速扫视和慢速移动，与头部的运动完全相反（前庭眼反射）。

聚集凝视，否则其最终会位于某个极端的位置。而扫视就是要为了实现这一目标。扫视极快的速度反映了需要将其图像模糊的时间降到最低。人类醒着的时候大概会花费 10% 左右的时间进行扫视，在这期间视力会下降，当视觉受到抑制时，要么通过模糊，要么通过“扫视压制”使得视力下降。让人吃惊的是，这相当于每天总共约有一个半小时的时间几乎失明。

人类以及其他灵长类动物，虽然不包括其他大部分的脊椎动物，在物体移动得比较慢或者比较有规律地情况下，都能很顺利地追踪物体。流畅地追踪或者追逐则要比固定住一个移动的目标更复杂。许多研究表明，在物体的运动可预测的情况下，追踪机制拥有一套非常复杂的可以预测物体的运动情况控制系统。该系统同时还有能力把运动的前景物体与静止的背景区分开。实际上，抑制背景运动的影响是很有必要的，因为这通常有助于视动响应（其作用是避免视网膜和图像的相对运动）：为了流畅追踪，就不能再进行固定了。

结果表明目光注视是稳定的，并且不受头部运动的影响，虚线显示了眼睛的直前方；为了清楚起见，在坐标上的其他两个跟踪轨迹已经被平移至别的位置。

将眼睛稳定的反射

脊椎动物通过前庭眼反射（VOR）和视动反射（OKR），来防止眼睛相对于周围不自主的旋转。当头部旋转时，它们都会使眼睛在各自的凹槽（*sockets*）中反向旋转，从而保持视网膜成像基本静止。

前庭眼反射（VOR）由内耳（图 9.3）半规管的旋转检测器驱动。当头部旋转时，这些管道中的流体滞后于周围结构运动。那些附着在蜗顶末梢上的力学敏感性毛细胞，因为流体的相对运动而弯曲，并且激活（*fire action potentials*）与头部旋转速度成比例动作电位。该信号由前庭细胞核接收并传递到支配眼部肌肉的动眼神经核，使得眼睛以与头部旋转相反的方向移动。以相互对抗（*antagonistic pairs*）的形式运作的六个眼部肌肉保证了所有三个轴的稳定性。虽然前庭系统提供的信号是一种速度信号，但到眼部肌肉的信号本质上是指定头部旋转位置的信号。这意味着在系统中的某个部位通过对速度来得到位置，并且该积分器的确切位置一直是人们非常感兴趣的议题。前庭眼反射（VOR）不是反馈系统，眼球运动本身不影响半规管。这意味着（像投掷飞镖）系统需要进行良好的校准，并获得正好为 -1 的增益（眼动移动大小 / 头部移动）。有趣的是，潜水员通过充气面罩看到的世界在视网膜上的移动速度比头部旋转的速度快（约 1.33 倍，正好是水的折射率）。他们难以在两个前庭眼反射（VOR）增益不同的地方生存（一个是陆地，另一个是水下）。

视动反射（OKR）是一个反馈回路，它利用来自视网膜运动检测器的信号激活眼部肌肉，从而“消除”任何图像和视网膜间的运动残差（图 9.3）。如果图像在视网膜上顺时针移动，眼睛本身的顺时针运动将减少相对运动。（注意头部的逆时针旋转将会减小图像的相对位移）。这种反射的真正功能是将视线限制在视觉世界中（阻止振动），这种视觉世界可以被合理地认为是静止的。然而在通常情况下，人们是通过将实验物（人或动物）放置在旋转条纹鼓中来研究这种响应的（见图 4.2）。然后眼睛（和 / 或头部和身体）遵循条纹图案，并且这通常导致一种称为眼球震颤的眼部运动模式。眼睛先沿着条纹图案移动一会儿，然后在恢复后面的动作之前回到更中心的位置。由此产生的锯齿状行为具有快速（复位）和慢速（跟随）阶段。由于其诱发行为的方式，它的功能似乎是让眼睛追踪移动的目标，而过去人们对此产生了相当的疑惑。在正常情况下，周围环境的速度为零，且系统需要运作以使图像在视网膜上的速度最小化，从而让眼睛静止不动。更让人困惑的是，人类和其他灵长类动物确实有真正的追求行为（*pursuit behaviour*），但这只适用于小的注视目标；视动反应涉及整个图像，并且在追踪小目标时必须被过度驱使。两个稳定反射在不同的速度范围内运行。OKR 速度缓慢，对于振荡背景仅对最高约 1Hz 的频率有效。另一方面，VOR 的运行频率高达 10Hz（通过摇头移动注视非常困难），但是难以在非常低的频率下运行。在它们之间，两种反射使图像在整个旋转速度范围内保持静止，来应用移动的动物可能捕捉到的整个旋转速度范围内几乎保持静止。

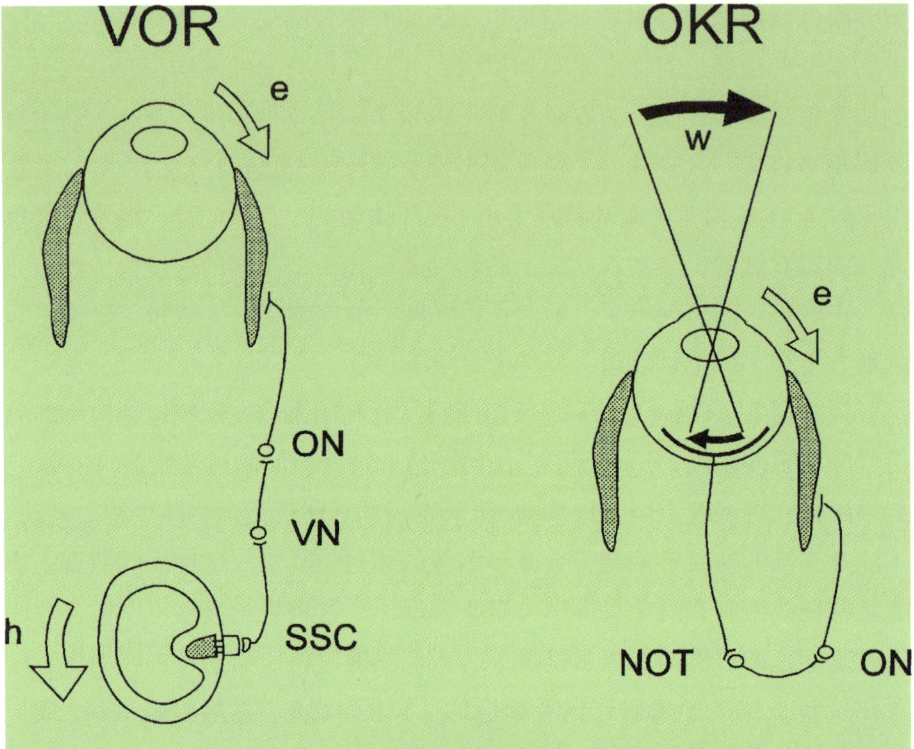

图 9.3 图表解释了前庭眼反射和视动反射如何稳定双眼。

在前庭眼反射中，半规管（SSC）测量头部旋转速度（h）。信号通过前庭核（VN）传输到控制眼部肌肉的动眼神经核。使得眼球做与头部运动相等的反向运动。在视动反射中，不论是外界运动或是头部运动带来的图像移动，都会被视网膜内的神经节细胞察觉。信号传输到视神经核（NOT）且通过动眼神经核回到眼部肌肉，从而抵消了原始的图像运动。注意在该反馈回路中，眼睛看到的是误差信号，即视网膜上的“滑动”速度（w-e）。该信号必须在大脑中放大以提供与原始外部干扰相当的眼速。

其他动物和我们一样吗？

我们可能会问，刚刚概述的眼球运动行为的“扫视和注视”模式是否只是脊椎动物谱系特有的进化，或者说保持图像的相同原因是否仍然适用于所有具有良好视力的动物的视觉。表 9.1 给出了人眼运动简要的分类，可以作为进行门间比较的基础（Carpenter（1988）提供了优秀的文本）。

快速 （扫视）	1.“自动”重定位注视的方向
	2. 把周围新的刺激物作为目标
	3. 视动性眼球震颤的快速阶段（自复位移动）
慢速	1. 对稳定注视的补偿运动（前庭眼球反射和视动反射）
	2. 小型目标的中央凹跟踪
	3. 异向运动（深度跟踪）

表 9.1 人眼运动的种类和作用

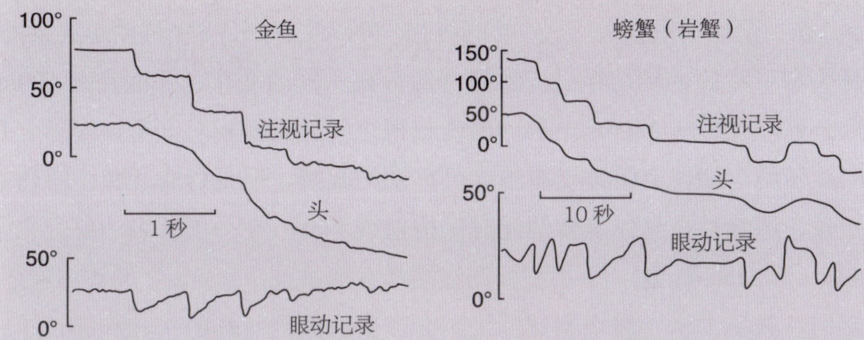

图 9.4

当金鱼和螃蟹进行曲线运动时，眼睛，头及视线的移动。在这两种情况下，除了在快速（扫视）注视变化期间，凝视主动是稳定以对抗身体的运动。金鱼纪录来自 Easter 等人（1974）；螃蟹的记录来自 Paul 等人（1990）。

图 9.4 显示了鱼和螃蟹眼睛在进行一些涉及旋转时的运动记录。首先是金鱼，记录显示头部相对平稳地旋转了约 100°。然而，相对于头部的眼动记录（R EYE / HEAD）则完全不一样。在与头部相同的运动方向上存在许多快速的扫视运动，并且在这些运动之间，眼睛沿着与头部相反的方向平滑地旋转。头部在空间中的运动和头部的眼睛在头部运动的叠加给出了空间中眼睛的运动，即凝视的动作：这些动作显示在图 9.4 最上面的注视记录曲线中。曲线表明了一系列固定凝视的时间段，通过 10°-30° 快速扫视不时地将凝视方向转移。这就是上面提到的与我们人类视觉相关的“扫视和注视”战略。我们的眼睛也许更像鱼一些，毕竟我们有共同的祖先。

然而，岩蟹的视觉与脊椎动物的视觉是完全独立的，螃蟹的眼睛设计非常不同（并置眼，见第七章）。尽管如此，头部，眼睛和视线运动的模式与金鱼的模式非常相似。同样，头部（螃蟹中的身体的一部分）相对平滑地旋转，同时眼睛执行快速扫视和反向旋转（角度尺度在这里被放大）并且所产生的凝视运动是与静止周期交替的快速重新定位。

对于昆虫来说，眼睛是头的一部分，不能够相对于头部进行移动，所以对于苍蝇来讲，头部的移动也就是眼睛的移动。图 9.5a 所示的是突眼蝇（选择它的原因是因为其长在长柄上的眼睛可以使得头部的移动更加容易被观察到）在一个玻璃平板上旋转 90° 的过程。可以注意到，身体移动是连续的，但是头和眼睛的旋转是经过一系列的像扫视一样的变化，一次是在 120ms 之后，另一次是在 380ms 之后。两次扫视之间，头部相对于身体实际上是反向旋转的。即使突眼蝇没有独立可移动的眼睛，但是行为和鱼、螃蟹非常一致，那就是在身体旋转的同时保持视线不动。在一项著名的研究中，Schilstra 和 Hateren 把一个小型探测线圈系在丽蝇（*Blowflies*）的头和胸部，当它们在磁场中旋转时小型探测线圈会产生电流到丽蝇的头和胸部，然后让其相对自由地飞行。他们发现在飞行中，苍蝇的头部和身体都是在做扫视运动，但是因为由于颈部的反向旋转，使得头部相对于身体旋转更快，从而最大限度地减少了视线模糊的时间（图 9.5b）。（图 9.5b）蜜蜂和苍蝇有着很相似的头部和身体的扫视运动（Boeddeker 等，2010）。

在另一项自由飞行头部运动的研究中，Zeil 等人（2007）运用高速相机进行拍摄发现，当黄蜂（*Cerceris*）离开它们的巢穴时，采用一系列半径不断增大的圆弧的路径来逐渐远离（图 9.6）。这是通过侧向飞行而实现的，头部在一系列明显的扫视中重新引导向巢穴，并且在扫视之间具有最小的旋转。这说明在两次扫视之间的稳定时期，黄蜂正在收集有关巢穴周围地标的位置和距离的信息，以便随后返回。

鸟类也像昆虫一样可以进行头部扫视，它们的视觉行为有很明显的特征。鸟类的眼睛确实可以移动，但是它们的主要功能似乎是使得头部的扫视运动更加的敏锐。当头部转向的时候，眼睛暂时向相反的方向旋转，然

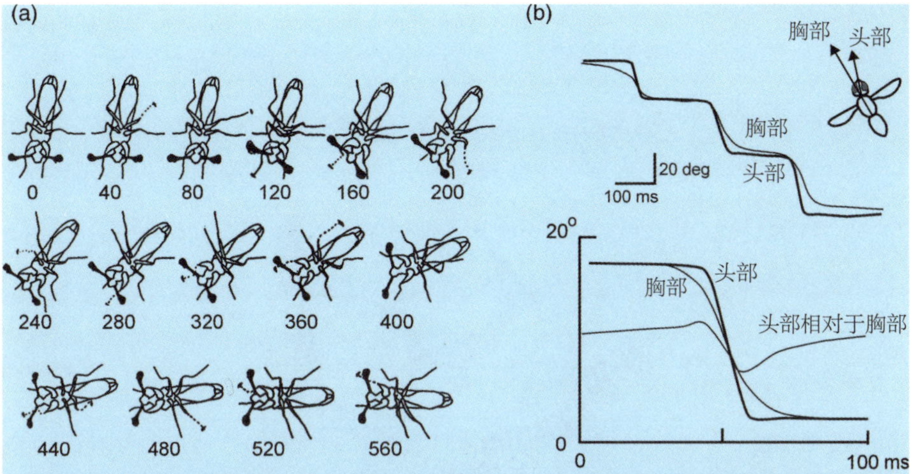

图 9.5

a）一个在玻璃平板上旋转 90 度的突眼蝇。注意到身体旋转是连续平滑的，但是头部的转向发生了两次跳变，是在 120ms，400ms。在两次扫视之间，头部相对于身体发生了反向旋转。（数据源于 W.Wickelr 和 U.Seibt 的胶片）b）顶部是飞行丽蝇在航向平面上身体和头部的三次扫视运动。通过连接在苍蝇头部和胸部的小型探测线圈进行记录。下面的单个扫视表明头部首先沿胸腔相反方向移动，接着相同，然后再一次相反。结果显示空间中头部的移动只耗时 10ms，而胸部的移动则需要 25ms，根据 Schilstra 和 van Hateren（1998）的数据进行重绘。

后快速移动到新的位置进行又一次的反向旋转，直到头部完成快速扫视。但是眼睛本身似乎不进行扫视运动。头部扫视运动也会出现在人类的身上。最近出现了一个特别有意思的例子，一位妇女由于出现了罕见的眼部肌肉纤维化而无法进行眼部移动。然而她还是能够流畅测阅读，并且能够正常的管理她的生活（Gilchrist 等人，1997）。在阅读的时候，她快速移动头部，尽管比典型的眼部扫视要慢，但是也起到了和眼部运动相同的作用。当她忙碌于日常各种事物的时候，就像一只鸟（转动头部）。这更加说明了“扫视和注视策略”是至关重要的，尽管这样的策略已经被动物广泛使用。

昆虫的飞行行为被视为眼球移动

对于那些很轻的不依附于地面的昆虫来讲，没有什么阻止他们用身体动作来移动自己的眼睛，食蚜蝇（食蚜蝇科）就是这么干的，它们出色的

图 9.6

上图：一种小型的地面筑巢的黄蜂。这个记录显示了它远离巢穴的路径是一系列半径不断增大的弧线。依附在头的线条显示头部的朝向，并且表明它和图 9.5 中苍蝇的运动是相似的，即头部位置跳跃性地改变（如箭头），在改变的中间时期，头部方位不变。时间单位是秒，修改自 Zeil 等人的作品并重绘（2007）。

下图：一种小型食蚜蝇，图像显示的是单个相机记录的一对食蚜蝇的身体轴线。上面表明雌性食蚜蝇本质上进行的是扫视运动，身体的朝向在很长一段时间都没有改变，在迅速转向时才有改变。雄性食蚜蝇尾随雌性食蚜蝇保持约 10cm 左右的距离，跟随雌性食蚜蝇的影像光滑旋转，并且使自己身体的轴向变化保持在 5° 以内。每 0.4s 进行一次记录，修改自 Collett 和 Land（1975）。

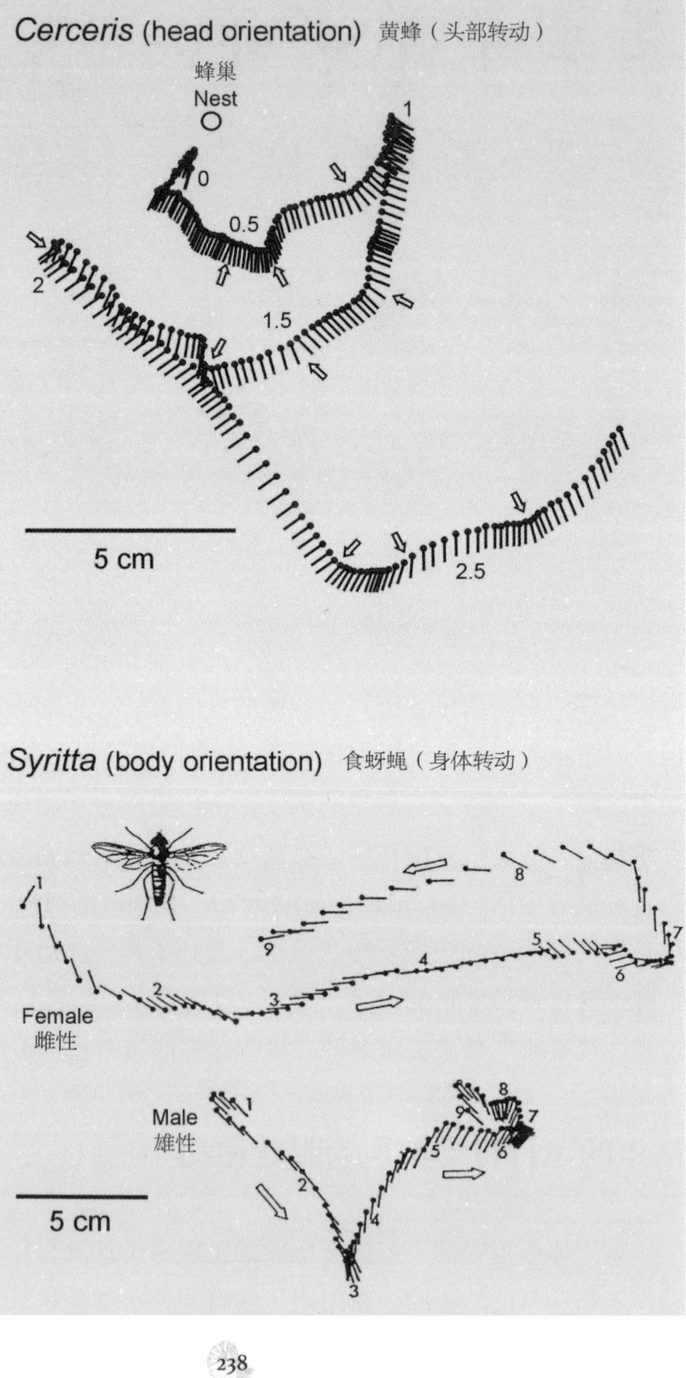

机动性甚至让他们的脖子的移动显得多余。一个很好的例子就是小型食蚜蝇——棕环瘦食蚜蝇（*Syrittapipiens*），雌性在花朵周围盘旋，以花蜜为食，而雄性食蚜蝇则花很多的时间来秘密地追逐雌性。雄性食蚜蝇有个很大的优势，就是在他们复眼的背前区有一个锐带，这个地方的分辨率是雌性眼睛的任何一个地方的三倍左右（第七章，图 7.18a）。因此雄性可以尾随雌性直到雌性降落，并且有效地保持在雌性的视野之外。图 9.6 显示了一个这样的例子。它清楚地显示出雌性（上图）和雄性（下图）的飞行行为是不同的。尽管雌性的飞行是连续的，但是它的转向并不是。它不时地进行转动扫视（仅拿 3 秒之前和 5 秒之后举例），在这之间，身体并没有旋转，尽管平移飞行（整个身体没有旋转的运动）可能出现在任何方向。不跟踪雌性的雄性食蚜蝇的运动和雌性是相似的。一旦他们开始跟踪，它们的运动模式就会发生巨大的变化。在图 9.6 中，在全部的 3.6 秒里，雄性记录点正好朝向雌性，跟踪轨迹光滑，使雌性包含在雄性锐带前方正负 5° 的扇区内。也可以注意到，雄性与雌性保持在大约 10cm 左右的固定距离，这对于他不被发现是非常重要的。有趣的是如果雌性移动的很快，那么雄性就会选择扫视的模式来进行跟踪，就像我们做的那样。在昆虫之中，棕环瘦食蚜蝇和螳螂都具有平滑和扫视两种跟踪雌性的模式（Rossel, 1980），然而扫视的跟踪模式主要靠头部的运动来完成，而不是身体。

最后两个部分的例子清楚的显示了，人类的眼球运动系统远非独一无二的，而只是我们周围世界中的一个例子。很可能是大多数具有很好视力的动物可以做到相似的事情，尽管可能呈现出的并不是眼睛的移动。

平移扫视：鸟类的头部摆动

我们在之前的部分已经强调过，普遍存在的“扫视和凝视策略”的主要功能是减少凝视旋转造成的模糊，通常情况下并不是为了阻止平移运动（也就是空间中的线性移动）。试着想一下，阻止平移可能导致动物完全无法移动。但是有一种情况是，扫视和凝视策略在不阻碍运动的情况下对阻止侧向视场的移动是有作用的。最好的例子是在地面上觅食的鸟类，它们在觅食时需要一个清晰的视野，以便识别小的食物。鸟类通过头部摆动达到上述目的，头部向前推进，然后通过颈部的向后运动保持静止，而身体继续在下方向前移动（如图 9.7）。在鸽子正常行走的情况下，头部伸出去和保持不动的两个阶段各持续 0.1 秒（Frost，1978）。Frost 证明当鸽子在没有背景运动的跑步机上行走时（在跑步机让周围的环境背景保持相对静止，译者注），其头部晃动停止，这显示出残余影像的滑动驱动颈部进行运动补偿，类似于旋转视动反射。不是所有的鸟类都摆动头部。体积较小的鸟类通常通过跳跃，在其跳跃的过程中也包括静止和快速移动的过程。通常情况下，像鸭子、鹅等水上鸟类不摆动头部，但也有个别的水上鸟类摆动，例如鹭、鹳和鹤。肉食鸟类，如老鹰、鹰和猫头鹰，因为它们眼睛的位置更靠前，所以不摆动头部。甚至在陆上捕食的鸟类也只有在走路的时候摆动头部，而在跑和飞行时不摆动。

从昆虫到哺乳动物，很多其他动物都会有这种运动方式——在短时间内突然快跑，而后静止。据说，这种现象的影响在功能上与摆动头部相似：

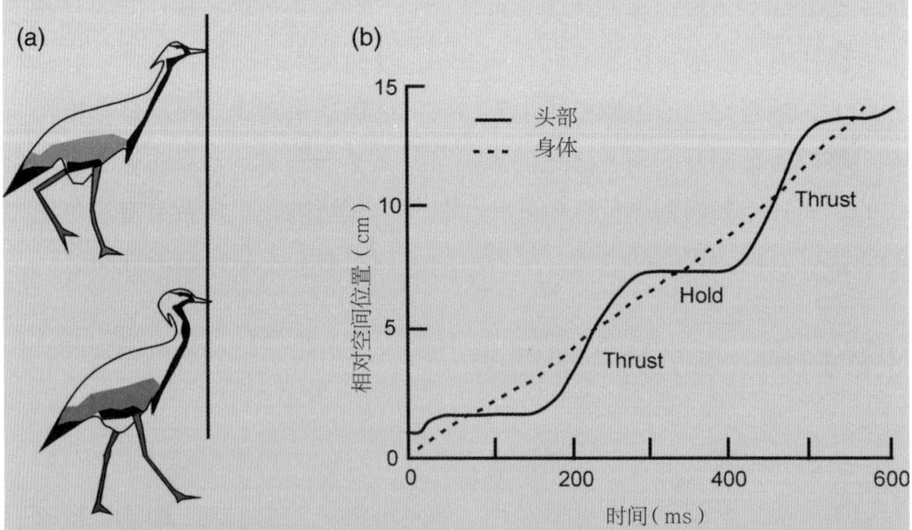

图 9.7

（a）显示了行走中的蓑羽鹤在保持阶段的开始和结束时，伸展和收缩头部。垂直线在空间中是固定的。（根据 Necker 的照片绘制，2007）（b）记录了行走中的鸽子头部和身体的相对位置（根据 Frost 的眼肌重绘，1978）

在视线由于运动而模糊的时候，穿插一些停顿，以获得清晰的视线。由此看来，这样做的原因更像是防御捕食者，而不是寻觅食物。在运动间隙，警惕并视线模糊时，存在静止时间，在静止过程中视线更加清晰但易受攻击（McAdam 和 Kramer，1998）。

为何不晃动眼睛？图像运动的因果联系

是否存在反对“连续图像运动”的一些争论，并且这些相反的看法认为通过一系列静止影像取样有哪些依据？下面三个理由似乎最有说服力：

如果运动使影像模糊不清，则图像分辨率会降低；

如果视网膜影像的背景是静止的，更容易看到前景物体的运动；

如果旋转的影像被移除，从视网膜运动影像上更容易获取方向和距离等信息。

下面，我们将依次分析这三种观点。

A. 运动模糊

关于为什么快速运动会使图像退化，有几个理由很好地解释了这个问题，而这些理由与感受器对于光强的响应速度相当缓慢有关。图 9.8a 显示了蝗虫的感受器对于一次快速闪光的响应。闪光后，响应花费了大约 20ms 时间到达最大，然后，在忽略尾端的前提下，持续了大约 30ms。通过积分这条曲线（按时间平移自相加），我们可以算出不同持续时间的光脉冲的响应是多大。如图 9.8b 所示，短时间内光脉冲的响应很小（最低插入），而当脉冲长度达到 25ms 时达到了最大值（即递增曲线的趋近值）的 95%。这之后即使脉冲长度增加到 30ms 以上也看不到响应的增长了。也就是说这种感受器需要大约 25~30ms 的光来完全地描述这个信号变化。

现在，假设光的变化不是来自一束固定的光源，而是来自环境中一个明亮带的移动，并成像到感受器上（图 9.8c）。我们选择的光带与感受器的接受角具有相同的角宽，因为这是最窄的波段，当静止时、能够为感受器提供完整信号的最窄光带。如果光带移动很快，仅仅照射了感受器例如

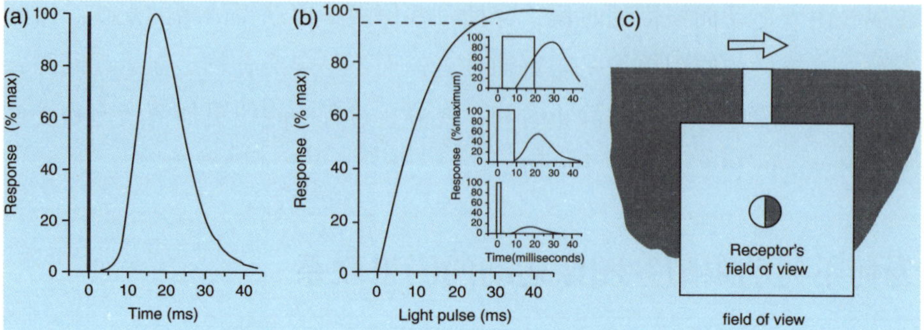

图 9.8 运动产生的图像的模糊

(a)光适应的蝗虫感受器对快速闪光的小电响应。大约需要20ms才能到达顶峰，40ms才能完成(来自Howard等，1984)。(b)主图显示，当脉冲长度为25ms时，对光脉冲的响应随脉冲长度的增加而增加，达到最大值的95%。内嵌图显示了对2、9和20ms脉冲的响应。(c)一条光带穿过感受器的视野，为感受器提供了一个光脉冲，其持续时间取决于光带的速度。如果这个脉冲短于25ms[见(b)]，那么它的强度将不会被准确地传递，结果将被视为一个模糊的图像。

5ms这么短的时间，那么从图9.8b可见，它所带来的响应只会有最大值的30%。另一方面，如果它照射感受器30ms的话则能够提供一个完全的响应。如果感受器的接收角是1°，这就意味着光带在保证完全响应前提下，所能移动的最大速度为30ms/1°，或者说33°s^{-1}。同时也意味着，如果接收角和光带对感受器成角都是5°而不是1°，而响应时间仍保持不变的话，那么一个完全响应可以在30m内高达5°s的速度下仍能产生，亦即167°s^{-1}。换言之，拥有较大成像接收角（高$\Delta\rho$）的低解析度系统相比高解析度的眼睛，能容忍更高的移动速度。当移动速度超过限制时对图像响应的丢失就是我们所熟知的运动模糊。它首先表现于图像的最高空间频率的对比度丢失（参见Land，1999）。我们可以依据经验的方法来概括这一段的结论：“一幅图像的显著模糊发生于角速度超过感受器接收角和单位响应时间的比值时。”我们会在本章接下来的部分把这一结论称作“模糊规则”。

人类视网膜中心凹视锥的接收角约为1弧分（即1/60°），响应时间约20ms，表明图像的高空间频率模糊将发生在移动速度接近1°s^{-1}时。这个推算和生理学研究的结果吻合，该研究显示当一个图案仅以3°s^{-1}从视网膜前平移过时，所有高空间频率信息都丢失了（大于8c/deg）。3°s^{-1}并不是很快，这也说明了我们需要使用前庭眼动反射和视动性反射来牢固地稳定住视觉的原因。有趣的是，当图像保持非常稳定时，视觉会减弱，所以那些低速的图像运动实际上是十分必需（参见表格 9.1 的评论）。很少有物种拥有我们人类眼睛这么高的空间解析度。尤其是昆虫，它们拥有比我们宽得多的接收角（~1° 而不是 1′），所以它们对图像运动的容忍能力比我们要好得多。它们的感受器也更快速（对苍蝇来说日光下响应时间能降低到小于 10ms），使得模糊规则的限度比人类大两个数量级。正因如此，像是蜜蜂和苍蝇之类的昆虫能够容忍至少 $100°s^{-1}$ 的角速度而不会产生显著的解析度丢失。另外，这个结论还有行为学证据和电子生理学证据的支撑。

B. 运动检测

很多节肢物种不允许他们的视焦漂移到任何类似于模糊规则所说的程度。比如食蚜蝇，在滞空等待经过的雌蝇时，甚至不允许自己的躯体移动哪怕每秒若干度的速度。蜂虻和一些独行的蜜蜂有相似的滞空盘旋的能力。Layne 等 (1997）发现，为了保护视觉不被模糊化，走蟹的眼睛比它们需要的稳定大 10 倍左右，这点很可能对许多昆虫来说也是一样。

食蚜虻特别需要侦测一些很小的移动物体，通常要在枝叶背景下，而这可想而知是一件相当苛刻的任务。就我们所知，没有理论解释为什么静止的眼睛能够比移动的眼睛更好地侦测运动，不过有一些精神物理学的研究着眼于这一点。当场景整体接近静止时，两个表面之间的相对运动很容易被检测到，但是加上一般的图像模糊以后检测就陡然变难了，即使速度差异不变。Nakayama（1981）发现普通运动速度在 $0.3°s^{-1}$ 以下时不存在相关运动造成的损失，但高于这个速度就急速增长了。这只是细节开始因模糊而丢失的速度（$3°s^{-1}$）的十分之一。Nakayama 指出，代偿性眼球运动很大程度地减弱了一般运动，并且评述如下：

很可能眼睛定位和稳定反射的进化过程中最主要的选择性压力并不在于保证良好的视觉锐度（Walls，1962），而在于确保获得最佳的运动视差信息（Nakayama，1981，第 1482 页）

因此，保持眼睛完全静止应该是一种确保对移动的物体进行最大检测的好方法。有趣的是，这可能比预期的还要有效，因为至少对人类而言，一幅静止的图像在几秒后衰减，而当这种情况发生时，能检测到的物体只有移动的物体。我们日常生活中，不可能保持眼睛静止而丢失整个环境的图像，但其他动物可以。兔子和松鼠在保持头和眼睛静止的情况下他们能够只看到运动物体，蟾蜍、蛇、狼蛛也都类似。如果这个视觉预处理过程能够被用来限定检测的范围，从而来分辨那些非常重要的物体：运动的物体，那么这个“高通滤波”的特性会极大地简化世界。然而有个尚未解决的矛盾，即凝视的稳定性，尤其对于像是食蚜虻这种试图保持在三维空间静止的动物，它本身就依赖于视动性反射，从某种意义上说也就是仍在“看”。运动视觉的反射形态可能从不同的途径、用不同的规则来运作，这些规则与行为意义重大的物体侦测有关，但我们在这点上没什么真正的信息能够继续探讨。

C. 防止光流场畸变

防止因头部或躯体的旋转带来的图像运动的第三个原因，和躯体运动产生的视网膜运动模式（流场）中的信息利用有关。这主要存在两种模式（参见 Gibson，1979）。当我们的眼球转动时，整个场以统一的方式横扫过视网膜（图 9.9b），但我们平移（即直线移动）这个运动模式的时候就会变得有趣得多（图 9.9a）。我们移动的目标点在视网膜上是静止的，运动都从它往外扩散，使它成为视网膜上“扩散的中心点”。这种运动模式达到最大速度后，如果我们能看到它，它又将收缩在我们身后。这个基本的模式依据物体的距离远近而调整。当一个动物的眼睛在空间移动时，近物比远物以更快的速度横穿视网膜，因此运动就可以产生距离信息。这一点在第七章已经讨论过了，它跟并置复合式眼睛的设计，以及图 7.13 所说明的准则有关。如果动物有对速度的预估，那么它视网膜上的角速度的模式就转变成相当简单的一幅倒转的物体距离图。

然而，一个严重的问题是动物很少直线移动。动物的运动总是会存在一定的旋转量，如图 9.9c 所示，这将破坏平移流场，使其难以解释。扩散中心不再是一个点而是一条模糊的线，无法被动物用来判断它的朝向，

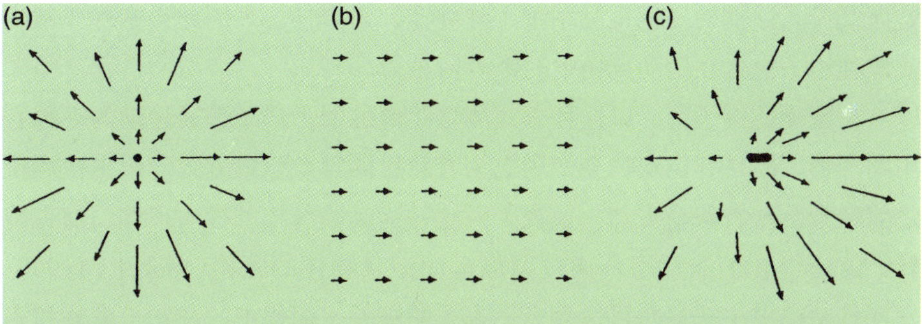

图 9.9

由纯粹的平移(a),旋转(b)和二者组合(c)产生的动物视网膜上的速度流场。箭头表示速度矢量,并且平移矢量的长度的不同指示物体存在于的不同距离处。在平移和旋转组合的流场中,矢量的长度和方向是扭曲的,并且给出动物的前进方向的静止极点已经变成不确定的线。

而且所有视网膜向量都失真了,使得距离判断更加困难。一个有效的解决方案是单纯通过使用视焦稳定反射(前庭眼动反射和视动性反射)来防止眼睛转动。那么至少在眼睛扫视后,眼睛可以看到一幅几乎没有变形的变换后的流场。没了旋转以后,视网膜速度就可以求解出距离。

一个显而易见的问题是,是否有证据表明动物是真的用流场信息来衡量距离。一种考虑是认为它们必然是这样的。尽管动物有数量繁多的衡量物体间距的方法(参见 Collett 和 Harkness,1982),但是对于一种运动的昆虫来说,很少有昆虫可以利用的测距方法,因为昆虫们本质上是单目并且只有固定的焦距。避免碰撞物体需要一种快速准确的方式从在眼前的流场中判定物体的三维布局,而平移流场是提供这种信息的理想选择。事实上,很少有研究文献表明流场信息被用于距离判断,但其中有一篇非常有说服力的关于蜜蜂的说明。

Lehrer 等(1988)训练蜜蜂飞过一片人工的布满了各种大小、高度不同的黑色花朵的"草场"。蜜蜂专注地在距离地面恒定的高度飞过花朵,这意味着花朵相对高度的唯一可用线索来自视网膜运动,而不是来自视觉大小。蜜蜂学会把食物和高、低或者中等高度的花联系起来,表明他们已经学习了从飞行过程中产生的图像速度模式来判断距离。另外有发现说蜜蜂使用的系统是色盲模式并且只对绿色敏感,更进一步证实了这一观点蜜蜂使用运动场测距。蜜蜂的运动侦测系统已知是只对绿色敏感,不同于通常涉及模式识别的三色视觉系统（红绿蓝，译者注）。因此，蜜蜂非常明显地利用了包含在运动流场中的距离信息。

在蜜蜂的例子里，以这种方式测量距离的能力成了普通运动的一种有用副产物，但是其他动物会使用更为有意思的视差生成方式。蝗虫在跳跃之前经常会左右移动头部（窥视）。这种运动是纯粹的横向平移，没有旋转，这使得它们非常适合通过图像运动记录物体的距离。Sobel（1990）发现移动蝗虫注视着的目标会产生人工的视差，而蝗虫的跳跃长度会和实际的图像速度有关，而不再是实际的距离。很有可能这种估计距离的方法是一种常见策略。幼年螳螂也有类似的窥视动作，通常伴随着标志性的体操动作（图 9.10），使它们能够挑选最近的能跳上去的垂直物体进行跳跃。蜜蜂在接近食槽时也会做侧向窥视的动作，以大约 7Hz 的频率，这种动作由胸部的转动产生。对蝗虫和螳螂来说，头部通过抵消横向图像运动在视觉上得到稳定（Boeddeker 和 Hemmi，2010）。在脊椎动物中，沙鼠会进行测距的动作，但它们是用垂直的点头方式（Goodale 等，1990）。这种行为的先决条件是动物有在混乱的环境中跟踪特定边缘的能力，这意味着相当复杂的视像处理能力。

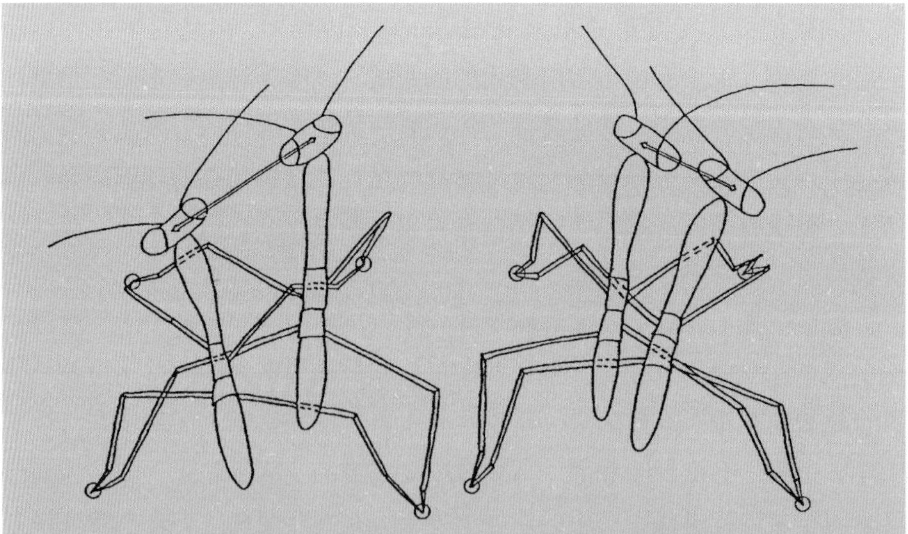

图 9.10 幼年螳螂（Sphodromantislineola）的一侧到另一侧的扫描运动

请注意，身体的移动方式使得头部沿着几乎完全垂直于动物前向观察的线行进，并且在扫描期间头部不会相对于周围环境旋转。

在这部分中讨论的三种机制中，似乎避免模糊（A）是最基础的，因为它对所有拥有良好视觉的动物都有效，并且视觉越敏锐，对眼睛的稳定要求也越高。侦测相对运动（B）对于需要观察细小的运动物体的动物来说十分重要，但是可能并不是通常的要求，而用来测量距离的转变的流场（C）的用途可能是最好的，并且也可与前两者的机制有关。不论理由怎样，总之，有一点是确定的：没有动物会进行平滑的眼球转动，除非在跟踪一个移动物体的特殊情况下（并不常见）。然而，仍有一些动物会打破这个准则，用眼睛扫描静态环境。正如我们所见到的，它们似乎都能做到在恰如低于前面给出的“模糊规则”所允许的最大速度下移动。

例外：一维视网膜的转动式扫描

在这一部分我们将讨论一些主动旋转以获取信息的动物眼睛。这种眼睛不常见，但他们确实出现在数种动物群体之中。下文给出的例子将以复杂性递增排列。所有的例子中，视网膜都是长而且窄，比起传统的二维图像相机，这些眼睛更多像是在使用工业行扫描相机的工作方式。

海螺角明螺的猎物探测

肉食性的浮游海螺——角明螺（*Oxygyrus*）可能是扫描式眼睛的最直接的例子（图 9.11）。一个世纪以前，人们就知道这种软体生物具有奇特的狭窄的视网膜，但是这种视野局限的眼睛如何能被动物使用，是最近才被发现的。角明螺的眼睛不像鱼的眼睛，但视网膜和鱼眼一样，只有 3 个受体宽约 410 个受体长，覆盖了一个 3°X 180° 的视场。这种一维的视网膜结构并没有多大的意义，除非它以某种方式运动，而实际上也正是如此（图 9.11c）。

它们的眼睛移动使得视网膜在较长的维度上以适当角度开始扫过 90° 角。这种扫描模式是锯齿形的，并且缓慢向上的分量为 80°/s 的速度。这种眼睛扫描着动物下面的暗空间，推测它正在寻找在深渊的黑暗中闪闪发光的食物颗粒。

螳螂虾的颜色扫描

螳螂虾（甲壳纲：口足目）是一种相当大的甲壳动物，和我们熟悉的十足虾是风马牛不相及的关系。像他们的同名昆虫一样，他们是伏击型捕食者，拥有用撞击和前肢（plate 4）突刺来击溃猎物的非凡能力。他们的眼睛是基本复合型的，属于普通的并置类型，提供垂直的二维图像。然而，每只眼睛水平延伸一点是扩大的面带，总共六排的宽度（图 9.12a 和 b）。这个中心带，只有数度的视场宽度，包含着动物特别的色彩视觉系统。它由中心带 6 排中的 4 排构成（另外两排用于辅助感知偏振光；参见第二章），每一排接收器都以三行排布。这 12 行每一行都包含了一个不同的色素，使动物能够拥有彩色视觉，8 个色素覆盖的光谱段，另外 4 个在紫外波段（Marshall 等，1999）。然而，尽管能使用着如此令人印象深刻的系统，

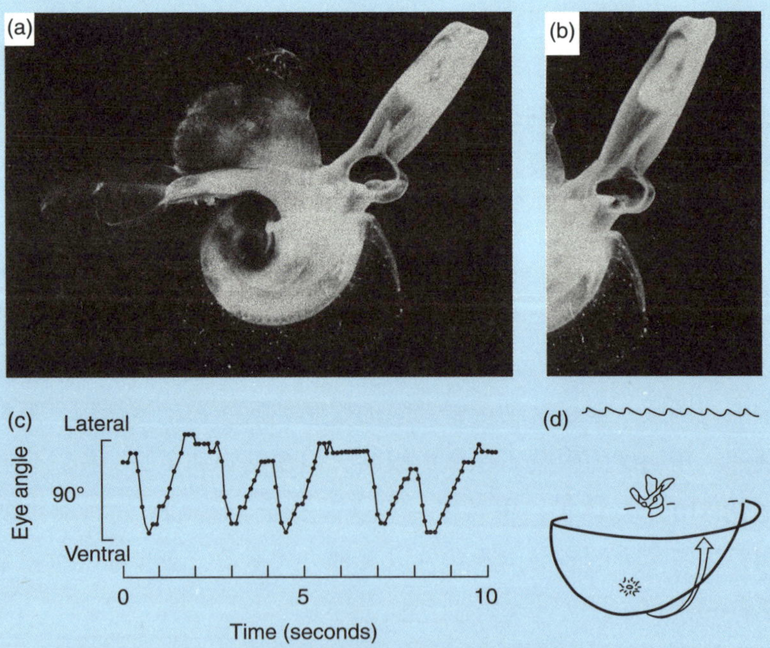

图 9.11 用线性接收器阵列扫描

（a）眼睛朝下的角明螺（*Oxygyrus*）的照片（角明螺像这样“倒置”游泳）。（b）（a）之后几分之一秒，当侧向指向时，眼睛出现。（c）5 个扫描周期的时间过程。眼睛向下移动得非常快，而且向上移动得更慢。（d）显示扫描运动期间眼睛的视野及其在检测浮游生物中的可能作用的图。视网膜大约 400 个感受器长，3 个宽，给出一个线性视野，向上缓慢扫描。主要来自 Land（1982）。

螳螂虾给它们的眼睛运动系统一个令人气馁的任务。眼睛的外部起普通的复合式眼睛的作用——并且受制于先前讨论的图像稳定的考虑。而中心带必须移动，不然不能够记录窄带以外的环境中物体的颜色。这种精神分裂似的视觉系统的结果就是不同于动物王国中任何其他动物的眼睛运动（Land 等，1990）。除了“通常的”眼睛运动（快速扫描，跟踪和视动性稳定运动），还有一种特殊的经常性小幅度（约 10°）且相对较慢（40°/s）的运动（图 9.12c），这给动物一个奇怪的表象，可能因为它们在以自己的发生频率做类似人类的扫视。然而它们的行为并不是扫视，扫视应该更快。这些运动一般位于条带的适当角度，而唯一似乎可信的解释是，这是一种动物用来从环境中挑选相关色彩或偏振特性的扫描运动。参见第二章。

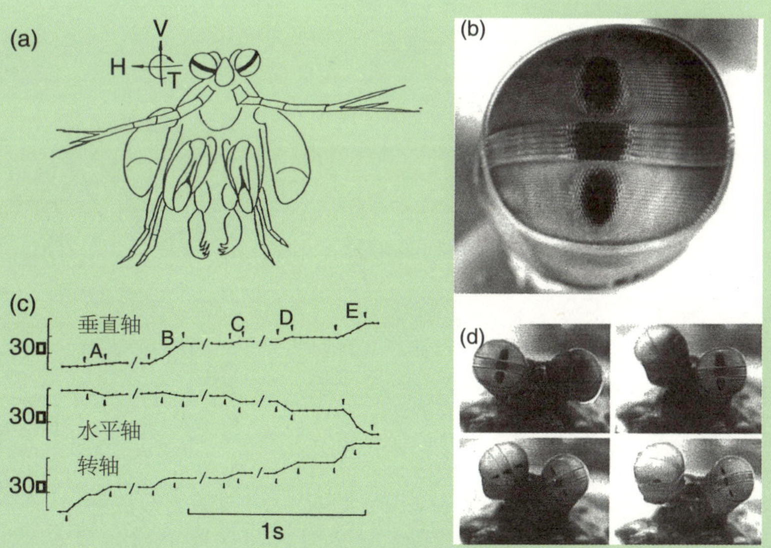

图 9.12 用于扫描颜色和偏振的眼睛

（a）螳螂虾（*Odontodactylus*）有一条小眼带，其色彩视觉系统（黑线）穿过每个并置复眼的中心（也见图 4）。眼带的垂直视野非常狭窄——大约只有几度。（b）靠近六行中间带的眼睛的照片，以及三个伪瞳孔，这三个伪瞳孔表明眼睛有三个分开的区域指向照相机。（c）记录一系列小的扫描运动。请注意，眼睛围绕所有三个轴 [V，H，T（a）] 旋转，但旋转的量不同。（d）四张照片，显示各种位置的眼睛。眼球运动几乎总是独立的。最上面的两张照片显示了一个或另一个眼睛的“锐区”指向相机，如宽伪瞳孔所示（见第 7 章）。主要来自 Land 等人（1990）。

跳蛛的模式识别

跳蛛非凡的眼睛已经在第五章里描述过（图 5.16~5.18，plate 4）。次眼（前后各成对）和巨大的前向主眼在行为方面扮演着不同角色。次眼固定在甲壳上，并且只用来侦测运动。如果有物体在环境中移动，这些眼睛会开始一个轮替，使得目标被主眼捕获到（图 9.13）。这些眼睛的视网膜都很狭窄，形如回旋镖（图 5.18），在只有 6 个接收器宽的中心部分对向分布呈垂直 20° 角以及水平 1° 角。这样高的分辨率在第五章讨论过。这里所关心的是主眼的视网膜是可移动的这一点（晶状体本身并不移动）。它们能够水平或垂直移动多达 50°，而且它们也能够绕视轴（转矩）旋转一个差不多的数值（参见 Land，1985）。当出现新目标时，眼睛以一种刻板的方式扫描它，缓慢地以 $3°s^{-1}$ 到 $10°s^{-1}$ 的速度从一边到另一边地移动，并且如它们所做的旋转 ±25° 角（图 9.13）。我们事实上知道它们在找什么：腿！在 20 世纪 50 年代 Oscar Drees 说明，只要潜在的猎物移动，跳蛛对

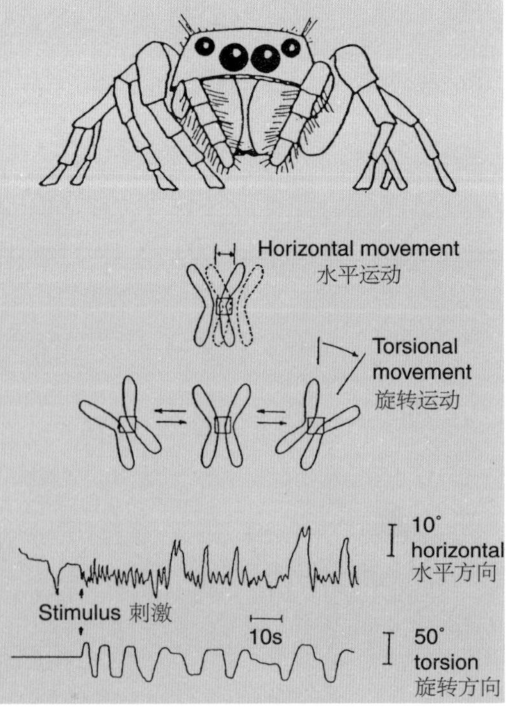

图 9.13 跳蛛

跳蛛（*Phidippus*）拥有大的活动主眼，以及较小的固定的前外侧眼睛（另见图 4 和图 5.19）。下面是扫描新目标时两个主眼的回旋镖形视网膜运动的图表和记录。这些运动是共轭的，包括水平振荡和较慢扭转旋转的固定模式。该扫描图案显然允许窄视网膜确定目标中边缘的角度图案，因此使得蜘蛛能够将其他跳跃蜘蛛与潜在的猎物区分开。源自 Land（1969）。

于它的外表是漠不关心的，但是雄性对于潜在的配偶是很挑剔的。然而，由中心点和两边腿状标记构成的画也会引起求爱反应。无论其还有其他什么功能，这些蜘蛛的扫描确实和特征提取有关，其过程本身显然被设计来侦测目标线性结构的存在和方向。

无眼动式扫描：龙虱幼虫

龙虱幼虫在头部两边各有 6 个简单的单腔眼点。有些物种，例如龙虱，其中两只眼超前并略微向上，并且扩张得很大（图 9.14a 和 b）。这些眼睛的视网膜是线性的条带，拥有 30°（上眼 E1）和 50°（下眼 E2）的水平视场，垂直视场只有 2°（Buschbeck 等，2007）。两只眼睛都以和头部纵向平面成约 35° 角朝上，并且表现出重叠的视场。每只眼睛有一个复杂的双视网膜，然而在深度上越靠近的视网膜拥有越高的解析度：在 E1 中两后排每排有大约 180 个视杆，水平解析度约为 1°（Mandapaka 等，2006）。似乎两个视网膜都接受一幅聚焦的图片：E1 和 E2 的晶状体是双焦的，有两个相距 100μm 的焦平面，其间距大致等于视网膜层中心的间距（Stowasser 等 2010）。这两幅图像也相互垂直地部分替换，意味着聚焦和散焦的图像相互可以减少退化。

这种眼睛除非垂直扫描，否则没有意义，但是还没有发现眼部肌肉或是眼球运动能垂直扫描的。然而，在追踪猎物过程中整个头部会垂直移动，绕着颈部和胸腹连线转（图 9.14c 和 d）。这为眼睛运动提供了平均 23° 的幅度，但还有高达 50° 的扫描。比起向下扫描（$49°s^{-1}$），向上扫描更快（平均 $74°s^{-1}$）。一般地，如蚊子幼虫这样的动物会接近猎物，在从几毫米远的地方刺入之前，以一种相当不系统的方式扫视整个垂直范围。关于这个行为，仍有许多有趣的疑问。为什么每一侧的眼睛会有相似的视场？两侧的眼睛相互合作来衡量距离吗？双视网膜的功能是什么？另外 8 只眼睛起什么作用？关于其他物种的比较研究也许会解答上述部分问题。

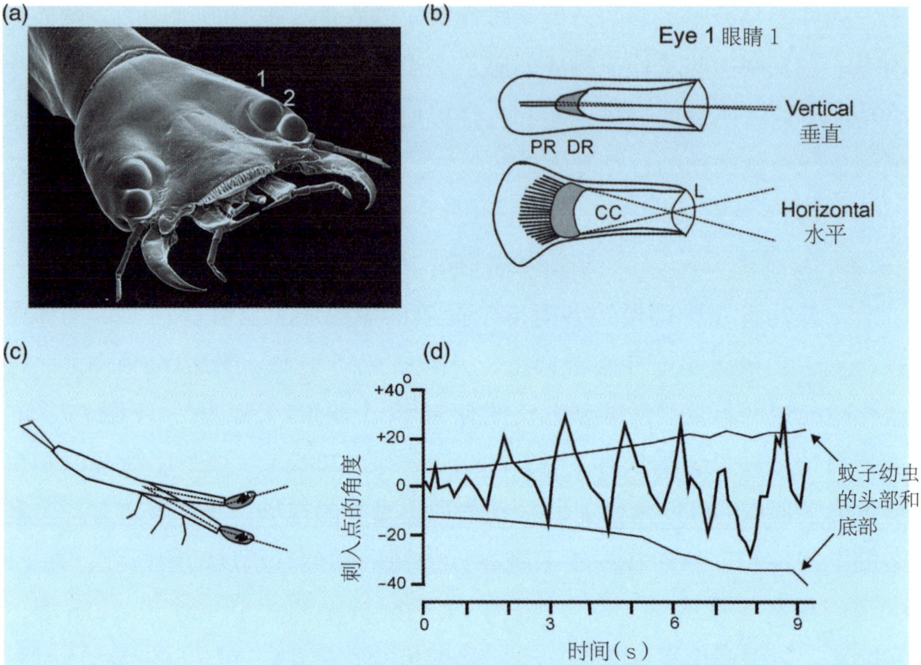

图 9.14 水甲虫（*Thermonectusmarmoratus*）的扫描

（a）幼虫的头部，每侧有两个大的单眼。头部长约 3mm。来自 Stowasser 等人的照片（2010 年），由 Elke Buschbeck 提供。（b）显示视场的眼睛 1 的垂直和水平部分。眼睛的总长约为 0.6 毫米。（c）幼虫通过围绕颈部和胸腹联合器进行旋转扫描。（d）蚊子幼虫期间的垂直扫描行为记录。（b）~（d）源自 Buschbeck 等人重新绘制（2007 年）。

扫描式眼睛：总结

在这些例子中，首先我们研究了被用作简单探测器的一维视网膜，这与雷达装置的扫描线很像。然而接下来的两个更有趣，因为它们把传统的二维眼睛或多或少地和特殊功能线扫描器结合在一起，螳螂虾用它来判断局部颜色，跳蛛用它来判断模式几何的形态。人们会情不自禁地觉得，螳螂虾的方案，在同一个结构里有两种眼睛包含在内，是一种固有的笨拙的方法，因为这使得大脑必须和两种系统共享时间。结合了凹性视觉和宽场视觉的糖虾（第 8 章，图 8.10c）的眼睛也有同样的问题。相反，跳蛛的固定而可活动的眼睛的双系统，用一套眼睛来寻找目标，另一套来分析，则似乎更值得推荐。

所有这些眼睛带来的一个明显问题是扫描运动所引发的模糊的界限。它们违反模糊规则的限度吗？看起来好像它们都足够慢，都在规则规定之内。我们并不知道接收器的响应时间，但我们从其他动物知道 20ms 是光适应眼睛（图 9.8a）的典型值。

如果我们假设眼睛在模糊限度内工作，我们可以从已知扫描速率（s）和接收器张角（$\Delta\rho$）的情况下计算出响应时间（Δt）的值（$\Delta t=\Delta\rho/s$）。在表 9.2 中已完成了上面提到的四个物种，再加上同样拥有扫描式眼睛的桡足类唇角水蚤属（参见图 4.5c）的眼睛的响应时间计算。表格显示算出的 Δt 的值都在 15~25ms 范围内，也就是和期望值相近，这意味着扫描率都和模糊界限值很接近，但没有超过它。所以动物们尽可能快速地扫描而不丢失空间信息，这也大概是最理想的扫描方式了。其他有趣的地方在于由模糊规则推出的，在解析度（$\Delta\rho$）和扫描速度之间的相反关系。视力很差的唇角水蚤能够扫描得最快，而拥有出色视力的跳蛛扫描得很慢。

动物	扫描速率（s）° s^{-1}	接收器张角（$\Delta\rho$）°	响应时间（Δt）ms
唇角水蚤	219	3.5	16
角明螺	80	1.1	15
龙虱	49	0.9	18
口脚类动物	40	1	25
跳蛛	6.2	0.15	24

表 9.2 扫描式眼睛：扫描速率、接收器张角和预估的响应时间

小结

1. 空间视力有限的动物使用各种各样的策略（反射和分类）在适当光照的环境下行进。

2. 几乎所有拥有良好视力的动物都有眼球运动的行为。大部分是快速扫视使得注视方向移动的稳定模式。这些运动可能由眼睛自身进行，或者由头部或者可能某些昆虫由整个身体来进行。

3. 在固定过程中保持视线稳定的主要原因是为了防止因图像接收器的较长响应时间而产生的模糊。模糊在视网膜速度达到大约单位响应时间 1 个接收器接收角度时，开始使图像退化。

4. 一些昆虫（例如食蚜蝇）比模糊规则所提示的更快得多地稳定它们的视焦，并且表明了在背景下捕捉细小物体运动的需求使得图像运动条件更加严苛。

5. 不允许图像的旋转型运动的另一个原因是为了防止对转变的流场的破坏，运动的动物需要通过流场来判断它的朝向和物体的距离。

6. 一些动物让它们的眼球平滑转动，这些动物包括了异足蛛目的软体动物、桡脚类动物、螳螂虾、跳蛛、和龙虱幼虫。它们都有狭窄的线性视网膜，能够扫描四周环境。但没有一个转动速度快到能引发运动模糊的程度。

Plate

Plate 1A

Plate 1B

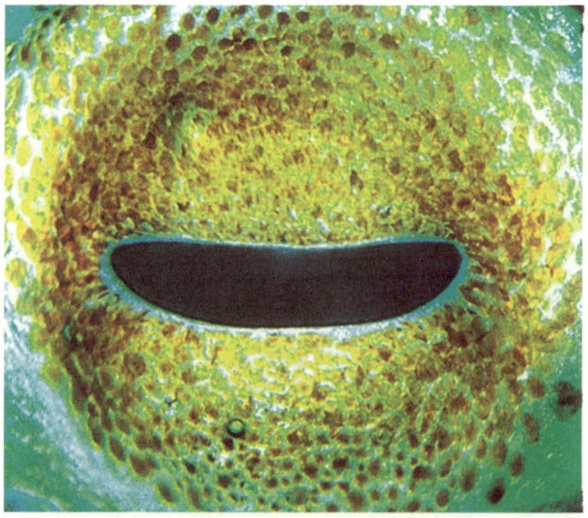

Plate 1C

Plate 1D

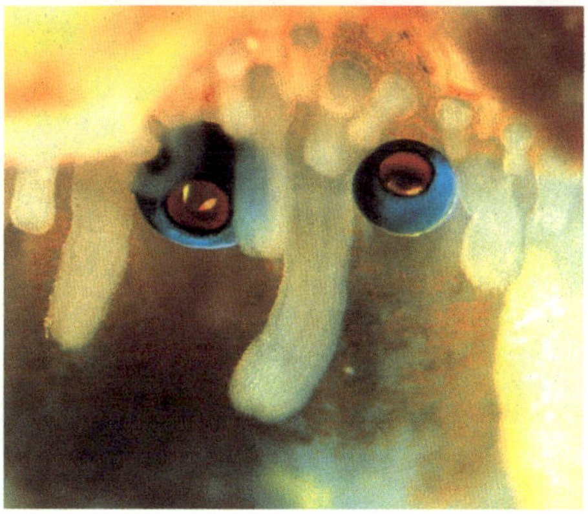

Plate 1E

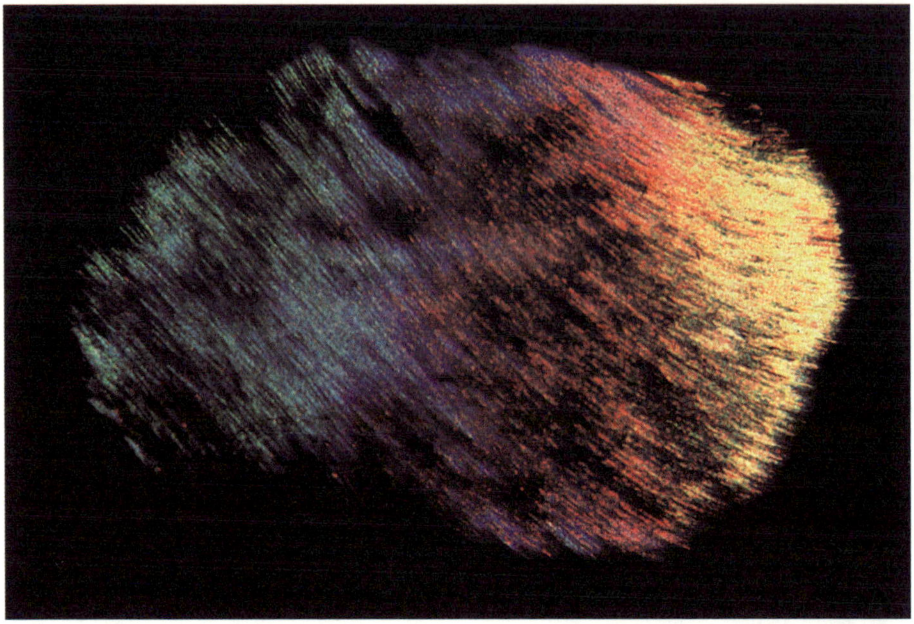

Plate 2A

Plate 2B

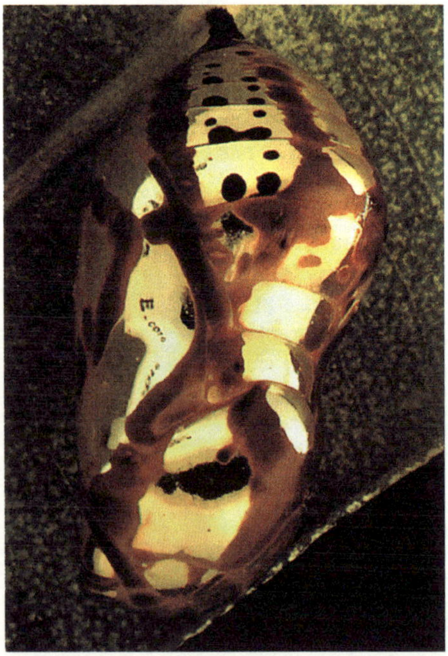

Plate 2C

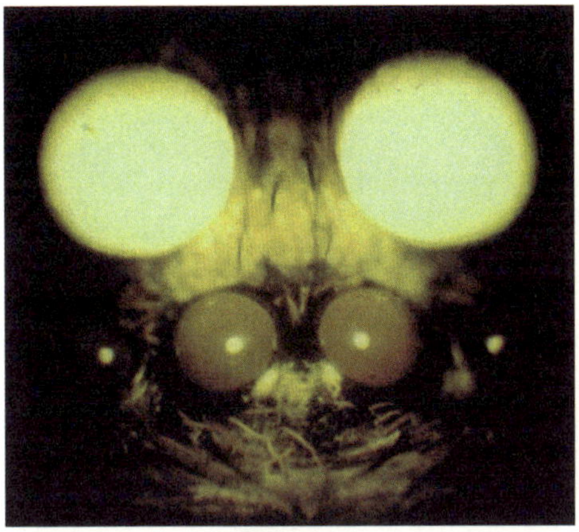

Plate 3A

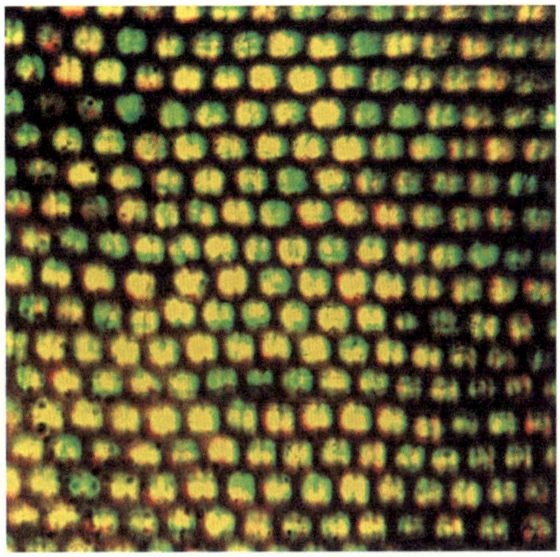

Plate 3B

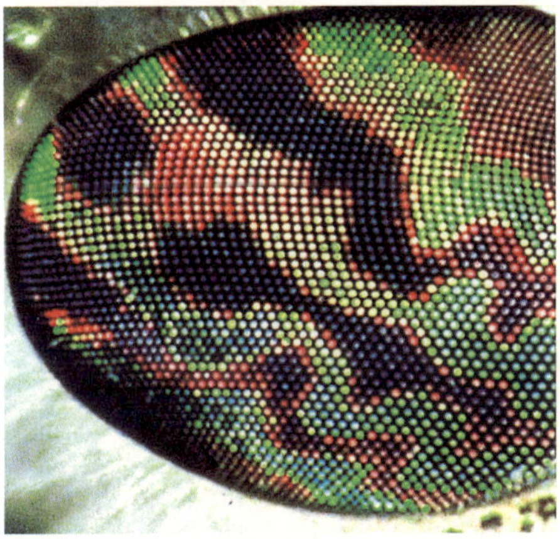

Plate 3C

Plate 3D

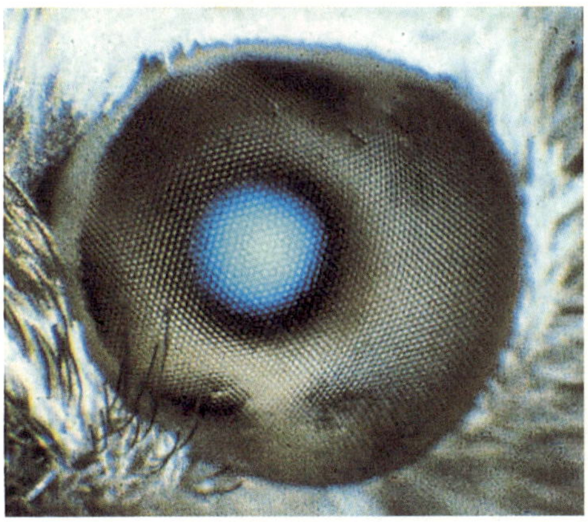

Plate 3E

Plate 3F

Plate 4A

Plate 4B

参考文献

General reading

We include in this section a number of the most important books in the history of the comparative study of animal eyes from the late nineteenth century to the present. Others can be found in the 'Further reading' linked to specific chapters. In the present section the books are given in chronological order.

Grenacher, H. (1879). Untersuchungenüber das Sehorgan der Arthropoden, insbesondere der Spinnen, Insecten und Crustaceen. Vanderhoeck und Ruprecht, Göttingen.

[Impressively accurate account of the microanatomy of arthropod eyes.]

Exner, S. (1891). The physiology of the compound eyes of insects and crustaceans. English edition (1988) translated and annotated by R.C. Hardie. Springer, Berlin.

[Classic account of compound eye function.]

Hesse, R. (1908). Das Sehen der niederenTiere. Fischer, Jena.

[The culmination of many years of excellent anatomical studies of a wide range of eyes.]

Walls, G.L. (1942). The vertebrate eye and its adaptive radiation. Cranbrook Institute, Bloomington Hills. Reprinted (1967) Hafner, New York.

[Unequalled book on the eyes of all vertebrates.]

Rochon-Duvigneaud, A. (1943). Les yeux et la vision des vertébrés. Masson et Cie, Paris.

[Comprehensive account of vertebrate eye anatomy and histology.]

Duke-Elder, S. (1958). The eye in evolution. Henry Kimpton, London.

[Comprehensive, beautifully illustrated account of eyes of all kinds. Sourcebook for the older literature.]

Wolken, J.J. (1971). Invertebrate photoreceptors: a comparative analysis. Academic Press, New York.

[Account of invertebrate eye structure at the electron microscope level. Complemented by the fine chapter by R.M. Eakin (1972). Structure of invertebrate photoreceptors. In: Handbook of sensory physiology, Vol. VII/1 (ed. Dartnall, H.J.A.) pp. 625–84. Springer, Berlin.]

Recent compilations with a wide coverage are:

Sinclair, S. (1985). How animals see. Croom Helm, London.

[Notable for its impressive photographs of eyes, less so the text.]

Wolken, J.J. (1995). Light detectors, photoreceptors, and imaging systems in nature. Oxford University Press, Oxford.

[Wide-ranging book covering subjects from phototaxis to bio-mimetic engineering].

Ings, S. (2007). The eye: a natural history. Bloomsbury, London.

[Written for the layman, this includes a history of ideas about the human eye, as well as its evolution, structure and function.]

Further reading for each chapter

The material in this section is intended to complement and extend the material in the chapter itself.

Chapter 1

Conway-Morris, S. (1998). The crucible of creation. Oxford University Press, Oxford.

[Account of the Burgess Shale fauna, by a geologist who studied it.]

Eldredge, G., and Eldredge N. (eds.) (2008). The evolution of eyes. Evolution: Education and Outreach 1, 351–559.

[Series of papers on evolution in different phyla by knowledgeable authors.]

Nilsson, D.E., and Arendt, D. (2008). Eye evolution: the blurry beginning. Current Biology 18, R1096–8.

[Brief article discussing early metazoan eye origins.]

Nilsson, D.-E. (2009). The evolution of eyes and visually guided behaviour. Philosophical Transactions of the Royal Society of London B 364, 2833–47.

[General account of eye evolution, and an introduction to the evolution of visually guided behaviour.]

Chapter 2

Hecht, E. (2001). Optics (4th edn). Addison Wesley, Reading, MA.

[A good all-purpose optics text.]

Horváth, G., and Varjú, D (2003). Polarized light in animal vision: polarization patterns in nature. Springer, Berlin.

Kelber, A., Osorio, D. (2010). From spectral information to animal colour vision: experiments and concepts. Proceedings of the Royal Society of London B 277, 1617–25.

Lythgoe, J.N. (1979). The ecology of vision. Clarendon Press, Oxford.

[Aspects of vision in different environments.]

Rodieck, R.W. (1998). The first steps in seeing. Sinauer, Sunderland, MA.

[Particularly good account of the importance of photons for vision.]

Valberg, A. (2005). Light, vision and color. John Wiley, Chichester.

Wehner, R., and Labhart, T. (2006). Polarisation vision. In: Invertebrate vision (eds. Warrant E.J., Nilsson, D.-E.) pp. 291–348. Cambridge University Press, Cambridge.

Chapter 3

Charman, W.N. (1991). The vertebrate dioptric apparatus. In: Vision and visual dysfunction, Vol. 2 (eds. Cronly-Dillon, J.R., and Gregory, R.L.) pp. 82–117. Macmillan, Basingstoke.

[Concise account of the optics of vertebrate eyes.]

Pirenne, M.H. (1967). Vision and the eye. Chapman & Hall, London.

[Classic book by one of the discoverers of the photon limit in vision.]

Snyder, A.W. (1979). Physics of vision in compound eyes. In: Handbook of sensory physiology, Vol. VII/6A (ed. Autrum, H.) pp. 225–313. Springer, Berlin.

[Thorough account of compound eye resolution and sensitivity.]

Warrant, E.J. (1999). Seeing better at night: life style, eye design and the optimal strategy of spatial and temporal summation. Vision Research 39, 1611–30.

[Good discussion of the adaptations of eyes to dim conditions.]

Warrant, E.J., and McIntyre, PD. (1993). Arthropod eye design and the physical limits to spatial resolving power. Progress in Neurobiology 40, 413–61.

[The resolving power of compound eyes.]

Chapter 4

Messenger, J.B. (1991). Photoreception and vision in molluscs. In: Vision and visual dysfunction, Vol. 2 (eds. Cronly-Dillon, J.R.E., and Gregory, R.L.), pp. 364–97. Macmillan, Basingstoke.

Nicol, J.A.C. (1989). The eyes of fishes. Oxford University Press, Oxford.

Walls, G.L. (1967). The vertebrate eye and its adaptive radiation, Haffner, New York. (Reprint of 1942 edition published by the Cranbrook Institute of Science, Bloomington Hills, MI.)

[The classic reference book on vision in vertebrates.]

Chapter 5

Charman, W.N. (1991). [As Chapter 3: compact but wide-ranging account of vertebrate optics.]

Hughes, A. (1977). The topography of vision in mammals of contrasting life style: comparative optics and retinal organization. In: Handbook of sensory physiology, Vol. VII/5 (ed. Crescitelli, F.), pp. 613–756. Springer, Berlin.

Oyster, C. (2000). The human eye. Sinauer, Sunderland, MA.

[A good modern text on the human eye, with a comparative introduction.]

Walls, G.L. (1967). [As Chapter 4.]

Chapter 6

Denton, E.J. (1970). On the organization of reflecting surfaces in some marine animals. Philosophical Transactions of the Royal Society of London B 258, 285–313.

Fox, H.M., and Vevers, G. (1960). The nature of animal colours. Sidgwick and Jackson, London.

[Old, but still very useful.]

Herring, P.J. (1994). Reflective systems in aquatic animals. Comparative Biochemistry

&Physiology109A, 513–46.
[Modern account of structure and function.]
Land, M.F. (2000). Eyes with mirror optics. Journal of Optics A: Pure & Applied Optics 2, R44–R50.
[Review.]
Parker, A.R. (1998). The diversity and implications of animal structural colours. Journal of Experimental Biology 201, 2343–7.
Chapters 7 and 8
Exner, S. (1891). The physiology of the compound eyes of insects and crustaceans. English edition (1988) translated and annotated by R.C. Hardie. Springer, Berlin. [Classic account of compound eye function.]
Land, M.F. (1999). Compound eye structure: matching eye to environment. In: Adaptive mechanisms in the ecology of vision (eds. Archer, S.N., Djamgoz, M.B.A, Loew, E.R., Partridge, J.C., and Vallerga, S.), pp. 51–71. Kluwer, Dordrecht.
[An ecological account of compound eye vision.]
Snyder, A.W. (1979). Physics of vision in compound eyes. In: Handbook of sensory physiology. Vol. VII/6A (ed. Autrum, H.), pp. 225–313. Springer, Berlin.
[Tough, but thorough.]
Stavenga, D.G., and Hardie, R.C. (eds.) (1989). Facets of vision. Springer, Berlin.
[Articles by most of the authors active in the field at the time.]
Warrant, E.J. (2006). Invertebrate vision in dim light. In: Invertebrate vision (eds. Warrant E.J., and Nilsson, D.-E.), pp. 83–126. Cambridge University Press, Cambridge.
[Discussion of factors that increase sensitivity, mainly in compound eyes.]
Wehner, R. (1981). Spatial vision in arthropods. In: Handbook of sensory physiology, Vol. VII/6C (ed. Autrum, H.), pp. 287–616. Springer, Berlin.
[Encyclopaedic account of behaviour and its relation to visual function.]
Chapter 9
Carpenter, R.H.S. (1988). Movements of the eyes (2nd edn). Pion, London.
[Excellent readable textbook on human eye movements.]
Fraenkel, G.S., and Gunn, D.L. (1961). The orientation of animals. Dover, New York.
[Reprint of the 1940 account of early work on animal orientation mechanisms.]
Land, M.F. (1999). Motion and vision: why animals move their eyes. Journal of Comparative Physiology A 185, 341–52.
[Recent review of eye movements across the animal kingdom.]
Land, M.F., and Tatler, B.W. (2009). Looking and acting. Oxford University Press, Oxford.
[Account of the roles of vision and eye movements in natural human behaviour.]
Srinivasan, M.V., and Venkatesh, S. (eds.) (1997). From living eyes to seeing machines. Oxford University Press, Oxford.

[Contains a number of useful articles on 'active' vision.]

Walls, G.L. (1962). The evolutionary history of eye movements. Vision Research 2, 69–80.

[Early wisdom on the functions of eye movements in animals.]

Yarbus, A. (1967). Movements of the eyes. Plenum Press, New York.

[Classic book on how we use our eyes.]

References

This section contains books and papers quoted in the text. These have been selected from the vast potential pool of literature as being either seminal papers (with a bias to the more recent), useful reviews, or papers from which our figures were derived (as cited in the figure captions).

Aizenberg, J., Tkachenko, A., Weiner, S., Addadi, L., Hendler, G. (2001). Calciticmicrolenses as part of a photoreceptor system in brittlestars. Nature 412, 819–22.

Arendt, D., Tessmar-Raible, K., Snyman, H., Dorresteijn, A.W., and Wittbrodt, J. (2004). Ciliary photoreceptors with a vertebrate-type opsin in an invertebrate brain. Science 306, 869–71.

Autrum, H. (1981). Light and dark adaptation in invertebrates. In: Handbook of sensory physiology, Vol. VII/6C (ed. Autrum, H.), pp. 1–91. Springer, Berlin.

Baccetti, B., and Bedini, C. (1964). Research on the structure and physiology of the eyes of a lycosid spider I. Microscopic and ultramicroscopic structure. Archives Italiennes de Biologie 102, 97–122.

Bernard, G.D., and Miller, W.H. (1968). Interference filters in the corneas of Diptera. Investigative Ophthalmology 7, 416–34.

Berry, R.P., Stange, G., and Warrant, E.J. (2007). Form vision in the insect dorsal ocelli: and anatomical and optical analysis of the dragonfly median ocellus. Vision Research 47, 1394–409.

Blest, A.D. and Land, M.F. (1977). The physiological optics of Dinopis sub-rufus L. Koch: a fish lens in a spider. Proceedings of the Royal Society of London B 196, 198–222.

Blest, A.D. (1985). The fine structure of spider photoreceptors in relation to function. In: Neurobiology of arachnids (ed. Barth, F.G.), pp. 79–102. Springer, Berlin.

Bobkova, M.V., Gál, J., Zhukov, I.P., Shepeleva, V.V., and Meyer-Rochow, V.B. (2004). Variations in the retinal designs of pulmonate snails (Mollusca, Gastropoda): squaring phylogenetic backgrounds and ecophysiological needs (I). Invertebrate Zoology 123, 101–15.

Boeddeker, N., and Hemmi, J.M. (2010). Visual gaze control during peering manoeuvres in honeybees. Proceedings of the Royal Society of London B 277, 1209–17.

Boeddeker, N., Dittmar, L., Stürzl, W., and Egelhaaf M. (2010). The fine structure of honeybee head and body yaw movements in a homing task. Proceedings of the Royal Society of London B 277,1899–906.

Bowmaker, J.K. (2008). Evolution of vertebrate visual pigments. Vision Research 48, 2022–41.

Brady, P., and Cummings, M. (2010). Differential response to circularly polarized light by the jewel scarab beetle Chrysinagloriosa. American Naturalist 175, 614–20.

Briggs, D.E.G. (1991). Extraordinary fossils. American Scientist, 79, 130–41.

Brocco, S.L., and Cloney, RA. (1980). Reflector cells in the skin of Octopus dofleini. Cell & Tissue Research 205, 167–86.

Bryceson, K.P., and McIntyre, P. (1983). Image quality and acceptance angle in a reflecting superposition eye. Journal of Comparative Physiology 151, 367–80.

Burns, M.E., Lamb, T.D. (2004). Visual transduction by rod and cone photoreceptors. In: The visual neurosciences (eds. Chalupa, L.M., and Werner, J.S.), pp. 215–33. MIT Press, Cambridge, MA.

Buschbeck, E., Ehmer, B., and Hoy, R. (1999). Chunk versus point sampling: visual imaging in a small insect. Science 286, 1178–80.

Buschbeck, E., Sbita, S.J., and Morgan, R.C. (2007). Scanning behavior by larvae of the predaceous diving beetle, Thermonectesmarmoratus (Coleoptera: Dytiscidae) enlarges visual field prior to prey capture. Journal of Comparative Physiology A 193, 973–82.

Carpenter, R.H.S. (1988). Movements of the eyes (2nd edn.). Pion, London.

Carthy, J.D. (1958). An introduction to the behaviour of invertebrates. George Allan & Unwin, London.

Chamberlain, S.C. (2000). Vision in hydrothermal vent shrimp. Philosophical Transactions of the Royal Society of London 355, 1151–4.

Charman, W.N. (1991). The vertebrate dioptric apparatus. In: Vision and visual dysfunction, Vol. 2. (eds. Cronly-Dillon, J.R., and Gregory, R.L.), pp. 82–117. Macmillan, Basingstoke.

Chaudhuri, A., Hallett, PE., and Parker, JA. (1983). Aspheric curvatures, refractive indices and chromatic aberration for the rat eye. Vision Research 23, 1351–64.

Chittka, L. (1996). Does bee color vision predate the evolution of flower color? Naturwissenschaften 83, 136–8.

Chiou, T-H., Kleinlogel, S., Cronin, T., Caldwell, R., Loeffler, B., Siddiqi, A., Goldizen, A., and Marshall, J. (2008). Circular polarization vision in a stomatopod crustacean. Current Biology 18, 429–34.

Collett, T.S., and Land, M.F. (1975). Visual control of flight behaviour in the hoverfly SyrittapipiensL. Journal of Comparative Physiology 99, 1–66.

Collett, T.S., and Harkness, L. (1982). Depth vision in animals. In: Analysis of visual behavior (eds. Ingle, D.J., Goodale, M.A., and Mansfield, R.J.), pp. 111–76. MIT Press, Cambridge, MA.

Collett, T.S., and Lehrer, M. (1993). Looking and learning: a spatial pattern in the orientation flight of the wasp Vespula vulgaris. Proceedings of the Royal Society of London B 252, 129–34.

Collin, S.P., and Pettigrew, J.D. (1988). Retinal topography in reef teleosts. I & II. Brain Behavior & Evolution 31, 269–95.

Collin, S.P., Hoskins, R.V., and Partridge, J.C. (1998). Seven retinal specializations in the tubular eye of the pearleye, Scopelarchusmichaelsarsi: a case study in visual optimization. Brain Behavior & Evolution 51, 291–314.

Conway-Morris, S. (1998). The crucible of creation. Oxford University Press, Oxford.

Conway-Morris, S., and Whitington, H.B. (1985). Fossils of the Burgess Shale. A national treasure in Yoho National Park, British Columbia. Geological Survey of Canada, Miscellaneous Reports, 43, 1–31.

Cronin, T.W., and Marshall, J. (2004). The unique visual world of mantis shrimps. In: Complex worlds from simpler nervous systems (ed. Prete, F.R.), pp. 239–68. MIT Press, Cambridge MA.

Dacke, M., Nilsson, D.-E., Warrant, E.J., Blest, A.D., Land, M.F., and O'Carroll, D.C. (1999). A new compass organ in spiders, using built-in polarizers. Nature 401, 470–2.

Dahmen, H. (1991). Eye specialization in water striders: an adaptation to life in a flat world. Journal of Comparative Physiology A 169, 623–32.

Denton, E.J. (1970). On the organization of reflecting surfaces in some marine animals. Philosophical Transactions of the Royal Society of London B 258, 285–313.

Denton, E.J. (1990). Light and vision at depths greater than 200m. In: Light and life in the sea (eds. Herring, P.J., Campbell, A.K., Whitfield, M., and Maddock, L.), pp. 127–48. Cambridge University Press, Cambridge.

Denton, E.J., and Nicol, J.A.C. (1965). Reflexion of light by external surfaces of the herring, Clupeaharengus. Journal of the Marine Biological Association of the UK 45, 711–38.

Duke-Elder, S. (1958). The eye in evolution. Henry Kimpton, London.

Easter, S.S., Johns, PR., and Heckenlively, D. (1974). Horizontal compensatory eye movements in goldfish (Carrassiusauratus). I. The normal animal. Journal of Comparative Physiology 92, 23–35.

Eisner, T., Silberglied, R.E., Aneshansley, D., Carrel, J.E., and Howland H.C. (1969). Ultraviolet video viewing: the television camera as an insect eye. Science 166, 1172–4.

Exner, S. (1891). The physiology of the compound eyes of insects and crustaceans. Translated from the German by R.C. Hardie (1989), republished by Springer-Verlag.

Forster, L. (1985). Target discrimination in jumping spiders. In: Neurobiology of arachnids (ed. Barth, F.G.), pp. 249–74. Springer, Berlin.

Fox, D.L. (1953). Animal biochromes and structural colours. Cambridge University Press, Cambridge.

Fox, H.M., and Vevers, G. (1960). The nature of animal colours. Sidgwick& Jackson, London.

Fraenkel, G.S., and Gunn, D.L. (1940). The orientation of animals. Oxford University Press. Reprinted (1961). Dover, New York.

Franceschini, N. (1975). Sampling of the visual environment by the compound eye of the fly: fundamentals and applications. In: Photoreceptor optics (eds. Snyder, A.W., and Menzel, R.), pp. 98–125. Springer, Berlin.

Franze, K., Grosche, J., Skatchov, S.N., Schinkinger, S., Foja, C., Schild, D., Uckermann, O., Travis, K., Reichenbach, A., and Guck, J. (2007). Müller cells are living optical fibers in the vertebrate retina. Proceedings of the National Academy of Sciences of the USA104, 8287–92.

Frederiksen, R., Wcislo, W.T., and Warrant, E.J. (2008). Visual reliability and information rate in the retina of a nocturnal bee. Current Biology18, 349–53.

Friederichs, H.F. (1931). BeiträgezurMorphologie und Physiologie der Sehorgane der Cicindeliden (Col.). ZeitschriftfürMorphologie und Ökologie der Tiere21, 1–172.

Frost, B.J. (1978). The optokinetic basis of head-bobbing in pigeons. Journal of Experimental Biology74, 187–95.

Garm, A., O'Connor, M., Parkefelt, L., and Nilsson, D.-E. (2007). Visually guided obstacle avoidance in the box jellyfish Tripedaliacystophora and Chiropsellabronzie. Journal of Experimental Biology210, 3616–23.

Garm, A., Oskarsson, M., and Nilsson, D.-E. (2011). Box jellyfish use terrestrial visual cues for navigation. Current Biology21, 798–803.

Gehring, W.J., and Ikeo, K. (1999). Pax-6: mastering eye morphogenesis and eye evolution. Trends in Genetics15, 371–7.

Gibson, J.J. (1979). The ecological approach to visual perception. Houghton-Mifflin, Boston, MA.

Gilchrist, ID., Brown, V., and Findlay, J.M. (1997). Saccades without eye movements. Nature390, 130–1.

Gomez, M., and Nasi, E. (2000). Light transduction in invertebrate hyperpolarizing photoreceptors: possible involvement of a Go -regulated guanylate cyclase. Journal of Neuroscience20, 5254–63.

Goodman, L.J. (1981). Organization and physiology of the insect dorsal ocellar system. In: Handbook of sensory physiology, Vol. VII/6C (ed. Autrum, H.), pp. 201–86. Springer, Berlin.

Goodale, M.A., Ellard, C.G., and Booth, L. (1990). The role of image size and retinal motion in the computation of absolute distance by the mongolian gerbil (Merionesunguiculatus). Vision Research30, 399–413.

Görner, P., and Claas, B. (1985). Homing behavior and orientation in the funnel-web spider, Agalenalabyrinthica Clerk. In: Neurobiology of arachnids (ed. Barth, F.G), pp. 275–97. Springer, Berlin.

Gregory, R.L. (1991). Origins of eyes – with speculations on scanning eyes. Vision and visual dysfunction, Vol. 2 (eds. Cronly-Dillon, J.R., and Gregory, R.L.), pp. 52–9. Macmillan, Basingstoke.

Greiner, B., Ribi, W.A., and Warrant, E.J. (2004). Retinal and optical adaptations for nocturnal vision in the halictid bee Megaloptagenalis. Cell and Tissue Research316, 429–37.

Greiner, B., Narendra, A., Reid, S.F., Dacke, M., Ribi, W.A., and Zeil, J. (2007). Eye structure correlates with distinct foraging-bout timing in primitive ants. Current Biology 17, R879–80.

Greuet, C. (1982). Photorécepteurs et phototaxie des flagellés et des stadesunicellulairesd'organismesinférieures. Annales de Biologie21 (2), 98–141.

Hanke, F.D., and Dehnhardt, G. (2009). Aerial visual acuity in harbor seals (Phocavitulina) as a function of luminance. Journal of Comparative Physiology A,195, 643–50.

Hanlon, R.T., and Messenger, J.B. (1996). Cephalopod behaviour. Cambridge, Cambridge University Press.
Hardie, R.C. (2006). Phototransduction in invertebrate photoreceptors. In: Invertebrate vision (eds. Warrant, E., and Nilsson, D.-E.), pp. 43–82. Cambridge University Press, Cambridge.
Hardy, A. (1956). The open sea. Collins, London.
Harkness, L. (1977). Chamaeleons use accommodation cues to judge distance. Nature267, 346–51.
Hateren, J. van (1989). Photoreceptor optics, theory and practice. In: Facets of vision (eds. Stavenga, D.G., and Hardie, R.C.), pp. 74–89. Springer, Berlin.
Hateren, J.H. van, Hardie, R.C., Rudolph, A., Laughlin, S.B., and Stavenga, D.G. (1989). The bright zone, a specialised dorsal eye region in the male blowfly Chrysomyiamegalocephala. Journal of Comparative Physiology A164, 297–308.
Hecht, E. (2001). Optics (4th edn). Addison Wesley, Reading, MA.
Herring, PJ. (1994). Reflective systems in aquatic animals. Comparative Biochemistry&Physiology109A, 513–46.
Herring, P.J. (2002). The biology of the deep ocean. Oxford, Oxford University Press.
Hesse, R. (1908). Das Sehen der niederenTiere. Fischer, Jena.
Horridge, G.A. (1978). The separation of visual axes in apposition compound eyes. Philosophical Transactions of the Royal Society of London B285, 1–59.
Howard, J., Dubs, A., and Payne, R. (1984). The dynamics of photo-transduction in insects. A comparative study. Journal of Comparative Physiology A154, 707–18.
Hughes, A. (1977). The topography of vision in mammals of contrasting life style: comparative optics and retinal organization. In: Handbook of sensory physiology, Vol. VII/5 (ed. Crescitelli, F), pp. 613–756. Springer, Berlin.
Hunt, D.M., Carvalho, L.S., Cowing, J.A., and Davies, W.L. (2009). Evolution and spectral tuning of visual pigments in birds and mammals. Philosophical Transactions of the Royal Society of London364, 2941–55.
Imms, A.D. (1956). Insect natural history (2nd edn). Collins, London.
Jagger, W.S. (1992). The optics of the spherical fish lens. Vision Research32, 1271–84.
Kelber, A. (2006). Invertebrate colour vision. In: Invertebrate vision. (eds. Warrant E., and Nilsson D.-E.), pp. 250–90. Cambridge University Press, Cambridge.
Kirschfeld, K. (1976). The resolution of lens and compound eyes. In: Neural principles in vision (eds. Zettler, F., and Weiler, R.), pp. 354–70. Springer, Berlin.
Kleinlogel, S., and Marshall, N.J. (2009). Ultraviolet polarisation sensitivity in the stomatopod crustacean Odontodactylusscyllarus. Journal of Comparative Physiology A195, 1153–62.
Kolb, G. (1987). Behavioral experiments on the visual processing of color stimuli in Pierisbrassicae L. (Lepidoptera). Journal of Comparative Physiology A160, 645–56.
Kröger, R.H.H., Campbell, M.C.W., Fernald, R.D., and Wagner, H.-J. (1999). Multifocal lenses

compensate for chromatic defocus in vertebrate eyes. Journal of Comparative Physiology A184, 361–9.

Kunze, P. (1979). Apposition and superposition eyes. In: Handbook of sensory physiology, Vol. VII/6A (ed. Autrum, H.), pp. 442–502. Springer, Berlin.

Labhart, T., and Nilsson, D.-E. (1995). The dorsal eye of the dragonfly Sympetrum: specializations for prey detection against the blue sky. Journal of Comparative Physiology A176, 437–53.

Lamb, T.D., Collin, S.P., and Pugh, E.N. (2007). Evolution of the vertebrate eye: opsins, photoreceptors, retina and eye cup. Nature Reviews Neuroscience8, 960–75.

Land, M.F. (1965). Image formation by a concave reflector in the eye of the scallop, Pectenmaximus. Journal of Physiology (London)179, 138–53.

Land, M.F. (1969). Movements of the retinae of jumping spiders in response to visual stimuli. Journal of Experimental Biology51, 471–93.

Land, M.F. (1972). The physics and biology of animal reflectors. Progress in Biophysics&Molecular Biology24, 77–106.

Land, M.F. (1978). Animal eyes with mirror optics. Scientific American239 (6), 126–34.

Land, M.F. (1980). Eye movements and the mechanism of vertical steering in euphausiidCrustacea. Journal of Comparative Physiology137, 255–65.

Land, M.F. (1981a). Optics and vision in invertebrates. In: Handbook of sensory physiology, Vol. VII/6B (ed. Autrum, H.), pp. 471–592. Springer, Berlin.

Land, M.F. (1981b). Optics of the eyes of Phronima and other deep-sea amphi-pods. Journal of Comparative Physiology145, 209–26.

Land, M.F. (1982). Scanning eye movements in a heteropodmollusc. Journal of Experimental Biology96, 427–30.

Land, M.F. (1984). The resolving power of diurnal superposition eyes measured with an ophthalmoscope. Journal of Comparative Physiology A 154, 515–33.

Land, M.F. (1984). Crustacea. In: Photoreception and vision in invertebrates (ed. Ali, M.A.), pp. 401–38. Plenum Press, New York.

Land, M.F. (1985). The morphology and optics of spider eyes. In: Neurobiology of arachnids (ed. Barth, F.G.), pp. 53–78. Springer, Berlin.

Land, M.F. (1988). The functions of the eye and body movements in Labidocera and other copepods. Journal of Experimental Biology140, 381–91.

Land, M.F. (1989). Variations in the structure and design of compound eyes. In: Facets of vision (eds. Stavenga, D.G., and Hardie, R.C.), pp. 90–111. Springer, Berlin.

Land, M.F. (1997). Visual acuity in insects. Annual Review of Entomology42, 147–77.

Land, M.F. (1999). Motion and vision: why animals move their eyes. Journal of Comparative Physiology A185, 341–52.

Land, M.F. (1999). Compound eye structure: matching eye to environment. In: Adaptive mechanisms in the ecology of vision (eds. Archer, S.N., Djamgoz, M.B.A, Loew, E.R., Partridge, J.C., and Vallerga, S.), pp. 51–71. Kluwer, Dordrecht.

Land, M.F. (2000). On the functions of double eyes in midwater animals. Philosophical Transactions of the Royal Society of London B355, 1147–50.

Land, M.F. (2002). The spatial resolution of the pinhole eyes of giant clams (Tridacna maxima). Proceedings of the Royal Society of London B270, 185–8.

Land, M.F. (2008). Biological optics: circularly polarised crustaceans. Current Biology18, R348–9.

Land, M.F., and Nilsson, D.-E. (1990). Observations on the compound eyes of the deep-sea ostracod. Macrocypridinacastanea. Journal of Experimental Biology148, 221–33.

Land, M.F., and Nilsson, D.-E. (2006). General purpose and special purpose visual systems. In Invertebrate vision (eds. Warrant, E.J., and Nilsson, D.-E.), pp. 167–210. Cambridge University Press, Cambridge.

Land, M.F., and Osorio, D. (1990). Waveguide modes and pupil action in the eyes of butterflies. Proceedings of the Royal Society of London B241, 93–100.

Land, M.F., and Tatler, B.W. (2009). Looking and acting. Oxford University Press, Oxford.

Land, M.F., Gibson, G., Horwood, J., and Zeil, J. (1999). Fundamental differences in the optical structure of the eyes of nocturnal and diurnal mosquitoes. Journal of Comparative Physiology A185, 91–103

Land, M.F, Marshall, N.J., Brownless, D., and Cronin, T. (1990). The eye movements of the mantis shrimp Odontodactylusscyllarus (Crustacea: Stomatopoda). Journal of Comparative Physiology A167, 155–66.

Land, M.F, Mennie, N., and Rusted, J. (1999). The roles of vision and eye movements in the control of activities of daily living. Perception28, 1311–28.

Land, M.F., Horwood, J., Lim, M.L.M., and Li, D. (2007). Optics of the ultraviolet-reflecting scales of a jumping spider. Proceedings of the Royal Society of London B 274, 1583–9.

Larusso, N.D., Ruttenberg, B.E., Singh, A.K., and Oakley, T.H. (2008). Type II opsins: evolutionary origin by internal domain duplication? Journal of Molecular Evolution 66, 417–23.

Layne, J.E. (1998). Retinal location is the key to identifying predators in fiddler crabs (Ucapugilator). Journal of Experimental Biology 201, 2253–61.

Layne, J.E., Wicklein, M., Dodge, FA., and Barlow, R.B. (1997). Prediction of maximum allowable retinal slip in the fiddler crab, Ucapugilator. Biological Bulletin of Woods Hole 193, 202–3.

Lee, M.S.J., Jago, J.B., Garcia-Bellido, D.C., and Edgecombe, G.D., Gehling, J.G., Paterson, J.R. (2011). Modern optics in exceptionally preserved eyes of Early Cambrian arthropods from Australia. Nature 474, 631–4.

Lehrer, M., Srinivasan, M.V., Zhang, S.W., and Horridge, GA. (1988). Motion cues provide the bee's visual world with a third dimension. Nature 332, 356–57.

Levi-Setti, R. (1993). Trilobites. Chicago University Press, Chicago, IL.

Li, J., Zhang, Z., Liu, Q., Gan, W., Chen, M.L.M., and Li, D. (2008). UVB-based mate-choice cues used by females of the jumping spider Phintellavittata. Current Biology 18, 699–703.

Lim, M.L.M., Land, M.F., and Li, D. (2007). Sex-specific UV and fluorescence signals in jumping spiders. Science 315, 481.

Lockett, N.A. (1977). Adaptations to the deep-sea environment. In: Handbook of sensory physiology, Vol. VII/5 (ed. Crescitelli, F.), pp. 67–192. Springer, Berlin.

Lythgoe, J.N. (1979). The ecology of vision. Clarendon Press, Oxford.

Lythgoe, J.N., and Shand, J. (1989). The structural basis for iridescent colour changes in dermal and corneal iridophores in fish. Journal of Experimental Biology 141, 313–25.

McIntyre, P., and Caveney, S. (1998). Superposition optics and the time of flight of onitine dung beetles. Journal of Comparative Physiology A 183, 45–60.

Mallock, A. (1894). Insect sight and the defining power of composite eyes. Proceedings of the Royal Society of London B55, 85–90.

Malmström, T., and Kröger, R.H.H. (2006). Pupil shapes and lens optics in the eyes of terrestrial vertebrates. Journal of Experimental Biology 209, 18–25.

Mandapaka, K., Morgan, R.C., Buschbeck, E.K. (2006). Twenty-eight retinas but only twelve eyes: an anatomical analysis of the larval visual system of the diving beetle Thermonectusmarmo ratus(Coleoptera: Dytiscidae). Journal of Comparative Neurology 497, 166–81.

Marshall, N.B. (1979). Developments in deep-sea biology.Blandford, Poole.

Marshall, N.J., and Oberwinkler, J. (1999). The colourful world of the mantis shrimp. Nature 401, 873–4.

Marshall, J., Cronin, T.W., Shashar, N., and Land, M. (1999). Behavioural evidence for polarization vision in stomatopods reveals a potential channel for communication. Current Biology9, 755–8.

Martin, G.R. (1983). Schematic eye models in vertebrates. Progress in Sensory Physiology 4, 43–81.

Martin, G.R. (1985). Eye. In: Form and function in birds, Vol. 3, pp. 311–73. Academic, London.

Martin, G. (1999). Optical structure and visual fields of birds: their relationship with foraging behaviour and ecology. In: Adaptive mechanisms in the ecology of vision (eds. Archer, S.N., Djamgoz, M.B.A, Loew, E.R., Partridge, J.C., and Vallerga, S.), pp. 485–508. Kluwer, Dordrecht.

Martin, G.R. (2009). What is binocular vision for? A birds' eye view. Journal of Vision 9, 1–19.

Mäthger, L.M., Land, M.F., Siebeck, U.E., and Marshall, N.J. (2003). Rapid colour changes in multilayer reflecting stripes in the paradise whiptail, Pentapodusparadiseus. Journal of Experimental Biology 206, 3607–13.

Mazza, C.A., Izaguirre, M.M., Curiale, J., and Ballaré, C.G. (2010). A look into the invisible: ultraviolet-B sensitivity in an insect (Caliothripsphaseoli) revealed through a behavioural action spectrum. Proceedings of the Royal Society of London B 277, 367–73.

McAdam, A.G., and Kramer, D.L. (1998). Vigilance as a benefit of intermittent locomotion in small mammals. Animal Behaviour 55, 109–17.

Messenger, J.B. (1981). Comparative physiology of vision in molluscs. In: Handbook of sensory physiology, Vol. VII/6C (ed. Autrum, H.), pp. 93–200. Springer, Berlin.

Messenger, J.B. (1991). Photoreception and vision in molluscs. In: Vision and visual dysfunction, Vol. 2 (eds. Cronly-Dillon, J.R.E., and Gregory, R.L.), pp. 364–97. Macmillan, Basingstoke.

Menzel, R. (1979). Spectral sensitivity and color vision in invertebrates. In: Handbook of sensory physiology, Vol. VII/6A (ed. Autrum, H.), pp. 503–80. Springer, Berlin.

Miller, W.H., and Bernard, G.D. (1968). Butterfly glow. Journal of Ultrastructural Research 24, 286–94.

Millodot, M., and Sivak, J.G (1979). Contribution of the cornea and lens to the spherical aberration of the eye. Vision Research 19, 685–7.

Mollon, J.D., and Sharpe, L.T. (eds.) (1983). Colour vision: physiology and psychophysics. Academic Press, London.

Montani, R., Rothschild, B.M., and Wahl, W. Jr. (1999). Large eyeballs in diving ichthyosaurs. Nature 402, 747.

Mueller, K.P., and Labhart, T. (2010). Polarizing optics in a spider eye. Journal of Comparative Physiology A, 196, 335–48.

Munk, O. (1970). On the occurrence and significance of horizontal and band-shaped retinal areae in teleosts. VidenskabeligeMeddelelsertra Dansk Natur-historiskForening 133, 85–120.

Muntz, W.R.A., and Raj, U. (1984). On the visual system of Nautilus pompilius. Journal of Experimental Biology 109, 253–63.

Newell, GE. (1965). The eye of Littorinalittorea. Proceedings of the Zoological Society of London 144, 75–86

Nakayama, K. (1981). Differential motion hyperacuity under conditions of common image motion. Vision Research 21, 1475–82.

Narendra, A., Reid, S.F., Greiner, B., Peters, R.A., Hemmi, J.M., Ribi, W.A., and Zeil, J. (2011). Caste-specific visual adaptations to distinct daily activity schedules in Australian Myrmecia ants. Proceedings of the Royal Society of London B 278, 1141–9.

Necker, R. (2007). Head-bobbing of walking birds. Journal of Comparative Physiology A 193, 1177–83.

Nicol, J.A.C. (1989). The eyes of fishes. Oxford University Press, Oxford.

Nicol, J.A.C., Arnott, H.J., and Best, A.C.G. (1973). Tapetalucida in bony fishes. Canadian Journal of Zoology 51, 69–81.

Nilsson, D.-E. (1988). A new type of imaging optics in compound eyes. Nature 332, 76–8.

Nilsson, D.-E. (1989). Optics and evolution of the compound eye. In: Facets of vision (eds. Stavenga, D.G, and Hardie, R.C.), pp. 30–73. Springer, Berlin.

Nilsson, D.-E. (1990). Three unexpected cases of refracting superposition eyes in crustaceans.

Journal of Comparative Physiology A 167, 71–8.

Nilsson, D.-E. (1994). Eyes as optical alarm systems in fan worms and ark clams. Philosophical Transactions of the Royal Society of London B 346, 195–212.

Nilsson, D.-E. (1996). Eye ancestry—old genes for new eyes. Current Biology 6, 39–42.

Nilsson, D-E. (2009). The evolution of eyes and visually guided behaviour. Philosophical Transactions of the Royal Society of London B 364, 2833–47.

Nilsson, D.-E., and Kelber, A. (2007). A functional analysis of compound eye evolution. Arthropod Development and Structure36, 373–85.

Nilsson, D.-E., and Pelger, S. (1994). A pessimistic estimate of the time required for an eye to evolve. Proceedings of the Royal Society of London B 256, 53–8.

Nilsson, D.-E., and Modlin, R.F. (1994). A mysid shrimp carrying a pair of binoculars. Journal of Experimental Biology 189, 213–36.

Nilsson, D.-E., and Ro, A.-I. (1994). Did neural pooling for night vision lead to the evolution of neural superposition eyes? Journal of Comparative Physiology A 175, 289–302.

Nilsson, D.-E., Land, M.F., and Howard, J. (1988). Optics of the butterfly eye. Journal of Comparative Physiology A 162, 341–66.

Nilsson, D.-E., Hamdorf, K., and Höglund, G. (1992). Localization of the pupil trigger in insect superposition eyes. Journal of Comparative Physiology A 170, 217–26.

Nilsson, D.-E., Gislén, L., Coates, M.M., Skogh, C., and Garm, A. (2005). Advanced optics in a jellyfish eye. Nature 435, 201–5.

O'Connor, M., Garm, A., and Nilsson, D.-E. (2009). Structure and optics of the eyes of the box jellyfish Chiropsellabronzie. J Comp Physiol A 195, 557–69.

Oldberg, R.M., Seaman, R.C., Coats, M.I., and Henry, A.F. (2007). Eye movements and target fixation during dragonfly prey-interception flights. Journal of Comparative Physiology A 193, 685–93.

Ott, M. (2006). Visual accommodation in vertebrates: mechanisms, physiological response and stimuli. Journal of Comparative Physiology A 192, 97–111.

Ott, M., and Schaeffel, F. (1996). A negatively powered lens in the chamaeleon. Nature 373, 692–4.

Packard, A. (1972). Cephalopods and fish: the limits of convergence. Biological Reviews 47, 241–307.

Parker, A.R. (2000). 515 million years of structural colour. Journal of Optics A: Pure and Applied Optics 2, R15–R28.

Partridge, J.C., and Douglas, R.H. (1995). Far-red sensitivity of dragon fish. Nature 375, 21–2.

Paul, H., Nalbach, H.-O., and Varjú, D. (1990). Eye movements in the rock crab Pachygrapsusmarmoratus walking along straight and curved paths. Journal of Experimental Biology 154, 81–97.

Paulus, H.F (1979). Eye structure and the monophyly of the arthropoda. In: Arthropod phylogeny

(ed. Gupta, A.P), pp. 299–383. Van Nostrand Reinhold, New York.
Pedler, C. (1963). The fine structure of the tapetumcellulosum. Experimental Eye Research 2, 189–95.
Peirson, S.N., Halford, S., and Foster R.G. (2009). The evolution of irradiance detection: melanopsin and the non-visual opsins. Philosophical Transactions of the Royal Society of London B 364, 2849–65.
Pettigrew, J.D., Collin, S.P, and Ott, M. (1999). Convergence of specialized behaviour, eye movements and visual optics in the sandlance (Teleostei) and the chameleon (Reptilia). Current Biology 9, 421–4.
Piatigorsky, J. (2007). Gene sharing and evolution. Cambridge, Harvard University Press.
Pirenne, M.H. (1967). Vision and the eye. Chapman & Hall, London.
Pix, W., Zanker, J.M., and Zeil, J. (2000). The optomotor response and spatial resolution in the male Xenoxvesparum (Strepsiptera). Journal of Experimental Biology 203, 3397–409.
Pumphrey, R.J. (1961). Concerning vision. In: The cell and the organism (eds. Ramsay, J.A., and Wigglesworth, V.B.), pp. 193–208. Cambridge University Press, Cambridge.
Purnell, MA. (1995). Large eyes and vision in conodonts. Lethaia28, 187–8.
Reymond, L. (1985). Spatial visual acuity of the eagle Aquila audax: a behavioural, optical and anatomical investigation. Vision Research25, 1477–91.
Rochon-Duvigneaud, A. (1943). Les yeux et la vision des vertébrés. Masson et Cie, Paris.
Rodieck, R.W. (1998). The first steps in seeing.Sinauer, Sunderland, MA.
Rossel, S. (1980). Foveal fixation and tracking in the praying mantis. Journal of Comparative Physiology A139, 307–31.
Rossel, S. (1989). Polarization sensitivity in compound eyes. In: Facets of vision (eds. Stavenga, D.G., and Hardie, R.C.), pp. 298–316. Springer, Berlin.
Salvini-Plawen, L. von, and Mayr, E. (1977). On the evolution of photoreceptors and eyes. Evolutionary Biology10, 207–63.
Schaeffel, F., Glasser, A., and Howland, H.C. (1988). Accommodation, refractive error and eye growth in chickens. Vision Research28, 639–57.
Scherer, C., and Kolb, G. (1987). Behavioral experiments on the visual processing of color stimuli in Pierisbrassicae L. (Lepidoptera). Journal of Comparative Physiology A160, 645–56.
Schilstra, C., and Hateren, J.H. (1998). Stabilizing gaze in flying blowflies. Nature395, 654.
Schmitz, H., and Bleckmann, H. (1998). The photomechanic infrared receptor for the detection of forest fires in the beetle Melanophilaacuminata. Journal of Comparative Physiology A182, 647–57.
Schöne, H. (1984). Spatial orientation: the spatial control of behavior in animals and man. Princeton University Press, Princeton, NJ.
Schwind, R. (1980). Geometrical optics of the Notonecta eye: adaptations to optical environment and way of life. Journal of Comparative Physiology140, 59–69.

Schwind, R. (1983). A polarization-sensitive response of the flying water bug Notonectaglauca to UV light. Journal of Comparative Physiology A150, 87–91.

Schwind, R. (1991). Polarization vision in water insects and insects living on a moist substrate. Journal of Comparative Physiology A169, 531–40.

Shu, D.-G., Conway-Morris, S., Han, J., Zhang, Z.-F., Yasui, K., Janvierk, P., Chen, L., Zhang, X.-L., Liu, J.-N., Li, Y., and Liu, H.-Q. (2003). Head and backbone of the Early Cambrian vertebrate Haikouichthys. Nature421, 526–9.

Sivak, J.G. (1976). The accommodative significance of the 'ramp' retina in the eye of the stingray. Vision Research16, 945–50.

Sivak, J.G., Hildebrand, T., and Lebert, C. (1985). Magnitude and rate of accommodation in diving and non-diving birds. Vision Research25, 925–33.

Somanathan, H., Kelber, A., Borges, R.M., Wallén, R., and Warrant, E.J. (2009). Visual ecology of Indian carpenter bees II. adaptations of eyes and ocelli to nocturnal and diurnal lifestyles. Journal of Comparative Physiology A195, 571–83.

Speiser, D.I., Eernisse, D.J., and Johnsen, S. (2011). A chiton uses aragonite lenses to form images. Current Biology21, 665–70.

Snyder, A.W. (1979). Physics of vision in compound eyes. In: Handbook of sensory physiology, Vol. VII/6A (ed. Autrum, H.), pp. 225–313. Springer, Berlin.

Snyder, A.W., and Miller, W.H. (1978). Telephoto lens system of falconiform eyes. Nature275, 127–9.

Sobel, E.C. (1990). The locust's use of motion parallax to measure distance. Journal of Comparative Physiology A167, 579–88.

Stange, G. (1981). The ocellar component of flight equilibrium control in dragonflies. Journal of Comparative Physiology A141, 335–47.

Stavenga, D.G. (1979). Pseudopupils of compound eyes. In: Handbook of sensory physiology, Vol. VII/6A (ed. Autrum, H.), pp. 225–313. Springer, Berlin.

Stavenga, D.G. (2003). Angular and spectral sensitivity of fly photoreceptors. I. Integrated facet lens and rhabdomere optics. Journal of Comparative Physiology A189, 1–17.

Stavenga, D.G. (2006). Partial coherence and other delicacies of of lepidopteran superposition eyes. Journal of Experimental Biology209, 1904–13.

Stavenga, D.G., Foletti, D., Palasantzas, G., and Arikawa, K. (2006). Light on the moth-eye nipple array of butterflies. Proceedings of the Royal Society of London B273, 661–7.

Steinbrecht, R.A., Mohren, W., Pulker, H.K., and Schneider, D. (1985). Cuticular interference reflectors in the golden pupae of danaine butterflies. Proceedings of the Royal Society of London B226, 367–90.

Stowasser A., Rapaport, A., Layne, J.E., Morgan, R.C., and Buschbeck, E. (2010). Biological bifocal lenses with image separation. Current Biology20, 1482–6.

Talbot, C.M., and Marshall, J. (2010a). Polarization sensitivity of two species of cuttlefish

– Sepia plangon (Gray 1849) and Sepia mestus (Gray 1849) – demonstrated with polarized optomotor stimuli. Journal of Experimental Biology213, 3364–70.

Talbot, C.M., and Marshall J. (2010b). Polarization sensitivity and retinal topography of the striped pyjama squid (Sepioloidealineolata – Quoi/Gaimard 1832). Journal of Experimental Biology213, 3371–7.

Temple S., Hart, N.S., Marshal, J.N., and Collin, S.P. (2010). A spitting image: specializations in archerfish eyes for vision at the interface between air and water. Proceedings of the Royal Society of London B277, 2607–13.

Timney, B., and Keil, K. (1992). Visual acuity in the horse. Vision Research32, 2289–93.

Vogt, K. (1980). Die Spiegeloptik des Flusskrebsauges. The optical system of the crayfish eye. Journal of Comparative Physiology135, 1–19.

Vukusic, P., Sambles, R. (2003). Photonic structures in biology. Nature424, 852–5.

Wagner, H-J., Douglas, R.H., Frank, T.M., Roberts, N.W., and Partridge, J.C. (2009). Dolichopteryxlongipes, a deep-sea fish with a bipartite eye using both refractive and reflective optics. Current Biology19, 108–14.

Walls, GL. (1942). The vertebrate eye and its adaptive radiation. Cranbrook Institute, Bloomington Hills. Reprinted (1967) Hafner, New York.

Walls, G.L. (1962). The evolutionary history of eye movements. Vision Research2, 69–80.

Warrant, E.J. (1999). Seeing better at night: life style, eye design and the optimum strategy of spatial and temporal summation. Vision Research39, 1611–30.

Warrant, E.J., and McIntyre, P.D. (1990). Screening pigment, aperture and sensitivity in the dung beetle superposition eye. Journal of Comparative Physiology A167, 805–15.

Warrant, E.J., and Nilsson, D.-E. (1995). The absorption of white light by photo-receptors. Vision Research38, 195–207.

Warrant, E., Bartsch, K., and Günther, C. (1999). Physiological optics in the hummingbird hawkmoth: a compound eye without ommatidia. Journal of Experimental Biology202, 497–511.

Warrant, E.J., Collin, S.P., and Locket, N.A. (2003). Eye design and vision in deep-sea fishes. In: Sensory processing in aquatic environments (eds. Collin, S.P., and Marshall N.J.), pp. 303–22. Springer, New York.

Warrant, E., Porombka, T., and Kirchner, W.H. (1996). Neural image enhancement allows honeybees to see at night. Proceedings of the Royal Society of London B263, 1521–6.

Wehner, R. (1981). Spatial vision in arthropods. In: Handbook of sensory physiology, Vol. VII/6C (ed. Autrum, H.), pp. 287–616. Springer, Berlin.

Wehner, R. (1987). 'Matched filters' – neural models of the external world. Journal of Comparative Physiology A161, 511–31.

Wilkens, L.A. (1984). Ultraviolet sensitivity in hyperpolarizing receptors of the giant clam Tridacna. Nature309, 446–8.

Williams, D.S., and McIntyre, P. (1980). The principal eyes of a jumping spider have a telephoto component. Nature288, 578–80.

Xianguang, H., and Bergström, J (1997). Arthropods of the Lower Cambrian Chengjiang fauna, southwest China. Fossils&Strata45, 1–116.

Yerramilli, D., and Johnsen, S. (2010). Spatial vision in the purple sea urchin Strongylocentrotuspurpuratus. Journal of Experimental Biology213, 249–55.

Yarbus, A. (1967). Movements of the eyes. Plenum Press, New York.

Young, J.Z. (1964). A model of the brain. Oxford University Press, Oxford.

Zeil, J. (1983). Sexual dimorphism in the visual system of flies: the free flight behaviour of male Bibionidae (Diptera). Journal of Comparative Physiology150, 359–412.

Zeil, J. (1993). Orientation flights of solitary wasps (Cerceris;Sphecidae; Hymenoptera). Journal of Comparative Physiology A172, 189–222.

Zeil, J., Nalbach, G., and Nalbach, H.-O. (1989). Spatial vision in a flat world: optical and neural adaptations in arthropods. In: Neurobiology of sensory systems (eds. Singh, R.N., and Strausfeld, N.J.), pp. 123–37. Plenum Press, New York.

Zeil, J., Boeddeker, N., Hemmi, J.M., and Stürzl, W. (2007). Going wild: towards an ecology of visual information processing. In: Invertebrate neurobiology (eds. North, G., and Greenspan, R.J.), pp. 381–403. Cold Spring Harbor Laboratory Press, New York.

Zurek, D.B., Taylor, A.J., Evans, C.S., and Nelson, X.J. (2010). The role of the anterior lateral eyes in the vision-based behaviour of jumping spiders. Journal of Experimental Biology213, 2373–8.